数学分析进阶选讲

主　编　刘安平　苑金臣
副主编　郭艳凤　黄　刚　王　毅

科 学 出 版 社
北　京

内 容 简 介

本书内容主要包括极限、一元函数微分学、一元函数积分学、多元函数微分学、多元函数积分学及级数和反常积分. 对较基础的知识点加以全面而简洁地罗列与梳理，对较常用且重要的结论加以辨析与分类，在系统总结数学分析的基本题型及其解题技巧的前提下，将重点放在解题思路的挖掘与提炼上，力求通过一些具有综合性、典型性、代表性的考研真题来最大限度地满足考研学生的需要. 每章配备的习题难度梯度明显，旨在拓宽基础、启发思维、熟练方法.

本书既可以作为高等院校数学分析选讲的选用教材，又可为报考研究生的学生提供复习指导，同时也可作为大学教师讲授数学分析的教学参考书.

图书在版编目（CIP）数据

数学分析进阶选讲 / 刘安平，苑金臣主编. -- 北京 : 科学出版社, 2025. 5. -- ISBN 978-7-03-080930-8

I. O17

中国国家版本馆 CIP 数据核字第 2024FC4911 号

责任编辑：王　晶　李香叶/责任校对：高　嵘
责任印制：彭　超/封面设计：苏　波

科学出版社 出版
北京东黄城根北街 16 号
邮政编码：100717
http://www.sciencep.com
武汉中科兴业印务有限公司印刷
科学出版社发行　各地新华书店经销
*
开本：787×1092　1/16
2025 年 5 月第　一　版　　印张：11 1/2
2025 年 5 月第一次印刷　　字数：271 000

定价：59.00 元

（如有印装质量问题，我社负责调换）

前言

“数学分析”是高等院校数学专业的最重要的基础课程之一，它在数学专业的后续专业课程学习中，以及作为科研工作者的基础知识的深度理解方面起着重要的作用. 如何学习和掌握好数学分析课程中的基本内容并能够熟练地运用数学基本思想和技巧，是学习数学分析课程的关键所在. 为了提升高等院校数学专业的数学分析课程教师的教学水平和能力，提高数学专业的学生对数学分析课程中各知识点的理解和应用水平，我们总结多年教学经验编写本书.

本书按照数学分析的知识体系，内容主要分为 6 章，包括极限、一元函数微分学、一元函数积分学、多元函数微分学、多元函数积分学及级数和反常积分. 极限是建立在实数完备性的基础上，是数学分析中各知识点的主要研究思想和工具. 函数是数学分析的主要研究对象. 对函数的研究以函数的极限、连续性、微分学、积分学为主线贯穿整个内容. 微分学和积分学包括一元函数和多元函数两部分. 一元函数微分学内容包括导数和微分的定义及计算、微分学基本定理以及不定积分. 多元函数微分学包括偏导数和微分的定义及计算、隐函数存在性定理. 函数的积分学也包括一元函数和多元函数两部分. 一元函数积分学主要讨论定积分，多元函数积分学主要研究含参变量的正常积分、重积分、曲线积分和曲面积分. 多元函数的积分和定积分有很密切的联系. 级数主要包括数项级数、函数项级数、幂级数、傅里叶级数. 反常积分主要包括无穷积分、瑕积分、含参量的反常积分. 反常积分和无穷级数的知识来源类似，具有相同的知识结构，尤其是含参量的反常积分与函数项级数对应，都有收敛和一致收敛的概念，有类似的判别法则.

本书每章包含知识要点和典型例题分析选讲. 知识要点主要参考数学分析的教学大纲，简要给出各部分应掌握的知识内容的体系. 典型例题分析选讲则根据各知识体系给出一些典型例题的解法及分析思路，并给出掌握的数学分析知识内容. 在这些知识要点的基础上，典型例题进一步给出相应内容的具体应用和更多更广的概念及其性质，以拓宽数学分析内容的知识面，为后期的专业课学习和进一步的深造提供更好的补充资料. 本书内容对进一步理解数学分析的思想方法有很大的帮助，对高年级本科生准备研究生入学考试复习也有很大的帮助.

本书的编写主要是为了进一步加强高等院校大学生对数学分析各知识点的理解和掌握，帮助读者更进一步地理解和掌握数学理论与方法，为后期数学专业的专业课程的学习奠定良好的基础，拓展数学理论的思维逻辑.

本书得到了中国地质大学(武汉)2024 年度教学改革研究项目(项目编号：2024056)和中国地质大学(武汉)数学与应用数学国家级一流本科专业建设经费资助. 在本书编写出版过程中得到了中国地质大学(武汉)本科生院、数理学院的领导和老师的大力支持，在此表示感谢.

由于作者水平有限，本书可能存在不妥之处，恳请广大读者不吝指正.

作　者

2024 年 8 月 18 日于武昌南望山

目录

第 1 章　极限……1

1.1　知识要点……1

1.2　极限的典型例题分析选讲……4

1.3　实数的完备性……39

第 2 章　一元函数微分学……43

2.1　知识要点……43

2.2　一元函数微分学典型例题分析选讲……48

第 3 章　一元函数积分学……56

3.1　知识要点……56

3.2　一元函数积分学典型例题分析选讲……59

第 4 章　多元函数微分学……105

4.1　知识要点……105

4.2　多元函数微分学典型例题分析选讲……111

第 5 章　多元函数积分学……121

5.1　知识要点……121

5.2　多元函数积分学典型例题分析选讲……127

第 6 章　级数和反常积分……137

6.1　知识要点……137

6.2　级数和反常积分典型例题分析选讲……148

参考文献……178

第1章 极 限

1.1 知识要点

1. 数列的敛散性判别法、极限的计算方法、收敛数列性质的应用

记自然数 $\mathbf{N}=\{n\mid n=0,1,2,3,\cdots\}$，自然数中的正整数为 $\mathbf{N}_+=\{n\mid n=1,2,3,\cdots\}$.

（1）利用 ε-N 定义.

数列 $\{a_n\}$ 收敛 $\Leftrightarrow \exists a\in\mathbf{R},\forall\varepsilon>0,\exists N\in\mathbf{N}_+,\forall n>N$, 有 $|a_n-a|<\varepsilon$.

数列 $\{a_n\}$ 发散 $\Leftrightarrow \forall a\in\mathbf{R},\exists\varepsilon_0>0,\forall N\in\mathbf{N}_+,\exists n_0>N$, 有 $|a_{n_0}-a|\geqslant\varepsilon_0$.

（2）利用两边夹定理.

设 $\{x_n\}$，$\{y_n\}$，$\{z_n\}$ 为三个数列，$\lim\limits_{n\to\infty}x_n=\lim\limits_{n\to\infty}y_n=a$，其中 a 为有限数，且

$$\exists N_0\in\mathbf{N}_+,\forall n>N_0,\quad 有\quad x_n\leqslant z_n\leqslant y_n,$$

则 $\lim\limits_{n\to\infty}z_n=a$.

（3）利用单调有界原理.

在实数系中，单调有界数列必有极限，且单调增加有上界的数列的极限为其上确界，单调减少有下界的数列的极限为其下确界.

（4）利用柯西（Cauchy）收敛原理.

数列 $\{a_n\}$ 收敛 $\Leftrightarrow \forall\varepsilon>0,\exists N\in\mathbf{N}_+,\forall n,m>N$, 有 $|a_n-a_m|<\varepsilon$.

数列 $\{a_n\}$ 发散 $\Leftrightarrow \exists\varepsilon_0>0,\forall N\in\mathbf{N}_+,\exists n_0,m_0>N$, 有 $|a_{n_0}-a_{m_0}|\geqslant\varepsilon_0$.

2. 函数的极限及其性质应用

（1）利用函数极限定义.

$\lim\limits_{x\to x_0}f(x)=A\Leftrightarrow\forall\varepsilon>0,\ \exists\delta>0,\forall x:0<|x-x_0|<\delta$, 有 $|f(x)-A|<\varepsilon$.

$\lim\limits_{x\to x_0}f(x)\neq A\Leftrightarrow\exists\varepsilon_0>0,\forall\delta>0,\ \exists x':0<|x'-x_0|<\delta$, 有 $|f(x')-A|\geqslant\varepsilon_0$.

$\lim\limits_{x\to\infty}f(x)=A\Leftrightarrow\forall\varepsilon>0,\ \exists X>0,\forall x:|x|>X$, 有 $|f(x)-A|<\varepsilon$.

$\lim\limits_{x\to\infty}f(x)\neq A\Leftrightarrow\exists\varepsilon_0>0,\forall X>0,\ \exists x':|x'|>X$, 有 $|f(x')-A|\geqslant\varepsilon_0$.

类似自变量在各种不同的变化过程下的极限定义，以下只讨论 $x\to x_0$ 的情况.

（2）极限的四则运算法则.

若极限 $\lim\limits_{x\to x_0}f(x)$ 与 $\lim\limits_{x\to x_0}g(x)$ 都存在，则

$$\lim_{x\to x_0}[f(x)\pm g(x)]=\lim_{x\to x_0}f(x)\pm\lim_{x\to x_0}g(x),$$

$$\lim_{x\to x_0}[f(x)g(x)]=\lim_{x\to x_0}f(x)\cdot\lim_{x\to x_0}g(x),$$

$$\lim_{x\to x_0}\frac{f(x)}{g(x)}=\frac{\lim\limits_{x\to x_0}f(x)}{\lim\limits_{x\to x_0}g(x)}\qquad（满足条件 \lim_{x\to x_0}g(x)\neq 0）.$$

（3）利用两边夹定理.

设函数 $f(x),h(x),g(x)$ 在某邻域 $\mathring{U}(x_0,\delta)$ 内满足 $f(x)\leqslant h(x)\leqslant g(x)$, 且有极限

$$\lim_{x\to x_0}f(x)=\lim_{x\to x_0}g(x)=A,\quad 则\quad \lim_{x\to x_0}h(x)=A.$$

（4）利用归结原理.

$\lim\limits_{x\to x_0}f(x)=A\Leftrightarrow$ 对任意数列 $x_n\to x_0(n\to\infty)$ 有 $\lim\limits_{n\to\infty}f(x_n)=A.$

若存在 $x_n\to x_0(n\to\infty)$，使得 $\lim\limits_{n\to\infty}f(x_n)$ 不存在，或存在 $x_n\to x_0,x_n'\to x_0(n\to\infty)$，使得 $\lim\limits_{n\to\infty}f(x_n)$ 与 $\lim\limits_{n\to\infty}f(x_n')$ 都存在但不相等，则极限 $\lim\limits_{x\to x_0}f(x)$ 不存在.

（5）利用 Cauchy 收敛原理.

$\lim\limits_{x\to x_0}f(x)$ 存在 $\Leftrightarrow\forall\varepsilon>0,\exists\delta>0,\forall x',x''\in\mathring{U}(x_0,\delta)$，有 $|f(x')-f(x'')|<\varepsilon.$

$\lim\limits_{x\to x_0}f(x)$ 不存在 $\Leftrightarrow\exists\varepsilon_0>0,\forall\delta>0,\exists x',x''\in\mathring{U}(x_0,\delta)$，有 $|f(x')-f(x'')|\geqslant\varepsilon_0.$

（6）利用两个重要极限.

$$\lim_{x\to 0}\frac{\sin x}{x}=1;\quad \lim_{x\to\infty}\left(1+\frac{1}{x}\right)^x=\mathrm{e}\quad 或\quad \lim_{x\to 0}(1+x)^{\frac{1}{x}}=\mathrm{e}.$$

一般形式为 $\lim\limits_{\varphi(x)\to 0}\dfrac{\sin\varphi(x)}{\varphi(x)}=1$; $\lim\limits_{\varphi(x)\to\infty}\left(1+\dfrac{1}{\varphi(x)}\right)^{\varphi(x)}=\mathrm{e}$ 或 $\lim\limits_{\varphi(x)\to 0}(1+\varphi(x))^{\frac{1}{\varphi(x)}}=\mathrm{e}.$

（7）利用等价无穷小量代换.

有限个无穷小的和、差、积仍为无穷小；有界变量与无穷小的积为无穷小. 常用的等价无穷小，当 $x\to 0$ 时有

$\sin x\sim x$, $\tan x\sim x$, $\arcsin x\sim x$, $\arctan x\sim x$, $a^x-1\sim x\ln a(a>0,a\neq 1)$, $\mathrm{e}^x-1\sim x$,

$\ln(1+x)\sim x$, $1-\cos x\sim\dfrac{1}{2}x^2$, $\sqrt[n]{1+x}-1\sim\dfrac{x}{n}(n\in\mathbf{N}_+)$, $(1+x)^\alpha-1\sim\alpha x(\alpha$为常数).

等价代换定理：设当 $x\to x_0$ 时有 $f(x)\sim g(x)$，则

$$\lim_{x\to x_0}f(x)h(x)=\lim_{x\to x_0}g(x)h(x);\quad \lim_{x\to x_0}\frac{h(x)}{f(x)}=\lim_{x\to x_0}\frac{h(x)}{g(x)}.$$

3. 函数的连续性与一致连续性及其性质应用

（1）连续性.

设 $f(x)$ 在某邻域 $U(x_0)$ 内有定义，则

$$f(x)\ 在点\ x_0\ 连续\Leftrightarrow\lim_{x\to x_0}f(x)=f(x_0)$$

$$\Leftrightarrow\forall\varepsilon>0,\exists\delta>0,\forall x:|x-x_0|<\delta,有\ |f(x)-f(x_0)|<\varepsilon$$

$$\Leftrightarrow \lim_{x\to x_0^-} f(x)=\lim_{x\to x_0^+} f(x)=f(x_0).$$

（2）一致连续性.

设 $f(x)$ 是定义在区间 I 上的函数，则

$$f(x)\text{在}I\text{上一致连续}$$
$$\Leftrightarrow \forall\varepsilon>0,\exists\delta(\varepsilon)>0,\forall x',x'':|x'-x''|<\delta,\text{有}|f(x')-f(x'')|<\varepsilon$$
$$\Leftrightarrow \forall\{x_n'\},\{x_n''\}\subset I,\text{若}\lim_{n\to\infty}(x_n'-x_n'')=0,\text{则}\lim_{n\to\infty}[f(x_n')-f(x_n'')]=0.$$

$$f(x)\text{在}I\text{上非一致连续}$$
$$\Leftrightarrow \exists\varepsilon_0>0,\forall\delta>0,\exists x',x'':|x'-x''|<\delta,\text{但有}|f(x')-f(x'')|\geqslant\varepsilon_0$$
$$\Leftrightarrow \exists\{x_n'\},\{x_n''\}\subset I,\text{若}\lim_{n\to\infty}(x_n'-x_n'')=0,\text{则}\lim_{n\to\infty}[f(x_n')-f(x_n'')]\neq 0.$$

（3）连续函数的性质.

局部有界性：若 $f(x)$ 在点 x_0 连续，则 $f(x)$ 在某邻域 $U(x_0)$ 内有界.

局部保号性：若 $f(x)$ 在点 x_0 连续，且 $f(x_0)>0$（或 $f(x_0)<0$），则对任意正数 $(r>0)$，$f(x_0)>r$（或 $f(x_0)<-r$），存在某邻域 $U(x_0)$，使得对一切 $x\in U(x_0)$ 有 $f(x)>r$（或 $f(x)<-r$）.

有界性：若 $f(x)$ 在闭区间 $[a,b]$ 上连续，则 $f(x)$ 在 $[a,b]$ 上有界.

最值性：若 $f(x)$ 在闭区间 $[a,b]$ 上连续，则 $f(x)$ 在 $[a,b]$ 上有最大值和最小值.

介值性：若 $f(x)$ 在闭区间 $[a,b]$ 上连续，且 $f(a)\neq f(b),\mu$ 为介于 $f(a)$ 与 $f(b)$ 之间的任意实数，则至少存在一点 $x_0\in(a,b)$，使得 $f(x_0)=\mu$.

根的存在性：若 $f(x)$ 在闭区间 $[a,b]$ 上连续，且 $f(a)f(b)<0$，则至少存在一点 $x_0\in(a,b)$，使得 $f(x_0)=0$，即方程 $f(x)=0$ 在 (a,b) 内至少有一个根.

一致连续性：若 $f(x)$ 在闭区间 $[a,b]$ 上连续，则 $f(x)$ 在 $[a,b]$ 上一致连续.

4. 实数完备性定理的等价性

（1）确界定理.

设 A 为非空数集.若 A 有上界，则 A 必有上确界；若 A 有下界，则 A 必有下确界.

（2）单调有界原理.

单调有界实数列必有极限.

（3）闭区间套定理.

若 $\{[a_n,b_n]\}$ 是一个闭区间套，则在实数系中存在唯一的一点 ξ，使得 $\xi\in[a_n,b_n]$，即 $a_n\leqslant\xi\leqslant b_n\ (n=1,2,\cdots)$.

（4）有限覆盖定理.

设 S 为闭区间 $[a,b]$ 上的一个无限开覆盖，则从 S 中可选出有限个开区间来覆盖 $[a,b]$.

（5）聚点定理.

实轴上的任一有界无限点集 A 至少有一个聚点.

（6）致密性定理.

任何有界数列必含有收敛子列.

（7）柯西收敛准则.

数列 $\{a_n\}$ 收敛的充分必要条件是对 $\forall\varepsilon>0$，存在正整数 N，当 $n,m>N$ 时，有 $|a_n-a_m|<\varepsilon$.

注意，这 7 个命题是等价的.

1.2 极限的典型例题分析选讲

极限理论是数学分析的基础，数列极限是它的重要组成部分，也是本章的主要内容. 为了深入理解概念，掌握技巧，本章侧重于数列极限的主要思想和应用.

定义 1 设有数列 $\{x_n\}$，且 a 是一个有限常数. 如果 $\forall\varepsilon>0,\exists N\in\mathbf{N}_+$，使得当 $n>N$ 时就有 $|x_n-a|<\varepsilon$，称数列 $\{x_n\}$ 以 a 为极限，或者 $\{x_n\}$ 收敛于 a，记作 $\lim\limits_{n\to\infty}x_n=a$.

注 （1）对于“$\forall\varepsilon>0,\exists N\in\mathbf{N}_+$”可等价叙述为

对 $\varepsilon_k=\dfrac{1}{k}$ 或 $\varepsilon_k=\dfrac{1}{2^k}\,(k=1,2,3,\cdots),\exists N_k\in\mathbf{N}_+$，当 $n>N_k$ 时，有

$$|x_n-a|<\varepsilon_k.$$

因为当 $\varepsilon>0$ 时，有 $\varepsilon_{k_0}=\dfrac{1}{k_0}$ 或 $\dfrac{1}{2^{k_0}}<\varepsilon$. 对 ε_0，存在 $N_{k_0}\in\mathbf{N}_+$；当 $n>N_{k_0}$ 时 $|x_n-a|<\varepsilon_{k_0}<\varepsilon$. 此时，$N_{k_0}$ 就可以作为定义中的 N.

（2）绝对不可把“$\forall\varepsilon>0,\ \exists N\in\mathbf{N}_+$”写成“$\exists N\in\mathbf{N}_+,\forall\varepsilon>0$”. 因为后者的意思是固定 N，ε 在变，可以任意小. 当 $n>N$ 时，若 n 固定，$|x_n-a|$ 是定数，$|x_n-a|<\varepsilon$ 中 ε 可任意小. 若 $|x_n-a|>0$，当 $\varepsilon=\dfrac{1}{2}|x_n-a|$ 时，就是说 $0<|x_n-a|<\dfrac{1}{2}|x_n-a|$，得出 $0<1<\dfrac{1}{2}$. 这显然是荒谬的，只能 $x_n=a$. 这就是说，当 $n>N$ 时，$x_n=a$，于是

$$x_{N+1}=x_{N+2}=\cdots=x_n=\cdots=a.$$

这不是一般数列.

例 1 设 $\lim\limits_{n\to\infty}x_n=a$，又记 $y_n=\dfrac{x_1+x_2+\cdots+x_n}{n}$. 证明 $\lim\limits_{n\to\infty}y_n=a$.

证明 $\forall\varepsilon>0$，$\exists N_1\in\mathbf{N}_+$，当 $n>N_1$ 时，$|x_n-a|<\dfrac{\varepsilon}{2}$. 于是当 $n>N_1$ 时，

$$\begin{aligned}|y_n-a|&=\left|\frac{x_1+x_2+\cdots+x_n}{n}-a\right|=\left|\frac{x_1-a+x_2-a+\cdots+x_n-a}{n}\right|\\&\leqslant\frac{|x_1-a|+|x_2-a|+\cdots+|x_{N_1}-a|}{n}+\frac{|x_{N_1+1}-a|+|x_{N_1+2}-a|+\cdots+|x_n-a|}{n}\end{aligned}$$

$$<\frac{|x_1-a|+|x_2-a|+\cdots+|x_{N_1}-a|}{n}+\frac{n-N_1}{n}\frac{\varepsilon}{2}.$$

记 $M=|x_1-a|+|x_2-a|+\cdots+|x_{N_1}-a|$，取 $N_2\in\mathbf{N}_+$，满足 $\frac{M}{N_2}<\frac{\varepsilon}{2}$，当 $n>N_2$ 时，有 $\frac{M}{n}<\frac{\varepsilon}{2}$. 取 $N=\max\{N_1,N_2\}$，当 $n>N$ 时，$|y_n-a|\leqslant\frac{M}{n}+\frac{n-N_1}{n}\cdot\frac{\varepsilon}{2}<\frac{\varepsilon}{2}+\frac{\varepsilon}{2}=\varepsilon$. 所以 $\lim\limits_{n\to\infty}y_n=a$.

□

例 2 若 $x_n\to+\infty$，证明 $y_n=\frac{x_1+x_2+\cdots+x_n}{n}\to+\infty$.

证明 $\forall G>0,\ \exists N_1\in\mathbf{N}_+$，当 $n>N_1$ 时，$x_n>3G$. 记 $M=|x_1+x_2+\cdots+x_{N_1}|$，有

$$y_n=\frac{x_1+x_2+\cdots+x_n}{n}\geqslant\frac{x_{N_1+1}+x_{N_1+2}+\cdots+x_n}{n}-\frac{1}{n}|x_1+x_2+\cdots+x_{N_1}|$$
$$>\frac{1}{n}(n-N_1)(3G)-\frac{M}{n}.$$

于是 $\exists N_2\in\mathbf{N}_+$，当 $n>N_2$ 时，$\frac{M}{n}<G$. 取 $N=\max\{3N_1,N_2\}$，当 $n>N>3N_1$ 时，

$$\frac{N_1}{n}<\frac{1}{3},\qquad 1-\frac{N_1}{n}>\frac{2}{3},\qquad y_n>\left(1-\frac{N_1}{n}\right)3G-G>\frac{2}{3}(3G)-G=G,$$

所以 $\lim\limits_{n\to\infty}y_n=+\infty$.

□

例 3 已知 $p_k>0\ (k=1,2,\cdots)$ 且 $\lim\limits_{n\to\infty}\frac{p_n}{p_1+p_2+\cdots+p_n}=0,\ \lim\limits_{n\to\infty}a_n=a$. 证明

$$\lim_{n\to\infty}\frac{p_1a_n+p_2a_{n-1}+\cdots+p_na_1}{p_1+p_2+\cdots+p_n}=a.$$

证明 由极限性质可知 $\forall n\in\mathbf{N}_+$，$|a_n|\leqslant M$，则有 $|a_n-a|\leqslant|a_n|+|a|\leqslant M+|a|$.

若 $\lim\limits_{n\to\infty}\frac{p_n}{p_1+p_2+\cdots+p_n}=0$ 和 $\lim\limits_{n\to\infty}a_n=a$，则

$$\forall\varepsilon>0,\ \exists N\in\mathbf{N}_+,\forall n>N,\ |a_n-a|<\varepsilon,\ \left|\frac{p_n}{p_1+p_2+\cdots+p_n}\right|<\varepsilon.$$

从而可以得到

$$\left|\frac{p_1a_n+p_2a_{n-1}+\cdots+p_na_1}{p_1+p_2+\cdots+p_n}-a\right|$$
$$\leqslant\frac{1}{p_1+p_2+\cdots+p_n}(p_1|a_n-a|+\cdots+p_{n-N}|a_{N+1}-a|+p_{n-N+1}|a_N-a|+\cdots+p_n|a_1-a|)$$
$$<(1+(M+|a|)N)\varepsilon,$$

其中任意 ε 分别对 $p_1|a_n-a|+\cdots+p_{n-N}|a_{N+1}-a|$ 和 $p_{n-N+1}|a_N-a|+\cdots+p_n|a_1-a|$ 进行估计. 于是根据定义得证.

□

定义 2 设数列 $\{x_n\}$ 为有界数列，即 $\exists M>0$，$|x_n|\leqslant M\,(n=1,2,3,\cdots)$.

记 $H_n=\sup\{x_n,x_{n+1},\cdots\}=\sup\limits_{k\geqslant n}\{x_k\}$; $h_n=\inf\{x_n,x_{n+1},\cdots\}=\inf\limits_{k\geqslant n}\{x_k\}$；$H_n$ 和 h_n 有下列性质.

（1）$H_1\geqslant H_2\geqslant\cdots\geqslant H_n\geqslant H_{n+1}\geqslant\cdots$；$h_1\leqslant h_2\leqslant\cdots\leqslant h_n\leqslant h_{n+1}\leqslant\cdots$；即 $\{H_n\}$ 单调减少，$\{h_n\}$ 单调增加.

（2）$\{h_n\}$ 中任何一个不大于 $\{H_n\}$ 中任何一个；$\{H_n\}$ 中任何一个不小于 $\{h_n\}$ 中任何一个.

比如，

$$h_{10}=\inf\{x_{10},x_{11},\cdots\}\leqslant\inf\{x_{15},x_{16},\cdots\}\leqslant\sup\{x_{15},x_{16},\cdots\}=H_{15},$$
$$h_{10}=\inf\{x_{10},x_{11},\cdots\}\leqslant\sup\{x_{10},x_{11},\cdots\}\leqslant\sup\{x_5,x_6,\cdots\}=H_5.$$

由上面两个性质可知 h_n,H_n 排列为

$$h_1\leqslant h_2\leqslant\cdots\leqslant h_n\leqslant h_{n+1}\leqslant\cdots\leqslant H_{n+1}\leqslant H_n\leqslant\cdots\leqslant H_1,$$

即是说 $\{H_n\}$ 单调减少有下界($\{h_1\}$ 就是一个下界). 所以 $\lim\limits_{n\to+\infty}H_n$ 存在，称 $\lim\limits_{n\to+\infty}H_n$ 为 $\{x_n\}$ 的上极限，记为 $\overline{\lim\limits_{n\to\infty}}x_n=\lim\limits_{n\to\infty}H_n=\lim\limits_{n\to\infty}\sup\{x_n,x_{n+1},\cdots\}$.

另外，$\{h_n\}$ 单调增加有上界. H_1 就是一个上界，$\lim\limits_{n\to\infty}h_n$ 存在，称 $\lim\limits_{n\to\infty}h_n$ 为 $\{x_n\}$ 的下极限，记为 $\underline{\lim\limits_{n\to\infty}}x_n=\lim\limits_{n\to\infty}h_n=\lim\limits_{n\to\infty}\inf\{x_n,x_{n+1},\cdots\}$.

显然 $\underline{\lim\limits_{n\to\infty}}x_n\leqslant\overline{\lim\limits_{n\to\infty}}x_n$.

命题 1 (上、下极限性质) 记 $\beta=\overline{\lim\limits_{n\to\infty}}x_n$，$\alpha=\underline{\lim\limits_{n\to\infty}}x_n$. $\forall\varepsilon>0$，则

（1）只有有限个 x_n，$x_n>\beta+\varepsilon$，即 $\exists N_1$，当 $n>N_1$ 时，$x_n<\beta+\varepsilon$.

或者不小于 $\beta+\varepsilon$ 的项只能存在于 $x_1,x_2,\cdots,x_{N_1}$ 中，但在 $(\beta-\varepsilon,\beta+\varepsilon)$ 中有无穷多个 x_n，即有 $\{x_{n_k}\},\beta-\varepsilon<x_{n_k}<\beta+\varepsilon,k=1,2,3,\cdots$.

（2）只有有限个 $x_n,x_n<\alpha-\varepsilon$，即 $\exists N_2$，当 $n>N_2$ 时，$x_n>\alpha-\varepsilon$.

或者不大于 $\alpha-\varepsilon$ 的项只能存在于 $x_1,x_2,\cdots,x_{N_2}$ 中，但在 $(\alpha-\varepsilon,\alpha+\varepsilon)$ 中有无穷多个 x_n，即有 $\{x_{n_j}\},\alpha-\varepsilon<x_{n_j}<\alpha+\varepsilon,j=1,2,3,\cdots$.

证明 只证（1），（2）的情况可类似. $\forall\varepsilon>0$，若 $\lim\limits_{n\to\infty}H_n=\beta$，则 $\exists N_1,H_{N_1}<\beta+\varepsilon$. 又由于 $H_{N_1}=\sup\{x_{N_1},x_{N_1+1},\cdots\}$，故当 $n>N_1$ 时, $x_n\leqslant H_{N_1}<\beta+\varepsilon$. 因而不小于 $\beta+\varepsilon$ 的项，只能存在于 $x_1,x_2,\cdots,x_{N_1}$ 中.

用反证法证明在 $(\beta-\varepsilon,\beta+\varepsilon)$ 中有无穷多个 x_n. 若存在 $\varepsilon_0>0$，在 $(\beta-\varepsilon_0,\beta+\varepsilon_0)$ 中只有有限个 x_n，由前面知，在 $[\beta+\varepsilon_0,+\infty)$ 中至多只有有限个 x_n. 所以在 $(\beta+\varepsilon_0,+\infty)$ 中也只有有限个 x_n (也可能没有).

于是 $\exists N_0$，当 $\forall n>N_0$ 时，$x_n\leqslant\beta-\varepsilon_0$，则 $H_{N_0+1}=\sup\{x_{N_0+1},x_{N_0+2},\cdots\}\leqslant\beta-\varepsilon_0$. 由于 H_n 单调减少，所以 $\lim\limits_{n\to\infty}H_n\leqslant\beta-\varepsilon_0$. 这与 $\lim\limits_{n\to\infty}H_n=\beta$ 矛盾. 所以 $\forall\varepsilon>0$，在 $(\beta-\varepsilon,\ \beta+\varepsilon)$ 中必有无穷多个 x_n. □

例 4 （1）$\overline{\lim_{n\to\infty}}\frac{1}{n}=\underline{\lim}_{n\to\infty}\frac{1}{n}$；$\overline{\lim_{n\to\infty}}(-1)^n\frac{n}{n+1}=1$；$\underline{\lim}_{n\to\infty}(-1)^n\frac{n}{n+1}=-1$.

（2）$\overline{\lim_{n\to\infty}}[(-1)^n+1]n=+\infty$，$\underline{\lim}_{n\to\infty}[(-1)^n+1]n=0$.

（3）$\overline{\lim_{n\to\infty}}n=+\infty=\underline{\lim}_{n\to\infty}n$.

（4）$\overline{\lim_{n\to\infty}}(-n^2)=-\infty=\underline{\lim}_{n\to\infty}(-n^2)$.

定理 1 数列$\{x_n\}$收敛的充要条件是下极限等于上极限.

证明（只证明有限情况） 必要性: 设$\lim_{n\to\infty}x_n=a$. $\forall\varepsilon>0,\exists N$, 当$n\geqslant N$时，$|x_n-a|<\frac{\varepsilon}{2}$，即$a-\frac{\varepsilon}{2}<x_n<a+\frac{\varepsilon}{2}$，利用前面的$H_n$和$h_n$的定义可知

$$H_N=\sup\{x_N,x_{N+1},\cdots\}\leqslant a+\frac{\varepsilon}{2};\quad h_N=\inf\{x_N,x_{N+1},\cdots\}\geqslant a-\frac{\varepsilon}{2},$$

所以$H_N-h_N\leqslant\varepsilon$.

由于$\overline{\lim_{n\to\infty}}x_n\leqslant H_N,\underline{\lim}_{n\to\infty}\geqslant h_N$，所以

$$\overline{\lim_{n\to\infty}}x_n-\underline{\lim}_{n\to\infty}x_n\leqslant H_N-h_N\leqslant\varepsilon.$$

令$\varepsilon\to 0$得

$$\overline{\lim_{n\to\infty}}x_n\leqslant\underline{\lim}_{n\to\infty}x_n.$$

又由于$\underline{\lim}_{n\to\infty}x_n\leqslant\overline{\lim_{n\to\infty}}x_n$，所以$\underline{\lim}_{n\to\infty}x_n=\overline{\lim_{n\to\infty}}x_n$.

充分性: 记$\beta=\overline{\lim_{n\to\infty}}x_n$，$\alpha=\underline{\lim}_{n\to\infty}x_n$.

$\forall\varepsilon>0,\ \exists N_1$，当$n>N_1$时，$x_n<\beta+\varepsilon$；$\exists N_2$, 当$n>N_2$时，$x_n>\alpha-\varepsilon$.

若$\alpha=\beta$，记$a=\alpha=\beta$，取$N=\max\{N_1,N_2\}$. 当$n>N$时，就有$a-\varepsilon<x_n<a+\varepsilon$. 所以$\lim_{n\to\infty}x_n=a$. □

如果$\{x_n\}$不收敛, 它有什么性质? 如果$\lim_{n\to\infty}x_n=a$，而$A\neq a$，x_n与A有什么关系?

如果$\{x_n\}$不收敛, 则有$\overline{\lim_{n\to\infty}}x_n=\beta>\alpha=\underline{\lim}_{n\to\infty}x_n$. 特别地, 取$\varepsilon_0=\frac{1}{3}(\beta-\alpha)$. 由上极限和下极限的性质可知

$$\{x_{n_k}\}\subset(\beta-\varepsilon_0,\beta+\varepsilon_0),\quad k=1,2,3,\cdots,$$

又有

$$\{x_{n_j}\}\subset(\alpha-\varepsilon_0,\alpha+\varepsilon_0),\quad j=1,2,3,\cdots.$$

由于

$$\beta-\varepsilon_0-(\alpha+\varepsilon_0)=\beta-\alpha-2\varepsilon_0=\varepsilon_0,$$

所以两个开区间$(\alpha-\varepsilon_0,\alpha+\varepsilon_0)$和$(\beta-\varepsilon_0,\beta+\varepsilon_0)$不相交.

对任意k和j，$x_{n_k}-x_{n_j}>\beta-\varepsilon_0-(\alpha+\varepsilon_0)=\varepsilon_0$. 这就是说, 若$\{x_n\}$不收敛, 则存在$\varepsilon_0>0$及两个子列$\{x_{n_k}\},\{x_{n_j}\}$，$x_{n_k}-x_{n_j}\geqslant\varepsilon_0$.

这就是著名的柯西准则的反面叙述.

问题 如果 $\lim\limits_{n\to\infty} x_n = a$，而 $A > a$，取 $\varepsilon_0 = \frac{1}{2}(A-a), \exists N_0$, 当 $n > N_0$ 时,

$$|x_n - a| < \varepsilon_0,\quad x_n < a + \varepsilon_0 = a + \frac{1}{2}(A-a) = \frac{1}{2}A + \frac{1}{2}a = A - \frac{1}{2}(A-a) = A - \varepsilon_0,$$

也可以说存在 ε_0，有无穷多个 x_n，$|x_n - A| \geqslant \varepsilon_0$.

延伸更一般说法为 $\{x_n\}$ 不收敛于 A.

若 $A \geqslant \beta = \overline{\lim\limits_{n\to\infty}} x_n > \alpha = \underline{\lim\limits_{n\to\infty}} x_n$，取 $\varepsilon_0 = \beta - \alpha$，则有 $\{x_{n_j}\}, A - x_{n_j} \geqslant \varepsilon_0, j = 1,2,3,\cdots$.

若 $A \leqslant \alpha$，则有 $\{x_{n_k}\}, x_{n_k} - A \geqslant \varepsilon_0,\ k = 1,2,3,\cdots$.

若 $\alpha < A < \beta$, 取 $\varepsilon_0 = \min\left(\frac{1}{3}(\beta - A), \frac{1}{3}(A-\alpha)\right)$, 则有

$$\{x_{n_k}\},\quad x_{n_k} - A \geqslant \varepsilon_0,\quad k = 1,2,3,\cdots,$$

也有

$$\{x_{n_j}\},\quad A - x_{n_j} \geqslant \varepsilon_0,\quad j = 1,2,3,\cdots.$$

综上所述, 若 $\{x_n\}$ 不收敛于 A，则存在 ε_0 及子列 $\{x_{n_k}\}, |x_{n_k} - A| \geqslant \varepsilon_0, k = 1,2,3,\cdots$.

定义 3(柯西列) 数列 $\{x_n\}$ 称为柯西列, 如果具有特性: $\forall \varepsilon > 0, \exists N$, 当 $m,n > N$ 时, $|x_m - x_n| < \varepsilon$.

定理 2 (柯西收敛原理) 数列 $\{x_n\}$ 收敛的充要条件是: $\{x_n\}$ 是柯西列.

证明 必要性: 若 $\lim\limits_{n\to\infty} x_n = a$，$\forall \varepsilon > 0, \exists N$, 当 $m,n > N$ 时, $|x_n - a| < \frac{\varepsilon}{2}, |x_m - a| < \frac{\varepsilon}{2}$. 于是

$$|x_m - x_n| = |(x_m - a) - (x_n - a)| \leqslant |x_m - a| + |x_n - a| < \varepsilon.$$

充分性: 先证柯西列有界.

取 $\varepsilon_0 = 1$, 因为 $\{x_n\}$ 为柯西列, 所以 $\exists N_0$, 当取 $m = N_0 + 1, n > m$ 时,

$$|x_n - x_m| = |x_n - x_{N_0+1}| < 1.$$

于是有

$$|x_n| = |x_n - x_{N_0+1} + x_{N_0+1}| \leqslant |x_n - x_{N_0+1}| + |x_{N_0+1}| < 1 + |x_{N_0+1}|.$$

取 $M = \max\{|x_1|, \cdots, |x_{N_0}|, |x_{N_0+1}|\}$，则对一切 n, $|x_n| \leqslant 1 + M$.

用反证法证 $\overline{\lim\limits_{n\to\infty}} x_n = \underline{\lim\limits_{n\to\infty}} x_n$. 若 $\{x_n\}$ 不收敛, 由定理 1, 则 $\overline{\lim\limits_{n\to\infty}} x_n = \beta > \alpha = \underline{\lim\limits_{n\to\infty}} x_n$.

取 $\varepsilon_0 = \frac{1}{2}(\beta - \alpha)$. 由前面证明可知, 既有

$$\{x_{n_k}\} \subset (\beta - \varepsilon_0, \beta + \varepsilon_0),$$

又有

$$\{x_{n_j}\} \subset (\alpha - \varepsilon_0, \alpha + \varepsilon_0).$$

当 m 取为 n_k，n 取为 n_j 时, $x_m - x_n \geqslant \varepsilon_0$. 这就表明 $\{x_n\}$ 不是柯西列, 与已知矛盾. 所以 $\overline{\lim\limits_{n\to\infty}} x_n = \underline{\lim\limits_{n\to\infty}} x_n$，这就证明了 $\{x_n\}$ 收敛. □

如果$\{x_n\}$不是柯西列该怎么叙述？可以在下标集$\{n_k\}$中取一个记号为n_1，在$\{n_j\}$中取一个m_1，使得$n_1<m_1$.再在$\{n_k\}$中选一个n_2使得$m_1<n_2$，在$\{n_j\}$中选$m_2>n_2,\cdots$,此过程一直进行下去，得

$$n_1<m_1<n_2<\cdots<n_k<m_k<\cdots.$$

因此$\{x_n\}$不是柯西列，则$\exists\varepsilon_0>0$及$n_1<m_1<n_2<\cdots<n_k<m_k<\cdots$，$\left|x_{m_k}-x_{n_k}\right|\geqslant\varepsilon_0$.

注意，本书先从上确界和下确界出发，接着讲数列的上极限和下极限，这样能很自然地引申到柯西准则.如果要证$x_n\to a\,(n\to\infty)$，必先知道a.若从柯西准则出发，则可以不知道a，从x_n的性质就可以判别出$\{x_n\}$是否收敛.有时判别出$\{x_n\}$收敛，但不知道它收敛到多少.比如$\left\{\left(1+\dfrac{1}{n}\right)^n\right\}$收敛，但不知道它收敛到多少，用e表示，且不是有理数.

有了正反两方面的叙述，对理解其他概念一定会有所帮助.

比如，函数列$\{f_n(x)\}$与函数项级数$\sum\limits_{n=1}^{\infty}u_n(x)$不一致收敛，可叙述为$\exists\varepsilon_0$及

$$n_1<m_1<n_2<\cdots<n_k<m_k<\cdots$$

与$x_1,x_2,x_3,\cdots,x_k,\cdots$满足 $\left|f_{m_k}(x_k)-f_{n_k}(x_k)\right|\geqslant\varepsilon_0$; $\left|\sum\limits_{j=n_k}^{m_k}u_j(x_k)\right|\geqslant\varepsilon_0$.

设函数$f(x)$在x_0附近有定义(可以不含x_0)，称

$$\lim_{\delta\to0^+}\sup_{0<|x-x_0|<\delta}\{f(x)\}$$

及

$$\lim_{\delta\to0^+}\inf_{0<|x-x_0|<\delta}\{f(x)\}$$

为$f(x)$在x_0处的上极限和下极限. 前者记为$\overline{\lim\limits_{x\to x_0}}f(x)$,后者记为$\underline{\lim\limits_{x\to x_0}}f(x)$.

下面以当$x\to0$时的函数$\sin\dfrac{1}{x}$和当$x\to+\infty$时的函数$\sin x$为例来说明上、下极限，便于理解.

例 5 $\phi(x)=\sin\dfrac{1}{x},x\in(0,1]$,当$x_n=\dfrac{1}{2n\pi+\dfrac{\pi}{2}}$时，$\phi(x_n)=1$;

当$x_m=\dfrac{1}{2m\pi-\dfrac{\pi}{2}}$时，$\phi(x_m)=-1$.因此有

$$\overline{\lim_{x\to0}}\phi(x)=1,\quad \underline{\lim_{x\to0}}\phi(x)=-1.$$

这是一个很重要的例子，用它可以构造反例.比如

$$f(x)=\begin{cases}x^2\sin\dfrac{1}{x}, & x\neq0,\\ 0, & x=0,\end{cases}\qquad g(x)=f'(x)=\begin{cases}2x\sin\dfrac{1}{x}-\cos\dfrac{1}{x}, & x\neq0,\\ 0, & x=0,\end{cases}$$

在$[-1,1]$上，$g(x)$有原函数，但无界，所以g不是黎曼(Riemann)可积的.

更为深刻的是早在 1881 年沃尔泰拉(Volterra, 1860—1940)从上面这个函数出发，作出了一个可微函数，其导函数有界，但导函数不是 Riemann 可积(简称 R-可积)的. 见文献(郭大钧 等, 2005; 汪林, 1990). 文献(郭大钧 等, 2005)中还作为习题介绍了 $\phi(x)$ 的其他性质.

例 6 设 $f(x)=\frac{1}{x}\sin\frac{1}{x}\ (0<x\leqslant 1)$. 若取 $x_n=\dfrac{1}{2n\pi+\frac{\pi}{2}}$，则

$$f(x_n)=2n\pi+\frac{\pi}{2}\quad (n=1,2,\cdots),\quad \lim_{n\to\infty}f(x_n)=+\infty.$$

所以 $\overline{\lim_{x\to 0}}f(x)=+\infty$. 若取 $y_n=\dfrac{-1}{2n\pi-\frac{\pi}{2}}$，则

$$f(y_n)=-\left(2n\pi-\frac{\pi}{2}\right),\quad \lim_{n\to\infty}f(y_n)=-\infty.$$

所以 $\underline{\lim_{x\to 0}}f(x)=-\infty$.

下面再证 $\forall A,-\infty<A<+\infty$, 存在 $\{\xi_n\}_{n=N}^{\infty},\xi_n\to 0,f(\xi_n)=A$.

只要 N 很大，当 $n>N$ 时，

$$-\left(2n\pi-\frac{\pi}{2}\right)<A-1<A+1<2n\pi+\frac{\pi}{2}.$$

取

$$y_n=\frac{1}{2n\pi-\frac{\pi}{2}},\quad f(y_n)=-\left(2n\pi-\frac{\pi}{2}\right)<A-1,\qquad x_n=\frac{1}{2n\pi+\frac{\pi}{2}},\quad f(x_n)=2n\pi+\frac{\pi}{2}>A+1.$$

对同一个 n，$x_n<y_n,f(x)$ 在 $[x_n,y_n]$ 上连续，所以存在 ξ_n，$x_n<\xi_n<y_n,f(\xi_n)=A$. 显然 $\xi_n\to 0\ (n\to\infty)$.

例 7 在 $[1,+\infty)$ 上，$f(x)=\frac{1}{x}+\sin x$，则 $\overline{\lim_{x\to+\infty}}f(x)=1$ 具有如下性质，即对 $\forall\varepsilon>0$ $\left(可设\varepsilon<\frac{1}{2}\right)$, $\exists M>0$，当 $x>M$ 时，$f(x)<1+\varepsilon$，有无穷多个 x_n, 使得 $f(x_n)>1-\varepsilon$.

例 8 在 $[1,+\infty)$ 上，$f(x)=-\frac{1}{x}+\sin x$，则 $\underline{\lim_{x\to+\infty}}f(x)=-1$ 具有如下性质，即对 $\forall\varepsilon>0,\exists M>0$，当 $x>M$ 时，$f(x)>-1-\varepsilon$，有无穷多个 x_n, 使得 $f(x_n)<-1+\varepsilon$. 这是数列下极限性质.

例 9 设函数 $f(x)$ 在 $[0,+\infty)$ 上连续有界，对任意 C，$f(x)=C$ 至多只有有限个解. 证明 $\lim_{x\to+\infty}f(x)$ 存在.

证明 用反证法.

若 $\lim_{x\to+\infty}f(x)$ 不存在，因为 $f(x)$ 有界，设 $\beta=\overline{\lim_{x\to+\infty}}f(x)<+\infty,\alpha=\underline{\lim_{x\to+\infty}}f(x)>-\infty,\beta>\alpha$.

若取 $C=\frac{1}{2}(\beta+\alpha)$，下证有 $\xi_n\to\infty(n\to\infty), f(\xi_n)=C$，当取 $\varepsilon_0=\frac{1}{3}(\beta-\alpha)$ 时，有

$$x_n\to+\infty,\quad f(x_n)>\beta-\varepsilon_0=\beta-\frac{1}{3}(\beta-\alpha)=\frac{1}{3}(2\beta+\alpha)>C,$$

又有

$$y_n\to+\infty,\quad f(y_n)<\alpha+\varepsilon_0=\frac{1}{3}(\beta+2\alpha)<C.$$

可设 $x_n<y_n<x_{n+1}<y_{n+1}\ (n\to\infty)$，由 $f(x)$ 连续可知

$$\exists\xi_n\in(x_n,y_n),\quad f(\xi_n)=C,$$

即 $f(x)=C$ 有无穷多个解，与已知矛盾，所以 $\lim\limits_{x\to+\infty}f(x)$ 存在. □

上面这些例子可用来理解柯西准则.

比如，在例 5 中，当 $x\to 0$ 时，$\lim\limits_{x\to+\infty}\phi(x)$ 不存在. 要使 $|\phi(x_m)-\phi(x_n)|\geqslant\varepsilon_0$，$\varepsilon_0$ 取什么，x_n,x_m 取哪些点，都可以具体列出来，这样印象就深刻了.

例 10 如果 $\lim\limits_{n\to\infty}x_n=a$，且有无穷多个 $x_n\neq a$，则必定有子列 $\{x_{n_k}\},x_{n_k}$ 单调增加且 $\lim\limits_{k\to\infty}x_{n_k}=a$，或者子列 $\{x_{n_k}\},x_{n_k}$ 单调减少且 $\lim\limits_{k\to\infty}x_{n_k}=a$.

证明 由假设知必有无穷多个 $x_n<a$，或有无穷多个 $x_n>a$. 就前一种情况，有 x_{n_k} 单调增加，$\lim\limits_{k\to\infty}x_{n_k}=a$. 证明如下.

取 $\varepsilon_1=1$，有 $x_{n_1}<a,\ a-x_{n_1}<\varepsilon_1=1$.

取 $\varepsilon_2=\min\left\{\frac{1}{2},a-x_{n_1}\right\}$，则存在 $x_{n_2}<a$，$a-x_{n_2}<\varepsilon_2\leqslant a-x_{n_1}$.

于是有 $x_{n_1}<x_{n_2}<a$.

一般地，如果已选出

$$x_{n_1}<x_{n_2}<\cdots<x_{n_k}<a,\quad a-x_{n_k}<\frac{1}{k},$$

再取 $\varepsilon_{k+1}=\min\left\{\frac{1}{k+1},a-x_{n_k}\right\}$，由于有无穷多个 $x_n<a$，去掉前面 k 个，仍然是无穷多个 $x_n<a$，所以有 $x_{n_{k+1}}<a, a-x_{n_{k+1}}<\varepsilon_{k+1}\leqslant a-x_{n_k}$，显然 $x_{n_k}<x_{n_{k+1}}<a$.

此过程一直进行下去，由于 $0<a-x_{n_k}<\frac{1}{k}$，所以 $\lim\limits_{k\to\infty}x_{n_k}=a$. □

例 11 如果 $\{x_n\}$ 有界，一定有 $\{x_{n_k}\}$ 单调增加或单调减少，使得 $\lim\limits_{k\to\infty}x_{n_k}=\overline{\lim\limits_{n\to\infty}}x_n$. 同样有单调增加或者单调减少的 $\{x_{n_j}\}$，使得 $\lim\limits_{j\to\infty}x_{n_j}=\underline{\lim\limits_{n\to\infty}}x_n$.

证明 因 $\{x_n\}$ 有界，设 $\overline{\lim\limits_{n\to\infty}}x_n=\beta\ (-\infty<\beta<+\infty)$，取 $\varepsilon_1=1$，故在 $(\beta-1,\beta+1)$ 中有无穷多个 x_n.

若有无穷多个 x_n，满足 $\beta-1<x_n\leqslant\beta$，若 $x_n=\beta$，把这样的 x_n 记作 x_{n_k}，且 $x_{n_k}=\beta$.

$\lim\limits_{k\to+\infty} x_{n_k}=\beta$. 下面就有无穷多个 x_n，$\beta-1<x_n<\beta$ 讨论.

取 $\varepsilon_1=1$，有 x_{n_1}, 满足 $\beta-1<x_{n_1}<\beta$. 取 $\varepsilon_2=\min\left\{\dfrac{1}{2},\beta-x_{n_1}\right\}$，有无穷多个 x_n，满足 $\beta-\varepsilon_1<x_n<\beta$, 则有 x_{n_2}, 满足 $\beta-\varepsilon_2<x_n<\beta$.

由于 $\varepsilon_2\leqslant\beta-x_{n_1}$，所以 $\beta-\varepsilon_2\geqslant\beta-(\beta-x_{n_1})=x_{n_1}$, 可见 $x_{n_2}>\beta-\varepsilon_2\geqslant x_{n_1}$. 这样的过程, 如同例 10 一直进行下去, 可得 $\{x_{n_k}\}$ 是严格单调增加, $\lim\limits_{k\to\infty}x_{n_k}=\beta$.

其他情况都类似, 不再细说. □

例 12 若 $\overline{\lim\limits_{x\to x_0}}f(x)=\beta$, $\underline{\lim\limits_{x\to x_0}}f(x)=\alpha$，则有 $\{x_{n_k}\}$, 满足 $\lim\limits_{k\to\infty}x_{n_k}=x_0$, $\lim\limits_{k\to\infty}f(x_{n_k})=\beta$. 又有 $\{x_{n_j}\}$，满足 $\lim\limits_{j\to\infty}x_{n_j}=x_0$, $\lim\limits_{j\to\infty}f(x_{n_j})=\alpha$.

例 13 设 E 是有界实数集合, x_0 是固定实数, λ 也是实数. 定义

$$E+\{x_0\}=\{x+x_0\,|\,x\in E\};\quad \lambda E=\{\lambda x\,|\,x\in E\}.$$

例如, $E=(-1,2), x_0=5, \{x_0\}+E=\{5+x\,|\,-1<x<2\}=(4,7)$.

若 $x_1=-5, \{-5\}+E=\{-5+x\,|\,-1<x<2\}=(-6,-3)$.

若 $\lambda_1=2, 2E=\{2x\,|\,-1<x<2\}=(-2,4)$; $\lambda_2=-2, -2E=\{-2x\,|\,-1<x<2\}=(-4,2)$,

$\{5\}-E=\{5-x\,|\,-1<x<2\}=(3,6)$; $\{-5\}-E=\{-5-x\,|\,-1<x<2\}=(-7,-4)$.

从上面的例题可以理解

$$\sup E=2,\quad \inf E=-1.$$

当 $\lambda>0$ 时, $\sup\lambda E=\lambda\sup E, \inf\lambda E=\lambda\inf E$.

当 $\lambda<0$ 时, $\sup\lambda E=\lambda\inf E, \inf\lambda E=\lambda\sup E$.

$$\sup\{\{x_0\}+E\}=x_0+\sup E,\quad \inf\{\{x_0\}+E\}=x_0+\inf E.$$

$$\sup\{\{x_0\}-E\}=x_0-\inf E,\quad \inf\{\{x_0\}-E\}=x_0-\sup E.$$

例 14 设 x_0 为固定数, $\lambda>0$，E 是有界实数集合. 证明

(1) $\sup\{\{x_0\}-\lambda E\}=x_0-\lambda\inf E$; (2) $\inf\{\{x_0\}-\lambda E\}=x_0-\lambda\sup E$.

特别地, 当 $x_0=0, \lambda=1$ 时, $\sup\{-E\}=-\inf E, \inf\{-E\}=-\sup E$.

证明 (1) $\forall y\in\{x_0\}-\lambda E$，则有 $x\in E, y=x_0-\lambda x$.

由于 $x\in E$, 则 $x\geqslant\inf E, \lambda x\geqslant\lambda\inf E$，所以

$$y\leqslant x_0-\lambda\inf E,\quad \sup\{\{x_0\}-\lambda E\}\leqslant x_0-\lambda\inf E.$$

$\forall\varepsilon_0>0$，有

$$y_0\in E,\quad y_0<\inf E+\frac{\varepsilon_0}{\lambda},\quad \lambda y_0<\lambda\inf E+\varepsilon_0,\quad x_0-\lambda y_0>x_0-\lambda\inf E-\varepsilon_0.$$

于是就证明了 $\sup\{\{x_0\}-\lambda E\}=x_0-\lambda\inf E$.

(2) $\forall y\in\{x_0\}-\lambda E$，则有 $x\in E, y=x_0-\lambda x$.

由于 $x\in E$, 则 $x\leqslant\sup E, \lambda x\leqslant\lambda\sup E$，所以

$$y\geqslant x_0-\lambda\sup E,\quad \inf\{\{x_0\}-\lambda E\}\geqslant x_0-\lambda\sup E.$$

$\forall \varepsilon_0 > 0$，有

$$y_0 \in E,\ \ y_0 > \sup E - \frac{\varepsilon_0}{\lambda},\ \ \lambda y_0 > \lambda \sup E - \varepsilon_0,\ \ x_0 - \lambda y_0 < x_0 - \lambda \sup E + \varepsilon_0 .$$

与前面的结论合起来就证明了 $\inf\{\{x_0\} - \lambda E\} = x_0 - \lambda \sup E$. □

例 15　设 $\{x_n\}$ 为有界数列，证明 $\overline{\lim\limits_{n\to\infty}}(-x_n) = -\underline{\lim\limits_{n\to\infty}}\, x_n, \underline{\lim\limits_{n\to\infty}}(-x_n) = -\overline{\lim\limits_{n\to\infty}} x_n$.

证明　在例 14 中，$x_0 = 0, \lambda = 1$. 于是可以看出下面的结果.

$$H_n' = \sup\{-x_n, -x_{n+1}, \cdots\} = -\inf\{x_n, x_{n+1}, \cdots\} = -h_n,$$
$$h_n' = \inf\{-x_n, -x_{n+1}, \cdots\} = -\sup\{x_n, x_{n+1}, \cdots\} = -H_n,$$
$$\overline{\lim_{n\to\infty}} x_n = \lim_{n\to\infty} H_n,\quad \underline{\lim_{n\to\infty}}\, x_n = \lim_{n\to\infty} h_n,$$

所以

$$\overline{\lim_{n\to\infty}}(-x_n) = \lim_{n\to\infty} H_n' = \lim_{n\to\infty}(-h_n) = -\lim_{n\to\infty} h_n = -\underline{\lim_{n\to\infty}}\, x_n ,$$
$$\underline{\lim_{n\to\infty}}(-x_n) = \lim_{n\to\infty} h_n' = \lim_{n\to\infty}(-H_n) = -\lim_{n\to\infty} H_n = -\overline{\lim_{n\to\infty}} x_n.$$

在一般情况下，$\lambda > 0$，则有 $\overline{\lim\limits_{n\to\infty}}(-\lambda x_n) = -\lambda \underline{\lim\limits_{n\to\infty}}\, x_n$，$\underline{\lim\limits_{n\to\infty}}(-\lambda x_n) = -\lambda \overline{\lim\limits_{n\to\infty}} x_n$. □

例 16　设 $\{x_n\}$，$\{y_n\}$ 为有界数列，证明 $\overline{\lim\limits_{n\to\infty}}(x_n - y_n) \leqslant \overline{\lim\limits_{n\to\infty}} x_n - \underline{\lim\limits_{n\to\infty}}\, y_n$，并且举出等号不成立的例子.

证明　设 $\overline{\lim\limits_{n\to\infty}} x_n = \beta$，$\underline{\lim\limits_{n\to\infty}}\, y_n = \alpha$，$\forall \varepsilon > 0$，则 $\exists N_1$，当 $n > N_1$ 时，$x_n < \beta + \dfrac{\varepsilon}{2}$，则 $\exists N_2$，当 $n > N_2$ 时，$y_n > \alpha - \dfrac{\varepsilon}{2}$.

取 $N = \max\{N_1, N_2\}$，当 $n > N$ 时，$x_n < \beta + \dfrac{\varepsilon}{2}$，$y_n > \alpha - \dfrac{\varepsilon}{2}$.

于是 $x_n - y_n < \beta - \alpha + \varepsilon$. 所以

$$\overline{\lim_{n\to\infty}}(x_n - y_n) \leqslant \beta - \alpha + \varepsilon.$$

由于 ε 任意，所以 $\overline{\lim\limits_{n\to\infty}}(x_n - y_n) \leqslant \beta - \alpha = \overline{\lim\limits_{n\to\infty}}\, x_n - \underline{\lim\limits_{n\to\infty}}\, y_n$.

举例：若 $x_n = \{3,2,1,3,2,1,\cdots\}, y_n = \{2,1,0,2,1,0,\cdots\}, x_n - y_n = \{1,1,\cdots\}$，可见上面“=”不成立. 一般情况下若 $\lambda > 0$，则 $\overline{\lim\limits_{n\to\infty}}(x_n - \lambda y_n) \leqslant \left(\overline{\lim\limits_{n\to\infty}} x_n\right) - \lambda\left(\underline{\lim\limits_{n\to\infty}}\, y_n\right)$. □

例 17　设 $\{x_n\}$，$\{y_n\}$ 为有界数列，$\{y_n\}$ 收敛，证明 $\overline{\lim\limits_{n\to\infty}}(x_n - y_n) = \overline{\lim\limits_{n\to\infty}} x_n - \lim\limits_{n\to\infty} y_n$.

证明　设 $\overline{\lim\limits_{n\to\infty}} x_n = \beta$，$\underline{\lim\limits_{n\to\infty}}\, y_n = \alpha$，即 $\alpha = \underline{\lim\limits_{n\to\infty}}\, y_n = \overline{\lim\limits_{n\to\infty}} y_n$.

前面的例子已经证明 $\overline{\lim\limits_{n\to\infty}}(x_n - y_n) \leqslant \overline{\lim\limits_{n\to\infty}} x_n - \alpha$，下面再证明相反的不等式.

由前面的例子可知，有 $\{x_{n_k}\}$，使得 $\lim\limits_{k\to\infty} x_{n_k} = \beta$. 这样就有

$$\lim_{k\to\infty} y_{n_k} = \alpha,\quad \beta-\alpha = \lim_{k\to\infty} x_{n_k} - \lim_{k\to\infty} y_{n_k} = \lim_{k\to\infty}(x_{n_k} - y_{n_k}).$$

下证 $\overline{\lim_{n\to\infty}}(x_n - y_n) \geqslant \overline{\lim_{k\to\infty}}(x_{n_k} - y_{n_k})$.

$$H_k = \sup\{x_k - y_k, x_{k+1} - y_{k+1}, \cdots\} \geqslant \sup\{x_{n_k} - y_{n_k}, x_{n_{k+1}} - y_{n_{k+1}}, \cdots\} = H'_k,$$

$$\overline{\lim_{n\to\infty}}(x_n - y_n) = \overline{\lim_{k\to\infty}}(x_k - y_k) = \lim_{k\to\infty} H_k \geqslant \lim_{k\to\infty} H'_k = \overline{\lim_{k\to\infty}}(x_{n_k} - y_{n_k}) = \lim_{k\to\infty}(x_{n_k} - y_{n_k}) = \beta - \alpha.$$

综合两方面就证明了 $\overline{\lim_{n\to\infty}}(x_n - y_n) = \overline{\lim_{n\to\infty}} x_n - \lim_{n\to\infty} y_n$. □

例 18 设 $\{x_{n_k}\}$ 是 $\{x_n\}$ 的子列，若 $\{x_{n_k}\}$ 收敛，记 $\xi = \lim_{k\to\infty} x_{n_k}$，称 ξ 为 $\{x_n\}$ 的一个聚点. 前面说的 $\overline{\lim_{n\to\infty}} x_n$ 以及 $\underline{\lim_{n\to\infty}} x_n$ 都是 $\{x_n\}$ 的聚点.

由上述可知，把 $x_k - y_k$ 换成 x_k，把 $x_{n_k} - y_{n_k}$ 换成 x_{n_k}，就得到 $\overline{\lim_{k\to\infty}} x_k \geqslant \lim_{k\to\infty} x_{n_k} = \xi$. 类似地，$\underline{\lim_{k\to\infty}} x_k \leqslant \xi \leqslant \overline{\lim_{k\to\infty}} x_k$.

这里的"$\xi = \lim_{k\to\infty} x_{n_k}$"是任意的，而 $\overline{\lim_{n\to\infty}} x_n$ 和 $\underline{\lim_{n\to\infty}} x_n$ 是唯一的，说明上、下极限是最大、最小聚点.

例如，当 $x_n = \{1,2,3,1,2,3,\cdots\}$，而 $k = 0,1,2,\cdots$ 时，$x_{3k+1} = 1, x_{3k+2} = 2, x_{3k+3} = 3$，$\xi = 2$ 是一个聚点，$\underline{\lim_{n\to\infty}} x_n = 1 < 2 < 3 = \overline{\lim_{n\to\infty}} x_n$.

在例 6 中，任意的 A 是当 $x \to 0$ 时 $f(x) = \dfrac{1}{x}\sin\dfrac{1}{x}$ 的聚点.

对于任意的 $A, -1 \leqslant A \leqslant 1$，都是当 $x \to +\infty$ 时，$\dfrac{1}{x} + \sin x$ 和 $-\dfrac{1}{x} + \sin x$ 的聚点.

例 19 设 $\{\xi_n\}$ 是 $\{x_n\}$ 的一个聚点列，且 $\lim_{k\to\infty} \xi_k = \xi_0$，证明 ξ_0 也是 $\{x_n\}$ 的一个聚点.

证明 记 $\{x_n\}$ 的子列 $\{x_j^{(k)}\}$，$x_j^{(k)} \to \xi_k\ (j \to \infty)$. 取 $\varepsilon_1 = 1$，因为 $\xi_k \to \xi_0$，所以有 k_1，$\left|\xi_{k_1} - \xi_0\right| < \dfrac{1}{2}\varepsilon_1$.

又因 $x_j^{(k)} \to \xi_k\ (j \to \infty)$，故有 j_1，使得

$$\left|x_{j_1}^{(k_1)} - \xi_{k_1}\right| < \frac{1}{2}\varepsilon_1.$$

于是 $\left|x_{j_1}^{(k_1)} - \xi_0\right| \leqslant \left|x_{j_1}^{(k_1)} - \xi_{k_1}\right| + \left|\xi_{k_1} - \xi_0\right| < \varepsilon_1 = 1$.

取 $\varepsilon_2 = \min\left(\dfrac{1}{2}, \left|x_{j_1}^{(k_1)} - \xi_0\right|\right)$，则有 k_2，使得 $\left|\xi_{k_2} - \xi_0\right| < \dfrac{1}{2}\varepsilon_2$，再有 j_2，使得 $\left|x_{j_2}^{(k_2)} - \xi_{k_2}\right| < \dfrac{1}{2}\varepsilon_2$，于是 $\left|x_{j_2}^{(k_2)} - \xi_0\right| < \varepsilon_2$.

一般地，当进行到第 i 步时，有 $\left|x_{j_i}^{(k_i)} - \xi_0\right| < \dfrac{1}{i}$；当进行到第 $i+1$ 步时，取

$$\varepsilon_{i+1} = \min\left(\frac{1}{i+1}, \left|x_{j_1}^{(k_1)} - \xi_0\right|, \cdots, \left|x_{j_i}^{(k_i)} - \xi_0\right|\right).$$

因为 $\xi_k \to \xi_0$，所以有 $\xi_{k_{i+1}}$，满足 $\left|\xi_{k_{i+1}}-\xi_0\right|<\frac{1}{2}\varepsilon_{i+1}$．又因为 $x_j^{(k_{i+1})} \to \xi_{k_{i+1}}(j\to\infty)$，所以有 $x_{j_{i+1}}^{(k_{i+1})}$，满足 $\left|x_{j_{i+1}}^{(k_{i+1})}-\xi_{k_{i+1}}\right|<\frac{1}{2}\varepsilon_{i+1}$．

于是 $\left|x_{j_{i+1}}^{(k_{i+1})}-\xi_0\right|<\varepsilon_{i+1}<\frac{1}{i+1}$，将过程一直进行下去，得到 $\{x_{j_i}^{(k_i)}\}$，满足 $\left|x_{j_i}^{(k_i)}-\xi_0\right|<\frac{1}{i}$，且 $\lim\limits_{i\to\infty}x_{j_i}^{(k_i)}=\xi_0$，$\{x_{j_i}^{(k_i)}\}$ 也是 $\{x_n\}$ 的子列，所以 ξ_0 也是 $\{x_n\}$ 的一个聚点． □

如果不用上、下标，简述为两点．

$\forall\varepsilon>0$，有 ξ_k，使得 $|\xi_k-\xi_0|<\frac{1}{2}\varepsilon$，对于 ξ_k，又有 x_{n_k}，使得 $|x_{n_k}-\xi_k|<\frac{1}{2}\varepsilon$．

注 此例在实变函数论中是一个重要的概念．

例 20 若 $\{x_n\}$ 的任何一个子列都有收敛子列，是否 $\{x_n\}$ 一定收敛．

解 不一定．例如，$x_n=\{1,0,1,0,1,0,\cdots\}$．

例 21 证明 $\varliminf\limits_{n\to\infty}x_n+\varlimsup\limits_{n\to\infty}y_n\leqslant\varlimsup\limits_{n\to\infty}(x_n+y_n)\leqslant\varlimsup\limits_{n\to\infty}x_n+\varlimsup\limits_{n\to\infty}y_n$．

证明 **证法一** 设 $\alpha=\varliminf\limits_{n\to\infty}x_n,\beta_1=\varlimsup\limits_{n\to\infty}y_n,\beta_2=\varlimsup\limits_{n\to\infty}(x_n+y_n)$，利用例 16 的结论可得

$$\beta_1=\varlimsup_{n\to\infty}y_n=\varlimsup_{n\to\infty}[(x_n+y_n)-x_n]\leqslant\varlimsup_{n\to\infty}(x_n+y_n)-\varliminf_{n\to\infty}x_n=\beta_2-\alpha,$$

所以 $\alpha+\beta_1\leqslant\beta_2$，这也就证明了左端．

下面再证明右端．

$$H_n^{(1)}=\sup\{x_n+y_n,x_{n+1}+y_{n+1},\cdots\}\leqslant\sup\{x_n,x_{n+1},\cdots\}+\sup\{y_n,y_{n+1},\cdots\}=H_n^{(2)}+H_n^{(3)},$$

$$\varlimsup_{n\to\infty}(x_n+y_n)=\lim_{n\to\infty}H_n^{(1)}\leqslant\lim_{n\to\infty}(H_n^{(2)}+H_n^{(3)})=\lim_{n\to\infty}H_n^{(2)}+\lim_{n\to\infty}H_n^{(3)}=\varlimsup_{n\to\infty}x_n+\varlimsup_{n\to\infty}y_n.$$

上面用到了 $\lim\limits_{n\to\infty}H_n^{(2)},\lim\limits_{n\to\infty}H_n^{(3)}$ 的存在性．

证法二 设 $\{y_n\}$ 的子列 $\{y_{n_k}\}$，$y_{n_k}\to\beta_1(k\to\infty)$．同样 $\{x_{n_k}\}$ 也应该有收敛子列 $\{x_{n_{k_i}}\}$，$\lim\limits_{i\to\infty}x_{n_{k_i}}=\xi$．

由例 18 可知，ξ 是 $\{x_n\}$ 的一个聚点，$\xi\geqslant\alpha$．由于 $\lim\limits_{k\to\infty}y_{n_k}=\beta_1$，则 $\lim\limits_{i\to\infty}y_{n_{k_i}}=\beta_1$．于是 $\{x_{n_{k_i}}+y_{n_{k_i}}\}$ 也收敛，且 $\lim\limits_{i\to\infty}(x_{n_{k_i}}+y_{n_{k_i}})=\lim\limits_{i\to\infty}x_{n_{k_i}}+\lim\limits_{i\to\infty}y_{n_{k_i}}=\xi+\beta_1\geqslant\alpha+\beta_1$．

同理说明 $\xi+\beta_1$ 是 $\{x_n+y_n\}$ 的一个聚点，且 $\xi+\beta_1\leqslant\varlimsup\limits_{n\to\infty}\{x_n+y_n\}$，所以 $\alpha+\beta_1\leqslant\varlimsup\limits_{n\to\infty}\{x_n+y_n\}$，这就证明了左端．

下面再证明右端．

设 $\{x_{n_k}+y_{n_k}\}$ 是 $\{x_n+y_n\}$ 的收敛子列，$\lim\limits_{k\to\infty}\{x_{n_k}+y_{n_k}\}=\beta_2$，$\{x_{n_k}\}$ 有收敛子列 $\{x_{n_{k_i}}\}$，$\lim\limits_{i\to\infty}x_{n_{k_i}}=\xi_1\leqslant\varlimsup\limits_{n\to\infty}x_n$，而 $\{y_{n_{k_i}}\}$ 也有收敛子列 $\{y_{n_{k_{i_j}}}\}$，$\lim\limits_{j\to\infty}y_{n_{k_{i_j}}}=\xi_2\leqslant\varlimsup\limits_{n\to\infty}y_n$．于是有 $\varlimsup\limits_{n\to\infty}\{x_n+y_n\}=\lim\limits_{k\to\infty}\{x_{n_k}+y_{n_k}\}=\lim\limits_{j\to\infty}\{x_{n_{k_j}}+y_{n_{k_j}}\}=\lim\limits_{j\to\infty}x_{n_{k_j}}+\lim\limits_{j\to\infty}y_{n_{k_j}}=\xi_1+\xi_2\leqslant\varlimsup\limits_{n\to\infty}x_n+\varlimsup\limits_{n\to\infty}y_n$．这就证明了右端． □

例 22 设 $\{x_n\}$ 为有界数列. 若对任何数列 $\{y_n\}$，都使等式

$$\overline{\lim_{n\to\infty}}(x_n+y_n)=\overline{\lim_{n\to\infty}}x_n+\overline{\lim_{n\to\infty}}y_n$$

成立. 证明数列 $\{x_n\}$ 收敛.

证明 **证法一**(用反证法) 若 $\{x_n\}$ 不收敛，记 $\beta=\overline{\lim_{n\to\infty}}x_n,\alpha=\underline{\lim_{n\to\infty}}x_n$，则 $\beta>\alpha$.

如果设 $y_n=-x_n$，则 $x_n+y_n=0\,(n=1,2,3,\cdots)$，$\overline{\lim_{n\to\infty}}y_n=\overline{\lim_{n\to\infty}}(-x_n)=-\underline{\lim_{n\to\infty}}x_n=-\alpha$. 从已知就有 $0=\lim_{n\to\infty}(x_n+y_n)=\overline{\lim_{n\to\infty}}(x_n+y_n)=\overline{\lim_{n\to\infty}}x_n+\overline{\lim_{n\to\infty}}y_n=\beta-\alpha>0$.

上式矛盾. 所以 $\{x_n\}$ 收敛.

证法二 仍用证法一的记号，设实数 $k>1$，令 $y_n=-kx_n$，则 $x_n+y_n=(1-k)x_n$.

因 $1-k<0$，故有 $\overline{\lim_{n\to\infty}}y_n=-k\underline{\lim_{n\to\infty}}x_n=-k\alpha$，$\overline{\lim_{n\to\infty}}(x_n+y_n)=(1-k)\underline{\lim_{n\to\infty}}x_n=(1-k)\alpha$. 从已知可得 $(1-k)\alpha=\beta+(-k\alpha)$. 可见 $\beta=\alpha$，所以 $\{x_n\}$ 收敛.

证法三 因 $\{x_n\}$ 有界，设 $M>0$，$|x_n|\leqslant M$，设 $\{x_n\}$ 的子数列满足 $\lim_{j\to\infty}x_{n_j}=\alpha$，定义 $y_n=\begin{cases}0, & n\neq n_j,\\ 3M, & n=n_j.\end{cases}$ 于是当 $n\neq n_j$ 时，$|x_n+y_n|=|x_n|<M$；当 $n=n_j$ 时，$x_{n_j}+y_{n_j}=3M+x_{n_j}>3M-|x_{n_j}|>2M$，就有

$$\overline{\lim_{n\to\infty}}(x_n+y_n)=\lim_{j\to\infty}(x_{n_j}+y_{n_j})=\lim_{j\to\infty}x_{n_j}+\lim_{j\to\infty}y_{n_j}=\alpha+3M.$$

从已知可得 $\alpha+3M=\beta+3M$，可见 $\beta=\alpha$，所以 $\{x_n\}$ 收敛.

证法四 (用反证法) 用证法一中的记号. 若 $\beta>\alpha$，设 $\beta=\alpha+4\varepsilon_0,\varepsilon_0>0$.

由上、下极限的性质，有 $\{x_{n_k}\}$，且 $\lim_{k\to\infty}x_{n_k}=\beta$；又有 $\{x_{n_j}\}$，且 $\lim_{j\to\infty}x_{n_j}=\alpha$.

$\exists N$，当 $k,j>N$ 时，$x_{n_k}>\beta-\varepsilon_0,x_{n_j}<\alpha+\varepsilon_0$.

特别定义 $y_n=\begin{cases}0, & n\neq n_j,\\ \varepsilon_0, & n=n_j\end{cases}$ $(j=1,2,\cdots)$. 这样当 $n\neq n_j$ 时，$x_n+y_n=x_n$，当 $j>N$ 时，

$$x_{n_j}+y_{n_j}<\alpha+\varepsilon_0+\varepsilon_0=\alpha+2\varepsilon_0=\beta-4\varepsilon_0+2\varepsilon_0=\beta-2\varepsilon_0.$$

这只是把 $\{x_n\}$ 的第 n_j 项进行改动，其他项不动，而当 $j>N$ 时，改动后的项又不能不超过 $\beta-2\varepsilon_0$，对 $\{x_n\}$ 的上极限无影响.

这样就有 $\overline{\lim_{n\to\infty}}(x_n+y_n)=\overline{\lim_{j\to\infty}}x_{n_j}=\beta$, 显然 $\overline{\lim_{n\to\infty}}y_n=\varepsilon_0>0$.

从已知就得 $\beta=\overline{\lim_{n\to\infty}}(x_n+y_n)=\overline{\lim_{n\to\infty}}x_n+\overline{\lim_{n\to\infty}}y_n=\beta+\varepsilon_0$.

由于 $\varepsilon_0>0$，上式不成立，所以 $\beta=\alpha$，即 $\{x_n\}$ 收敛. □

注 如果是无界数列，该结果不成立. 例如，设 $x_n=-n^2+n,y_n=n^2,x_n+y_n=n$. 由于 $\overline{\lim_{n\to\infty}}x_n=-\infty$, $\overline{\lim_{n\to\infty}}y_n=+\infty$, 但是 $\overline{\lim_{n\to\infty}}(x_n+y_n)=+\infty$.

例 23 设 $x_n\geqslant 0$，$\{x_n\}$ 有界. 若对任何数列 $\{y_n\}$ 都有 $\overline{\lim_{n\to\infty}}(x_ny_n)=\left(\overline{\lim_{n\to\infty}}x_n\right)\left(\overline{\lim_{n\to\infty}}y_n\right)$，证

明 $\{x_n\}$ 收敛.

证明 设 $\{x_n\}$ 子列 $\{x_{n_k}\}$，满足 $\lim\limits_{k\to\infty}x_{n_k}=\overline{\lim\limits_{n\to\infty}}x_n=\beta$，子列 $\{x_{n_j}\}$，满足 $\lim\limits_{j\to\infty}x_{n_j}=\underline{\lim\limits_{n\to\infty}}x_n=\alpha$.

取 $y_n=\begin{cases}0, & n\neq n_j,\\ 1, & n=n_j,\end{cases}$ 则 $\overline{\lim\limits_{n\to\infty}}(x_ny_n)=\overline{\lim\limits_{j\to\infty}}(x_{n_j}y_{n_j})=\overline{\lim\limits_{j\to\infty}}x_{n_j}=\lim\limits_{j\to\infty}x_{n_j}=\alpha$，又 $\overline{\lim\limits_{n\to\infty}}y_n=1$，由已知得 $\beta=\alpha$，所以 $\{x_n\}$ 收敛. □

例 24 若 $x_n\geqslant 0\,(n=1,2,\cdots)$ 以及 $\left(\overline{\lim\limits_{n\to\infty}}x_n\right)\left(\overline{\lim\limits_{n\to\infty}}\dfrac{1}{x_n}\right)=1$，证明 $\{x_n\}$ 收敛.

证明 由题设知 $0<\overline{\lim\limits_{n\to\infty}}x_n<+\infty, 0<\overline{\lim\limits_{n\to\infty}}\dfrac{1}{x_n}<+\infty.$

设 $\overline{\lim\limits_{n\to\infty}}x_n=H,H>0$，则 $\overline{\lim\limits_{n\to\infty}}\dfrac{1}{x_n}=\dfrac{1}{H}$. 根据上极限的性质得 $\forall\varepsilon>0\,(\varepsilon<H),\exists N_1$，当 $n>N_1$ 时，$x_n<H+\varepsilon$. 同时又存在 N_2，当 $n>N_2$ 时，$\dfrac{1}{x_n}<\dfrac{1}{H}+\dfrac{\varepsilon}{H^2}=\dfrac{H+\varepsilon}{H^2}$. 所以当 $n>N_2$ 时，

$$x_n>\frac{H^2}{H+\varepsilon}>\frac{H^2-\varepsilon^2}{H+\varepsilon}=H-\varepsilon.$$

取 $N=\max\{N_1,N_2\}$，当 $n>N$ 时就有 $H-\varepsilon<x_n<H+\varepsilon$，所以 $\lim\limits_{n\to\infty}x_n=H$. □

斯托尔茨(Stolz)定理与洛必达法则是数学分析中处理 “$\dfrac{\infty}{\infty}$” 型以及 “$\dfrac{0}{0}$” 型极限的两个重要工具. 它们分别适用于变量为“离散的”和“连续的”情形, 斯托尔茨定理分几种情况.

定理 3 设 $\{x_n\}$ 严格单调增加(即 $x_n<x_{n+1}$), 且 $\lim\limits_{n\to\infty}x_n=+\infty$，又若 $\lim\limits_{n\to\infty}\dfrac{y_n-y_{n-1}}{x_n-x_{n-1}}=a$ (a 为有限数), 则 $\lim\limits_{n\to\infty}\dfrac{y_n}{x_n}=a$.

证明 $\forall\varepsilon>0$, $\exists N_1$，当 $n\geqslant N_1$ 时,

$$\left|\frac{y_{n+1}-y_n}{x_{n+1}-x_n}-a\right|<\varepsilon, \quad \text{即} \quad -\varepsilon+a<\frac{y_{n+1}-y_n}{x_{n+1}-x_n}<\varepsilon+a.$$

又因为 $x_{n+1}-x_n>0$，所以

$$(-\varepsilon+a)(x_{n+1}-x_n)<y_{n+1}-y_n<(\varepsilon+a)(x_{n+1}-x_n).$$

对于 $N_1,N_1+1,\cdots,n$ 得

$$(-\varepsilon+a)(x_{N_1+1}-x_{N_1})<y_{N_1+1}-y_{N_1}<(\varepsilon+a)(x_{N_1+1}-x_{N_1}),$$
$$(-\varepsilon+a)(x_{N_1+2}-x_{N_1+1})<y_{N_1+2}-y_{N_1+1}<(\varepsilon+a)(x_{N_1+2}-x_{N_1+1}),$$
$$\cdots\cdots$$
$$(-\varepsilon+a)(x_{n-1}-x_{n-2})<y_{n-1}-y_{n-2}<(\varepsilon+a)(x_{n-1}-x_{n-2}),$$
$$(-\varepsilon+a)(x_n-x_{n-1})<y_n-y_{n-1}<(\varepsilon+a)(x_n-x_{n-1}).$$

整理得

$$-(-\varepsilon+a)x_{N_1}+(-\varepsilon+a)x_n<y_n-y_{N_1}<(\varepsilon+a)x_n-(\varepsilon+a)x_{N_1},$$

$$(\varepsilon-a)x_{N_1}+y_{N_1}+(-\varepsilon+a)x_n<y_n<(\varepsilon+a)x_n+y_{N_1}-(\varepsilon+a)x_{N_1}.$$

用 x_n 遍除上面各式得

$$\frac{(\varepsilon-a)x_{N_1}}{x_n}+\frac{y_{N_1}}{x_n}-\varepsilon+a<\frac{y_n}{x_n}<\varepsilon+a+\frac{y_{N_1}}{x_n}-(\varepsilon+a)\frac{x_{N_1}}{x_n}. \tag{1.1}$$

对于固定的 x_{N_1},y_{N_1}，由于 $x_n\to+\infty$，所以 $\exists N_2$，当 $n>N_2$ 时有

$$\frac{(\varepsilon+|a|)x_{N_1}}{x_n}<\varepsilon,\quad \frac{|y_{N_1}|}{x_n}<\varepsilon.$$

因为 $|\varepsilon-a|<\varepsilon+|a|$，所以

$$-(\varepsilon+|a|)<\varepsilon-a<\varepsilon+|a|,\quad -\varepsilon<\frac{-(\varepsilon+|a|)x_{N_1}}{x_n}<\frac{(\varepsilon-a)x_{N_1}}{x_n}<\frac{(\varepsilon+|a|)x_{N_1}}{x_n}<\varepsilon.$$

从式(1.1)以及上面各式得当 $n>N_2$ 时，$-3\varepsilon+a<\frac{y_n}{x_n}<a+3\varepsilon$，所以 $\lim\limits_{n\to\infty}\frac{y_n}{x_n}=a$． □

例 25 设 $x_0=a,0<a<\frac{\pi}{2},x_n=\sin x_{n-1}\ (n=1,2,\cdots)$．证明:（1）$\lim\limits_{n\to\infty}x_n=0$；（2）$\lim\limits_{n\to\infty}\sqrt{\frac{n}{3}}x_n=1$．

证明 （1）显然，$0<x_n=\sin x_{n-1}<x_{n-1}<\frac{\pi}{2}$，所以 $\{x_n\}$ 单调减少有下界，$\lim\limits_{n\to\infty}x_n$ 存在．记 $\lim\limits_{n\to\infty}x_n=A$，则 $A=\sin A,A=0$，所以 $\lim\limits_{n\to\infty}x_n=0$.

（2）要证 $\lim\limits_{n\to\infty}\sqrt{\frac{n}{3}}x_n=1$，等价于 $\lim\limits_{n\to\infty}nx_n^2=3$，$\lim\limits_{n\to\infty}\frac{n}{\frac{1}{x_n^2}}=3$，因 $\frac{1}{x_n^2}\to+\infty\ (n\to\infty)$，可用斯托尔茨公式

$$\lim_{n\to\infty}\frac{n}{\frac{1}{x_n^2}}=\lim_{n\to\infty}\frac{n-(n-1)}{\frac{1}{x_n^2}-\frac{1}{x_{n-1}^2}}=\lim_{n\to\infty}\frac{1}{\frac{1}{\sin^2 x_{n-1}}-\frac{1}{x_{n-1}^2}}=\lim_{n\to\infty}\frac{x_{n-1}^2\cdot\sin^2 x_{n-1}}{x_{n-1}^2-\sin^2 x_{n-1}}$$

$$=\lim_{x\to0}\frac{x^2\cdot\sin^2 x}{x^2-\sin^2 x}=\lim_{x\to0}\frac{x^4}{(x+\sin x)(x-\sin x)}=\lim_{x\to0}\frac{x^4}{(2x+o(x))\left(\frac{1}{6}x^3+o(x^3)\right)}$$

$$=3.$$

□

类题 设 $x_1>0,x_{n+1}=\lim\limits_{n\to\infty}(1+x_n)$．证明 $\lim\limits_{n\to\infty}x_n=2$．

例 26 设定数 $k>0,a_0>0,a_{n+1}=a_n+\frac{1}{\sqrt[k]{a_n}}\ (n>0)$，求 $\lim\limits_{n\to\infty}\frac{a_n^{k+1}}{n^k}$．

解 先证 $a_n\to+\infty$．因 $a_0>0,a_1=a_0+\frac{1}{\sqrt[k]{a_0}}>1$．又 $a_{n+1}>a_n$，若 $\lim\limits_{n\to\infty}a_n=A$，则必有矛盾式 $A=A+\frac{1}{\sqrt[k]{A}}$，所以 $a_n\to+\infty$．

由斯托尔茨公式

$$\lim_{n\to\infty}\frac{a_n^{\frac{k+1}{k}}}{n}=\lim_{n\to\infty}\frac{a_{n+1}^{\frac{k+1}{k}}-a_n^{\frac{k+1}{k}}}{(n+1)-n}=\lim_{n\to\infty}\left(a_{n+1}^{\frac{k+1}{k}}-a_n^{\frac{k+1}{k}}\right)=\lim_{n\to\infty}\left[\left(a_n+\frac{1}{\sqrt[k]{a_n}}\right)^{\frac{k+1}{k}}-a_n^{\frac{k+1}{k}}\right].$$

在区间$\left[a_n,a_n+\frac{1}{\sqrt[k]{a_n}}\right]$上作辅助函数$\phi(x)=x^{\frac{k+1}{k}}$，则$\phi'(x)=\frac{k+1}{k}x^{\frac{1}{k}}$，由拉格朗日中值定理，有

$$\left(a_n+\frac{1}{\sqrt[k]{a_n}}\right)^{\frac{k+1}{k}}-a_n^{\frac{k+1}{k}}=\phi'(\xi)\frac{1}{\sqrt[k]{a_n}}=\frac{k+1}{k}\xi^{\frac{1}{k}}\frac{1}{\sqrt[k]{a_n}}\quad\left(a_n<\xi<a_n+\frac{1}{\sqrt[k]{a_n}}\right).\tag{1.2}$$

当把ξ换为区间左端点时，上式右端变小，

$$\left(a_n+\frac{1}{\sqrt[k]{a_n}}\right)^{\frac{k+1}{k}}-a_n^{\frac{k+1}{k}}>\frac{k+1}{k}\sqrt[k]{a_n}\frac{1}{\sqrt[k]{a_n}}=\frac{k+1}{k};$$

当把ξ换为区间右端点时，式（1.2）右端变大，

$$\left(a_n+\frac{1}{\sqrt[k]{a_n}}\right)^{\frac{k+1}{k}}-a_n^{\frac{k+1}{k}}<\frac{k+1}{k}\left(a_n+\frac{1}{\sqrt[k]{a_n}}\right)^{\frac{1}{k}}\frac{1}{\sqrt[k]{a_n}}=\frac{k+1}{k}\left[\left(a_n+\frac{1}{\sqrt[k]{a_n}}\right)\frac{1}{a_n}\right]^{\frac{1}{k}}=\frac{k+1}{k}\left(1+\frac{1}{a_n^{1+\frac{1}{k}}}\right)^{\frac{1}{k}}.$$

又$a_n\to+\infty$，由两边夹定理可得

$$\lim_{n\to\infty}\frac{a_n^{\frac{k+1}{k}}}{n}=\frac{k+1}{k},\quad \lim_{n\to\infty}\frac{a_n^{k+1}}{n^k}=\left(\frac{k+1}{k}\right)^k.$$ □

说明 此例中，$k=2$的情况在 2004 年罗马尼亚(区水平的)奥林匹克数学竞赛中出现过. 当$k>1$为整数时，在美国普特南数学竞赛试题中出现过,需要用到泰勒(Taylor)公式. 要对余项进行估计,这里用拉格朗日中值定理，不用估计余项，且k不必为整数.

如果把$\frac{1}{\sqrt[k]{a_n}}$改为$\frac{c}{\sqrt[k]{a_n}},c>0$，结果为$\left(\frac{k+1}{k}\right)^k c^k$.

定理 4 设$x_n<x_{n+1}$，$\lim\limits_{n\to\infty}x_n=+\infty$，若$\lim\limits_{n\to\infty}\frac{y_n-y_{n-1}}{x_n-x_{n-1}}=+\infty$，则$\lim\limits_{n\to\infty}\frac{y_n}{x_n}=+\infty$.

证明 $\forall G>0,\exists N_1$，当$n\geqslant N_1$时，$\lim\limits_{n\to\infty}\frac{y_{n+1}-y_n}{x_{n+1}-x_n}>3G$，又$x_{n+1}-x_n>0$，得到

$$y_{n+1}-y_n>3G(x_{n+1}-x_n),$$

对$N_1,N_1+1,\cdots,n$得

$$\begin{gathered}y_{N_1+1}-y_{N_1}>3G(x_{N_1+1}-x_{N_1}),\\ y_{N_1+2}-y_{N_1+1}>3G(x_{N_1+2}-x_{N_1+1}),\\ \cdots\cdots\\ y_{n-1}-y_{n-2}>3G(x_{n-1}-x_{n-2}),\\ y_n-y_{n-1}>3G(x_n-x_{n-1}).\end{gathered}$$

将以上各式连加得

$$y_n - y_{N_1} > 3G(x_n - x_{N_1}).$$

上式两端除以 x_n，

$$\frac{y_n}{x_n} > 3G + \frac{y_{N_1}}{x_n} - 3G\frac{x_{N_1}}{x_n}.$$

对于固定的 x_{N_1}, y_{N_1}，因为 $\lim\limits_{n\to\infty} x_n = +\infty$，所以 $\exists N_2$，当 $n > N_2$ 时，

$$\left|\frac{y_{N_1}}{x_n}\right| < G, \quad \left|3G\frac{x_{N_1}}{x_n}\right| < G,$$

就得到

$$\frac{y_n}{x_n} > 3G - \left|\frac{y_{N_1}}{x_n}\right| - 3G\left|\frac{x_{N_1}}{x_n}\right| > G.$$

所以 $\lim\limits_{n\to\infty}\frac{y_n}{x_n} = +\infty$. □

定理 5(斯托尔茨公式) 设 $\{x_n\}$ 严格减少 $(x_n > x_{n+1} > 0)$，$\lim\limits_{n\to\infty} x_n = \lim\limits_{n\to\infty} y_n = 0$，又 $\lim\limits_{n\to\infty}\frac{y_n - y_{n+1}}{x_n - x_{n+1}}$ 存在，则 $\lim\limits_{n\to\infty}\frac{y_n}{x_n} = \lim\limits_{n\to\infty}\frac{y_n - y_{n+1}}{x_n - x_{n+1}}$.

证明 （1）设 $\lim\limits_{n\to\infty}\frac{y_n - y_{n+1}}{x_n - x_{n+1}} = a$ (a 为有限数). $\forall \varepsilon > 0$, $\exists N$, 当 $n \geqslant N$ 时，

$$\left|\frac{y_n - y_{n+1}}{x_n - x_{n+1}} - a\right| < \varepsilon, \quad 即 \quad -\varepsilon + a < \frac{y_n - y_{n+1}}{x_n - x_{n+1}} < a + \varepsilon.$$

于是有 $(-\varepsilon + a)(x_n - x_{n+1}) < y_n - y_{n+1} < (a+\varepsilon)(x_n - x_{n+1})$.

固定 $n \geqslant N$，可得

$$(-\varepsilon + a)(x_n - x_{n+1}) < y_n - y_{n+1} < (a+\varepsilon)(x_n - x_{n+1}),$$
$$(-\varepsilon + a)(x_{n+1} - x_{n+2}) < y_{n+1} - y_{n+2} < (a+\varepsilon)(x_{n+1} - x_{n+2}),$$
$$\cdots\cdots$$
$$(-\varepsilon + a)(x_{n+p-2} - x_{n+p-1}) < y_{n+p-2} - y_{n+p-1} < (a+\varepsilon)(x_{n+p-2} - x_{n+p-1}),$$
$$(-\varepsilon + a)(x_{n+p-1} - x_{n+p}) < y_{n+p-1} - y_{n+p} < (a+\varepsilon)(x_{n+p-1} - x_{n+p}).$$

以上各式连加得

$$(-\varepsilon + a)(x_n - x_{n+p}) < y_n - y_{n+p} < (a+\varepsilon)(x_n - x_{n+p}),$$

整理得

$$(\varepsilon - a)x_{n+p} + y_{n+p} + (-\varepsilon + a)x_n < y_n < (a+\varepsilon)x_n + y_{n+p} - (a+\varepsilon)x_{n+p}.$$

用 x_n 遍除上式各端，可得

$$\frac{(\varepsilon - a)x_{n+p}}{x_n} + \frac{y_{n+p}}{x_n} + (-\varepsilon + a) < \frac{y_n}{x_n} < (a+\varepsilon) + \frac{y_{n+p}}{x_n} - \frac{(a+\varepsilon)x_{n+p}}{x_n}. \tag{1.3}$$

上式中，n 固定，p 任意，由于 $x_n \to 0, y_n \to 0$，所以 $\exists P$，$\forall p > P$，有

$$\frac{(\varepsilon + |a|)x_{n+p}}{x_n} < \varepsilon, \quad \frac{y_{n+p}}{x_n} < \varepsilon.$$

同定理 3 的讨论一样，有 $-\varepsilon < \frac{(\varepsilon - a)x_{n+p}}{x_n} < \varepsilon$.

从上式及式（1.3）得，当 $n \geqslant N$ 时，有

$$-3\varepsilon + a < \frac{y_n}{x_n} < a + 3\varepsilon.$$

所以 $\lim\limits_{n\to\infty}\frac{y_n}{x_n} = a$.

（2）设 $\lim\limits_{n\to\infty}\frac{y_n - y_{n+1}}{x_n - x_{n+1}} = +\infty$，则 $\forall G > 0, \exists N$，当 $n > N$ 时，有

$$\frac{y_n - y_{n+1}}{x_n - x_{n+1}} > 3G,$$
$$y_n - y_{n+1} > 3G(x_n - x_{n+1}),$$
$$y_{n+1} - y_{n+2} > 3G(x_{n+1} - x_{n+2}),$$
$$\cdots\cdots$$
$$y_{n+p-2} - y_{n+p-1} > 3G(x_{n+p-2} - x_{n+p-1}),$$
$$y_{n+p-1} - y_{n+p} > 3G(x_{n+p-1} - x_{n+p}).$$

以上各式连加得

$$y_n - y_{n+p} > 3G(x_n - x_{n+p}),$$

上式两端同时除以 x_n 得

$$\frac{y_n}{x_n} > 3G + \frac{y_{n+p}}{x_n} - \frac{3Gx_{n+p}}{x_n}. \tag{1.4}$$

上式中 n 固定，p 任意，由于 $x_n \to 0, y_n \to 0$，所以 $\exists P$, 使得 $\frac{|y_{n+p}|}{x_n} < G, \frac{|3Gx_{n+p}|}{x_n} < G$.

从式（1.4）中可得

$$\frac{y_n}{x_n} > 3G - \frac{|y_{n+p}|}{x_n} - \frac{|3Gx_{n+p}|}{x_n} > 3G - G - G = G.$$

所以当 $n > N$ 时，$\frac{y_n}{x_n} > G$，即 $\lim\limits_{n\to\infty}\frac{y_n}{x_n} = +\infty$. □

下面例 27 和例 28 与斯托尔茨定理的证法过程类似.

例 27 设函数 $f(x)$ 定义在 $(0,1)$ 上，且 $\lim\limits_{x\to 0^+} f(x) = 0, \lim\limits_{x\to 0^+}\frac{f(x) - f\left(\frac{x}{2}\right)}{x} = 0$. 证明 $\lim\limits_{x\to 0^+}\frac{f(x)}{x} = 0$.

证明 $\forall \varepsilon > 0, \exists \delta > 0$，当 $0 < x < \delta$ 时(固定 x),

$$\left|\frac{f(x) - f\left(\frac{x}{2}\right)}{x}\right| < \frac{\varepsilon}{2}, \quad 即 \quad -\frac{\varepsilon}{2}x < f(x) - f\left(\frac{x}{2}\right) < \frac{\varepsilon}{2}x.$$

从而有

$$-\frac{\varepsilon}{2}x < f(x) - f\left(\frac{x}{2}\right) < \frac{\varepsilon}{2}x,$$

$$-\frac{\varepsilon}{2^2}x < f\left(\frac{x}{2}\right) - f\left(\frac{x}{2^2}\right) < \frac{\varepsilon}{2^2}x,$$

$$\cdots\cdots$$

$$-\frac{\varepsilon}{2^n}x < f\left(\frac{x}{2^{n-1}}\right) - f\left(\frac{x}{2^n}\right) < \frac{\varepsilon}{2^n}x.$$

各式相加得

$$-\varepsilon x < f(x) - f\left(\frac{x}{2^n}\right) < \varepsilon x.$$

又因为 $\lim\limits_{x\to 0^+} f(x) = 0$, 对于固定的 x, $\lim\limits_{n\to\infty} f\left(\frac{x}{2^n}\right) = 0$, 所以

$$-\varepsilon x \leqslant f(x) \leqslant \varepsilon x, \quad 即 \ -\varepsilon \leqslant \frac{f(x)}{x} \leqslant \varepsilon.$$

上面 x 是在 $(0,\delta)$ 中任意取的, 所以 $\lim\limits_{x\to 0^+} f(x) = 0$. □

例 28 设 $f(x)$ 定义在 $[a,+\infty)(a>0)$ 上且在每一个有限区间上有界, 以及

$$\lim_{x\to\infty}[f(x+1)-f(x)] = A.$$

证明 $\lim\limits_{x\to\infty}\frac{f(x)}{x} = A$.

证明 $\forall \varepsilon > 0, \exists X_1 > a$, 当 $x > X_1$ 时,

$$|f(x+1)-f(x)-A| < \varepsilon \text{ 即 } -\varepsilon + A < f(x+1) - f(x) < \varepsilon + A.$$

当 $x > X_1 + 1$ 时, 有正整数 K_1, 使得 $K_1 < x - k \leqslant X_1 + 1$. 记 $\xi = x - k$, 则 $X_1 < \xi \leqslant X_1 + 1$. 于是有

$$-\varepsilon + A < f(\xi+1) - f(\xi) < \varepsilon + A,$$

$$-\varepsilon + A < f(\xi+2) - f(\xi+1) < \varepsilon + A,$$

$$\cdots\cdots$$

$$-\varepsilon + A < f(\xi+k-1) - f(\xi+k-2) < \varepsilon + A,$$

$$-\varepsilon + A < f(\xi+k) - f(\xi+k-1) < \varepsilon + A.$$

上面各式连加, 设 $x = \xi + k$, 则 $k = x - \xi$. 于是有

$$k(-\varepsilon + A) < f(x) - f(\xi) < k(\varepsilon + A),$$

$$f(\xi) + (x-\xi)(-\varepsilon + A) < f(x) < (x-\xi)(\varepsilon + A) + f(\xi).$$

用 x 除上面第二式子得

$$\frac{f(\xi)}{x} + (-\varepsilon + A) - \frac{\xi}{x}(-\varepsilon + A) < \frac{f(x)}{x} < \varepsilon + A - \frac{\xi}{x}(\varepsilon + A) + \frac{f(\xi)}{x}. \tag{1.5}$$

由已知, $f(x)$ 在 $[X_1, X_1+1]$ 上有界, 从而 $\exists M > 0$, 当 $x \in [X_1, X_1+1]$ 时, $|f(x)| \leqslant M$. 而 $X_1 < \xi \leqslant X_1 + 1$, 所以 $|f(\xi)| \leqslant M$, 选 $X_2 > X_1, X_2$ 充分大满足

$$\frac{M}{X_2} < \varepsilon, \quad \frac{1}{X_2}(X_1+1)(|A|+\varepsilon) < \varepsilon.$$

由上式以及式（1.5）可得当 $x > X_2$ 时，

$$-3\varepsilon + A < \frac{f(x)}{x} < A + 3\varepsilon.$$

所以 $\lim\limits_{x\to\infty}\frac{f(x)}{x} = A.$ □

注 （1）如果有条件“$f(x)$ 在 $[a,+\infty)$ 上连续”，当然包含 $f(x)$ 在 $[X_1, X_1+1]$ 上连续.

（2）条件“$f(x)$ 在每个有限区间上有界”不可少，反例如下. 对自然数 $1,2,3,\cdots,n$，令 $f(n)=1$. 在 $(1,2)$ 上，$f(x)=\frac{1}{x-1}$；在 $(2,3)$ 上，$f(x)=\frac{1}{x-2}$. 一般地，在 $(n,n+1)$ 上，$f(x)=\frac{1}{x-n}$.

实际上 $f(x)$ 是周期为 1 的函数，自然有 $f(x+1)-f(x)=0$，但在 $(n,n+1)$ 中，取

$$x_n = n+\frac{1}{n^2},\quad x_n - n = \frac{1}{n^2},\quad \frac{f(x_n)}{x_n} = \frac{n^2}{n+\frac{1}{n^2}} > \frac{1}{2}n,$$

有 $\lim\limits_{n\to\infty}\frac{f(x_n)}{x_n} = +\infty$.

例 29 我们知道三个无穷小量之积是无穷小量，有限个无穷小量之积仍为无穷小量，好像很显然无穷多个无穷小量之积更应是无穷小量. 事实并非如此，问题在于如何定义无穷小量之积的每一项. 比如 $x_n\to 0, y_n\to 0, z_n\to 0$，令 $u_n = x_n y_n z_n$，$\{u_n\}$ 的每一项都可算出来. 对无穷多个无穷小量，若也是这样定义它们的积，对于下列数表表 1，横看每一行都是无穷小量，第一行是 x_n，第二行是 y_n，第三行是 z_n，…；竖看把每列对应项相乘，得到的是无穷大量. 表 2 中横看每一个是正无穷大量，竖看把对应项相加，取极限得到的是负无穷大量.

表 1

1	$\frac{1}{2}$	$\frac{1}{3}$	$\frac{1}{4}$	$\frac{1}{5}$	$\cdots$	$\frac{1}{n-1}$	$\frac{1}{n}$	$\cdots$
1	2^2	$\frac{1}{3}$	$\frac{1}{4}$	$\frac{1}{5}$	$\cdots$	$\frac{1}{n-1}$	$\frac{1}{n}$	$\cdots$
1	1	3^3	$\frac{1}{4}$	$\frac{1}{5}$	$\cdots$	$\frac{1}{n-1}$	$\frac{1}{n}$	$\cdots$
1	1	1	4^4	$\frac{1}{5}$	$\cdots$	$\frac{1}{n-1}$	$\frac{1}{n}$	$\cdots$
1	1	1	1	5^5	$\cdots$	$\frac{1}{n-1}$	$\frac{1}{n}$	$\cdots$
$\vdots$	$\vdots$	$\vdots$	$\vdots$	$\vdots$		$\vdots$	$\vdots$	
1	1	1	1	1	$\cdots$	$(n-1)^{n-1}$	$\frac{1}{n}$	$\cdots$
1	1	1	1	1	$\cdots$	1	n^n	$\cdots$
1	2	3	4	5	$\cdots$	$n-1$	n	$\cdots$

表 2

-1	2	3	4	5	$\cdots$	$n-1$	n	$\cdots$
0	-2^2	3	4	5	$\cdots$	$n-1$	n	$\cdots$
0	0	-3^2	4	5	$\cdots$	$n-1$	n	$\cdots$
0	0	0	-4^2	5	$\cdots$	$n-1$	n	$\cdots$
0	0	0	0	-5^2	$\cdots$	$n-1$	n	$\cdots$
$\vdots$	$\vdots$	$\vdots$	$\vdots$	$\vdots$		$\vdots$	$\vdots$	$\cdots$
0	0	0	0	0	$\cdots$	$-(n-1)^2$	n	$\cdots$
0	0	0	0	0	$\cdots$	0	$-n^2$	$\cdots$
-1	-2	-3	-4	-5	$\cdots$	$-(n-1)$	$-n$	$\cdots$

上面两例是 $0\cdot0\cdot0\cdot\cdots=+\infty$，$(+\infty)+(+\infty)+(+\infty)+\cdots=-\infty$，这与一般常识不符，所以书上不讲无穷多个数列的运算.

例 30 设 $\lim\limits_{n\to\infty}x_n=a,\lim\limits_{n\to\infty}y_n=b$，令 $z_n=\dfrac{x_1y_n+x_2y_{n-1}+\cdots+x_{n-1}y_2+x_ny_1}{n}$，证明 $\lim\limits_{n\to\infty}z_n=ab$.

证明 因为 $x_n\to a$，$y_n\to b$，所以 $\exists M>0,|x_n|\leqslant M,|y_n|\leqslant M,|a|\leqslant M,|b|\leqslant M$.

$\forall\varepsilon>0,\exists N_1$，当 $n>N_1$ 时，$|x_n-a|<\dfrac{\varepsilon}{4M},|y_n-b|<\dfrac{\varepsilon}{4M}$，取 $N_2=2N_1$，当 $n>N_2$ 时，将分子 $x_1y_n+x_2y_{n-1}+\cdots+x_{n-1}y_2+x_ny_1$ 分为三部分:

$$x_1y_n+\cdots+x_{N_1}y_{n-N_1+1};$$

$$x_{N_1+1}y_{n-N_1}+x_{N_1+2}y_{n-N_1-1}+\cdots+x_{n-N_1}y_{N_1+1};$$

$$x_{n-N_1+1}y_{N_1}+x_{n-N_1+2}y_{N_1-1}+\cdots+x_ny_1,$$

这里下标和为 $n+1$，第一部分和第三部分均有 N_1 项，中间部分有 $n-2N_1$ 项.

由于 $|x_jy_j-ab|\leqslant2M^2$，所以第一部分与第三部分对应右端之和 $\leqslant\dfrac{1}{n}(2N_1)(2M^2)$.

再看中间部分，对 $k=N_1+1,N_2+2,\cdots,n-N_1$，有

$$|x_ky_{n-k+1}-ab|=|x_ky_{n-k+1}-ay_{n-k+1}+ay_{n-k+1}-ab|$$

$$=|(x_k-a)y_{n-k+1}+a(y_{n-k+1}-b)|\leqslant M\frac{\varepsilon}{4M}+M\frac{\varepsilon}{4M}=\frac{\varepsilon}{2}.$$

中间有 $n-2N_1$ 项，右端和 $<\dfrac{1}{n}(n-2N_1)\dfrac{\varepsilon}{2}<\dfrac{\varepsilon}{2}$.

取 $N>N_2$ 且使 $\dfrac{1}{N}(2N_1)(2M^2)<\dfrac{\varepsilon}{2}$，则当 $n>N$ 时，$\dfrac{1}{n}(2N_1)(2M^2)<\dfrac{\varepsilon}{2}$. 上面右端三项之和 $<\varepsilon$，即 $|z_n-ab|<\varepsilon$. 所以 $\lim\limits_{n\to\infty}z_n=ab$. □

例 31 设 $x_n=1+\dfrac{1}{2}+\dfrac{1}{3}+\cdots+\dfrac{1}{n}-\ln n$，证明 $\lim\limits_{n\to\infty}x_n$ 存在.

证明 由 $\left(1+\dfrac{1}{n}\right)^n<\mathrm{e}<\left(1+\dfrac{1}{n}\right)^{n+1}$ 得 $n\ln\left(1+\dfrac{1}{n}\right)<1<(n+1)\ln\left(1+\dfrac{1}{n}\right)$. 于是有

$$\frac{1}{n+1}<\ln\left(1+\frac{1}{n}\right)<\frac{1}{n},\quad 即\quad \frac{1}{n+1}<\ln(n+1)-\ln n<\frac{1}{n}.$$

对上式连加，可得

$$\frac{1}{2}+\frac{1}{3}+\cdots+\frac{1}{n+1}<\ln(1+n)<1+\frac{1}{2}+\cdots+\frac{1}{n}.$$

从上面 $1+\frac{1}{2}+\cdots+\frac{1}{n}>\ln(1+n)$ 得

$$x_n=1+\frac{1}{2}+\cdots+\frac{1}{n}-\ln n>1+\frac{1}{2}+\cdots+\frac{1}{n}-\ln(1+n)>0.$$

再从 $\frac{1}{n+1}<\ln\left(1+\frac{1}{n}\right)$ 得

$$x_{n+1}-x_n=\left[1+\frac{1}{2}+\cdots+\frac{1}{n+1}-\ln(n+1)\right]-\left(1+\frac{1}{2}+\cdots+\frac{1}{n}-\ln n\right)=\frac{1}{n+1}-\ln(n+1)+\ln n<0.$$

这就证明了 $\{x_n\}$ 单调减少，有下界 0，所以 $\lim\limits_{n\to\infty}x_n$ 存在. □

上面的极限值称为欧拉常数，在解析数论中常用 γ 表示，它的近似值是

$$\gamma=\lim_{n\to\infty}\left(\sum_{k=1}^{n}\frac{1}{k}-\ln n\right)=0.5772156\cdots.$$

例 32 （1）设 k 为大于 1 的整数，$x_n=\frac{1}{n+1}+\frac{1}{n+2}+\cdots+\frac{1}{kn-1}+\frac{1}{kn}$，证明 $\lim\limits_{n\to\infty}x_n=\ln k$.

（2）设 l 为整数，$l>k$，$x_n'=\frac{1}{kn+1}+\frac{1}{kn+2}+\cdots+\frac{1}{ln}$，证明 $\lim\limits_{n\to\infty}x_n'=\ln\frac{l}{k}$.

证明　证明一　（1）先证明 $\lim\limits_{n\to\infty}\mathrm{e}^{x_n}=k$，由 $\mathrm{e}<\left(1+\frac{1}{n}\right)^{n+1}$，得 $1+\frac{1}{n}>\mathrm{e}^{\frac{1}{n+1}}$. 而 $1+\frac{1}{j}>\mathrm{e}^{\frac{1}{j+1}}$，取 j 从 n 到 $kn-1$，连乘后得

$$\left(1+\frac{1}{n}\right)\left(1+\frac{1}{n+1}\right)\cdots\left(1+\frac{1}{kn-2}\right)\left(1+\frac{1}{kn-1}\right)>\mathrm{e}^{\frac{1}{n+1}+\frac{1}{n+2}+\cdots+\frac{1}{kn}}=\mathrm{e}^{x_n},$$

即 $\frac{n+1}{n}\cdot\frac{n+2}{n+1}\cdot\cdots\cdot\frac{kn-1}{kn-2}\cdot\frac{kn}{kn-1}>\mathrm{e}^{x_n}$.

又因 $\left(1+\frac{1}{n}\right)^n<\mathrm{e},1+\frac{1}{n}<\mathrm{e}^{\frac{1}{n}}$，而 $1+\frac{1}{j}<\mathrm{e}^{\frac{1}{j}}$，让 j 从 $n+1$ 到 kn 连乘后得

$$\left(1+\frac{1}{n+1}\right)\left(1+\frac{1}{n+2}\right)\cdots\left(1+\frac{1}{kn-1}\right)\left(1+\frac{1}{kn}\right)<\mathrm{e}^{\frac{1}{n+1}+\frac{1}{n+2}+\cdots+\frac{1}{kn}}=\mathrm{e}^{x_n},$$

即 $\frac{n+2}{n+1}\cdot\frac{n+3}{n+2}\cdot\cdots\cdot\frac{kn}{kn-1}\cdot\frac{kn+1}{kn}<\mathrm{e}^{x_n}$，$\frac{kn+1}{n+1}=\frac{k(n+1)-k+1}{n+1}=k-\frac{k-1}{n+1}<\mathrm{e}^{x_n}$. 由两边夹定理得 $\lim\limits_{n\to\infty}\mathrm{e}^{x_n}=k$，所以 $\lim\limits_{n\to\infty}x_n=\ln k$.

（2）已知 l,k 为固定的整数，$l>k$，设

$$z_n=\frac{1}{n+1}+\frac{1}{n+2}+\cdots+\frac{1}{kn}+\frac{1}{kn+1}+\cdots+\frac{1}{ln},\quad y_n=\frac{1}{n+1}+\frac{1}{n+2}+\cdots+\frac{1}{kn},$$

$$\lim_{n\to\infty} x_n' = \lim_{n\to\infty}(z_n - y_n) = \lim_{n\to\infty} z_n - \lim_{n\to\infty} y_n = \ln l - \ln k = \ln\frac{l}{k}.$$

证明二 (参见例 31)　（2）设 $z_n=\sum_{j=1}^{ln}\frac{1}{j}-\ln(ln)$，$y_n=\sum_{j=1}^{kn}\frac{1}{j}-\ln(kn)$，则

$$x_n' = \frac{1}{kn+1}+\frac{1}{kn+2}+\cdots+\frac{1}{ln} = z_n - y_n + \ln(ln) - \ln(kn).$$

于是

$$\lim_{n\to\infty} x_n' = \lim_{n\to\infty}\left[\sum_{j=1}^{ln}\frac{1}{j}-\ln(ln)\right]-\lim_{n\to\infty}\left[\sum_{j=1}^{kn}\frac{1}{j}-\ln(kn)\right]+\ln\frac{l}{k} = \gamma-\gamma+\ln\frac{l}{k}=\ln\frac{l}{k}.$$

证明三　（1）利用不等式 $\frac{1}{j+1}<\int_j^{j+1}\frac{1}{x}\mathrm{d}x<\frac{1}{j}$. 令 $j=n,n+1,\cdots,kn-1$，相加得

$$\frac{1}{n+1}+\frac{1}{n+2}+\cdots+\frac{1}{kn}<\int_n^{kn}\frac{1}{x}\mathrm{d}x<\frac{1}{n}+\frac{1}{n+1}+\cdots+\frac{1}{kn-1}.$$

于是

$$x_n=\frac{1}{n+1}+\frac{1}{n+2}+\cdots+\frac{1}{kn}<\ln k<\frac{1}{n+1}+\cdots+\frac{1}{kn}+\left(\frac{1}{n}-\frac{1}{kn}\right)=x_n+\left(\frac{1}{n}-\frac{1}{kn}\right).$$

从上式得

$$0<\ln k - x_n<\frac{1}{n}-\frac{1}{kn}.$$

所以 $\lim_{n\to\infty} x_n=\ln k$.

证明四 (利用定积分)　（1）由于 $f(x)=\frac{1}{x}$ 在 $[1,k]$ 上连续可积，把 $[1,k]$ 分成 $(k-1)n$ 等份，其中 $\Delta x=\frac{1}{n}$，分点为 $1,1+\frac{1}{n},\cdots,1+\frac{i-1}{n},1+\frac{i}{n},\cdots,1+\frac{(k-1)n-1}{n},k$.

在区间 $\left[1+\frac{i-1}{n},1+\frac{i}{n}\right]$ 上，ξ_i 取为 $1+\frac{i}{n}\left(i=1,2,\cdots,1+\frac{(k-1)n}{n}=k\right)$，则

$$\begin{aligned}\frac{1}{n}\sum_{i=1}^{(k-1)n}f(\xi_i)&=\frac{1}{n}\left[\frac{1}{1+\frac{1}{n}}+\frac{1}{1+\frac{2}{n}}+\cdots+\frac{1}{1+\frac{(k-1)n-1}{n}}+\frac{1}{1+\frac{(k-1)n}{n}}\right]\\&=\frac{1}{n+1}+\frac{1}{n+2}+\cdots+\frac{1}{kn}=x_n.\end{aligned}$$

于是有

$$\lim_{n\to\infty}x_n=\lim_{n\to\infty}\frac{1}{n}\sum_{i=1}^{(k-1)n}f(\xi_i)=\int_1^k\frac{1}{x}\mathrm{d}x=\ln k.$$ □

例 33　证明 $\lim_{n\to\infty}\left(1-\frac{1}{2}+\frac{1}{3}-\frac{1}{4}+\cdots+\frac{1}{2n-1}-\frac{1}{2n}\right)=\ln 2$.

证明　设

$$x_n=1-\frac{1}{2}+\frac{1}{3}-\frac{1}{4}+\cdots+\frac{1}{2n-1}-\frac{1}{2n}=1+\frac{1}{2}+\frac{1}{3}+\cdots+\frac{1}{2n}-2\left(\frac{1}{2}+\frac{1}{4}+\cdots+\frac{1}{2n}\right)$$
$$=1+\frac{1}{2}+\frac{1}{3}+\cdots+\frac{1}{2n}-\left(1+\frac{1}{2}+\frac{1}{3}+\cdots+\frac{1}{n}\right)=\frac{1}{n+1}+\frac{1}{n+2}+\cdots+\frac{1}{2n}.$$

从而 $\lim\limits_{n\to\infty}x_n=\ln 2$. □

注　两个常用不等式要熟记. 当 $x>-1$ 时, $\frac{x}{1+x}<\ln(1+x)<x$.

特别地, 当 $x=\frac{1}{n}$ 时, $\frac{\frac{1}{n}}{1+\frac{1}{n}}<\ln\left(1+\frac{1}{n}\right)<\frac{1}{n}$, 即 $\frac{1}{1+n}<\ln\left(1+\frac{1}{n}\right)<\frac{1}{n}$. 当然也可以从 $\left(\frac{1}{1+n}\right)^n<\mathrm{e}<\left(\frac{1}{1+n}\right)^{n+1}$ 得出.

例 34　设 $x_n=\sum\limits_{k=2}^{n}\frac{1}{k\ln k}-\ln\ln n$. 证明 $\lim\limits_{n\to\infty}x_n$ 存在(有限).

证明　**证明一**　先用三种方法证明 $\{x_n\}$ 单调减少, 再证有下界.

方法一　利用前面的不等式, 当 $n\geqslant 2$ 时,

$$x_{n+1}-x_n=\frac{1}{(n+1)\ln(n+1)}-[\ln\ln(n+1)-\ln\ln n]=\frac{1}{(n+1)\ln(n+1)}-\ln\frac{\ln(n+1)}{\ln n}$$
$$=\frac{1}{(n+1)\ln(n+1)}-\ln\left(\frac{\ln n+\ln\left(1+\frac{1}{n}\right)}{\ln n}\right)$$
$$=\frac{1}{(n+1)\ln(n+1)}-\ln\left(1+\frac{\ln\left(1+\frac{1}{n}\right)}{\ln n}\right)$$
$$<\frac{1}{(n+1)\ln(n+1)}-\frac{\frac{\ln\left(1+\frac{1}{n}\right)}{\ln n}}{1+\frac{\ln\left(1+\frac{1}{n}\right)}{\ln n}}$$
$$=\frac{1}{(n+1)\ln(n+1)}-\frac{\ln\left(1+\frac{1}{n}\right)}{\ln n+\ln\left(1+\frac{1}{n}\right)}=\frac{1}{(n+1)\ln(n+1)}-\frac{\ln\left(1+\frac{1}{n}\right)}{\ln(n+1)}$$
$$<\frac{1}{(n+1)\ln(n+1)}-\frac{1}{(n+1)\ln(n+1)}=0.$$

上面第一个“<”用到 $\dfrac{x}{1+x}<\ln(1+x)$，第二个“<”用到 $\dfrac{1}{1+n}<\ln\left(1+\dfrac{1}{n}\right)$，这就证明了 $x_{n+1}<x_n$.

方法二 利用拉格朗日中值定理，在 $[n,n+1]$ 上定义

$$f(x)=\ln(\ln x),\ \exists\xi\ (n<\xi<n+1),\ 使得 \ln(\ln(n+1))-\ln(\ln n)=\frac{1}{\xi\ln\xi}>\frac{1}{(n+1)\ln(n+1)}.$$

显然，$x_{n+1}-x_n<0$.

方法三 利用定积分

$$\frac{1}{(n+1)\ln(n+1)}<\int_n^{n+1}\frac{1}{x\ln x}\mathrm{d}x=\ln(\ln x)\Big|_n^{n+1}=\ln\ln(n+1)-\ln\ln n.$$

这就证明了 $x_{n+1}-x_n<0$.

下面用定积分找到 $\{x_n\}$ 的一个下界，因为

$$\frac{1}{2\ln 2}>\int_2^3\frac{1}{x\ln x}\mathrm{d}x,\frac{1}{3\ln 3}>\int_3^4\frac{1}{x\ln x}\mathrm{d}x,\cdots,\frac{1}{n\ln n}>\int_n^{n+1}\frac{1}{x\ln x}\mathrm{d}x,$$

所以 $x_n>\displaystyle\int_2^{n+1}\frac{1}{x\ln x}\mathrm{d}x-\ln\ln n=\ln\ln(n+1)-\ln\ln 2-\ln\ln n>-\ln\ln 2.$

这样就证明 $\{x_n\}$ 单调减少有下界，所以 $\{x_n\}$ 收敛.

证明二 把 x_{n+1} 变为

$$x_{n+1}=(x_{n+1}-x_n)+(x_n-x_{n-1})+\cdots+(x_3-x_2)+(x_2-x_1)+x_1=x_1+\sum_{i=1}^{n}(x_{i+1}-x_i).$$

若能证明级数 $\displaystyle\sum_{n=1}^{\infty}(x_{n+1}-x_n)$ 收敛，也就证明了 $\{x_n\}$ 收敛. 因为级数收敛的判别法比较多，所以这也是证明 $\{x_n\}$ 收敛的有效方法，下面就用这种方法证明例 34.

$$x_{n+1}-x_n=\frac{1}{(n+1)\ln(n+1)}-[\ln\ln(n+1)-\ln\ln n],$$

在 $[n,n+1]$ 上，设 $f(x)=\ln\ln x$.

用拉格朗日公式

$$\ln\ln(n+1)-\ln\ln n=\frac{1}{\xi_n\ln\xi_n}\quad(n<\xi_n<n+1).$$

从上式知

$$\frac{1}{(n+1)\ln(n+1)}<\frac{1}{\xi_n\ln\xi_n}<\frac{1}{n\ln n}.$$

于是 $|x_{n+1}-x_n|<\dfrac{1}{n\ln n}-\dfrac{1}{(n+1)\ln(n+1)}$. 因此

$$\begin{aligned}&\sum_{i=2}^{n}|x_{i+1}-x_i|\\&<\frac{1}{2\ln 2}-\frac{1}{3\ln 3}+\frac{1}{3\ln 3}-\frac{1}{4\ln 4}+\cdots+\left(\frac{1}{(n-1)\ln(n-1)}-\frac{1}{n\ln n}\right)+\left(\frac{1}{n\ln n}-\frac{1}{(n+1)\ln(n+1)}\right)\end{aligned}$$

$$=\frac{1}{2\ln 2}-\frac{1}{(n+1)\ln(n+1)}<\frac{1}{2\ln 2}.$$

这就证明了 $\sum_{i=2}^{n}|x_{i+1}-x_i|$ 收敛，$\sum_{i=2}^{n}(x_{i+1}-x_i)$ 也收敛，也就证明 $\{x_n\}$ 收敛. □

例 35　设 $x_n=\sum_{k=1}^{n}\frac{1}{\sqrt{k}}-2\sqrt{n}$，证明 $\{x_n\}$ 收敛.

证明　由题目可知

$$\begin{aligned}|x_{n+1}-x_n|&=\left|\frac{1}{\sqrt{n+1}}-2(\sqrt{n+1}-\sqrt{n})\right|\\&=\left|\frac{1}{\sqrt{n+1}}-\frac{2}{\sqrt{n+1}+\sqrt{n}}\right|\\&=\left|\frac{\sqrt{n+1}+\sqrt{n}-2\sqrt{n+1}}{\sqrt{n+1}(\sqrt{n+1}+\sqrt{n})}\right|\\&=\frac{\sqrt{n+1}-\sqrt{n}}{\sqrt{n+1}(\sqrt{n+1}+\sqrt{n})}=\frac{1}{\sqrt{n+1}(\sqrt{n+1}+\sqrt{n})^2}<\frac{1}{n^{3/2}}.\end{aligned}$$

因为 $\sum_{n=1}^{\infty}\frac{1}{n^{3/2}}$ 收敛，所以 $\{x_n\}$ 收敛. □

例 36　在 $[1,\infty)$ 上，$f(x)$ 连续单调减少，$f(x)>0$，$x_n=\sum_{k=1}^{n}f(k)-\int_1^n f(x)\mathrm{d}x$，证明 $\{x_n\}$ 收敛.

证明　由于

$$\begin{aligned}x_{n+1}-x_n&=\sum_{k=1}^{n+1}f(k)-\int_1^{n+1}f(x)\mathrm{d}x-\left[\sum_{k=1}^{n}f(k)-\int_1^n f(x)\mathrm{d}x\right]\\&=f(n+1)-\int_n^{n+1}f(x)\mathrm{d}x\\&=\int_n^{n+1}(f(n+1)-f(x))\mathrm{d}x<0,\end{aligned}$$

$$\begin{aligned}x_n&=f(1)+f(2)+\cdots+f(n-1)+f(n)-\left[\int_1^2 f(x)\mathrm{d}x+\int_2^3 f(x)\mathrm{d}x+\cdots+\int_{n-1}^n f(x)\mathrm{d}x\right]\\&=\left[f(1)-\int_1^2 f(x)\mathrm{d}x\right]+\left[f(2)-\int_2^3 f(x)\mathrm{d}x\right]+\cdots+\left[f(n-1)-\int_{n-1}^n f(x)\mathrm{d}x\right]+f(n)\\&=\int_1^2(f(1)-f(x))\mathrm{d}x+\int_2^3(f(2)-f(x))\mathrm{d}x+\cdots+\int_{n-1}^n(f(n-1)-f(x))\mathrm{d}x+f(n)>0,\end{aligned}$$

可见 $\{x_n\}$ 单调减少且大于 0，所以 $\{x_n\}$ 收敛. □

例 37　设 $y_n=x_{n-1}+2x_n$，数列 $\{y_n\}$ 收敛，证明数列 $\{x_n\}$ 也收敛，且 $\lim\limits_{n\to\infty}x_n=\frac{1}{3}\lim\limits_{n\to\infty}y_n$.

分析　设 $\lim\limits_{n\to\infty}y_n=y$，若 $\{x_n\}$ 也收敛，对 $y_n=x_{n-1}+2x_n$ 两端取极限，得 $\lim\limits_{n\to\infty}x_n=\frac{1}{3}y$. 由 $x_n=\frac{1}{2}(y_n-x_{n-1})$，得 $x_n-\frac{y}{3}=\frac{1}{2}y_n-\frac{1}{2}x_{n-1}-\frac{y}{3}=\frac{1}{2}(y_n-y)-\frac{1}{2}\left(x_{n-1}-\frac{y}{3}\right)$. 这就看出 $x_n-\frac{y}{3}$ 与

$x_{n-1}-\dfrac{y}{3}$ 的关系.

证明 $\forall\varepsilon>0,\exists N_1$，当 $n>N_1$ 时，$|y_n-y|<\dfrac{\varepsilon}{2}$. 于是，当 $n>N_1$ 时，

$$x_n-\frac{y}{3}=\frac{1}{2}y_n-\frac{1}{2}x_{n-1}-\frac{y}{3}=\frac{1}{2}(y_n-y)-\frac{1}{2}\left(x_{n-1}-\frac{y}{3}\right),$$

$$x_{n-1}-\frac{y}{3}=\frac{1}{2}y_{n-1}-\frac{1}{2}x_{n-2}-\frac{y}{3}=\frac{1}{2}(y_{n-1}-y)-\frac{1}{2}\left(x_{n-2}-\frac{y}{3}\right),$$

$$\frac{1}{2}\left(x_{n-1}-\frac{y}{3}\right)=\frac{1}{2^2}(y_{n-1}-y)-\frac{1}{2^2}\left(x_{n-2}-\frac{y}{3}\right).$$

反复利用上面关系式得

$$\begin{aligned}\left|x_n-\frac{y}{3}\right|&\leqslant\frac{1}{2}|y_n-y|+\frac{1}{2^2}|y_{n-1}-y|+\frac{1}{2^2}\left|x_{n-2}-\frac{y}{3}\right|\\&\leqslant\frac{1}{2}|y_n-y|+\frac{1}{2^2}|y_{n-1}-y|+\frac{1}{2^3}|y_{n-2}-y|+\frac{1}{2^3}\left|x_{n-3}-\frac{y}{3}\right|\\&<\frac{\varepsilon}{2^2}+\frac{\varepsilon}{2^3}+\cdots+\frac{\varepsilon}{2^{n-N_1+1}}+\frac{1}{2^{n-N_1}}\left|x_{N_1}-\frac{y}{3}\right|<\frac{\varepsilon}{2}+\frac{1}{2^{n-N_1}}\left|x_{N_1}-\frac{y}{3}\right|.\end{aligned}$$

取 $N>N_1$ 且 $\dfrac{1}{2^{n-N_1}}\left|x_{N_1}-\dfrac{y}{3}\right|<\dfrac{\varepsilon}{2}$. 当 $n>N$ 时，$\dfrac{1}{2^{n-N_1}}<\dfrac{1}{2^{N-N_1}}$，$\left|x_n-\dfrac{y}{3}\right|<\varepsilon$，这就证明了 $\lim\limits_{n\to\infty}x_n=\dfrac{1}{3}y$. □

例 38 设 $0<p<q$ 为固定正数，$y_n=px_{2n}+qx_n$，$x_n>0$，若极限 $\lim\limits_{n\to\infty}y_n$ 存在，证明 $\lim\limits_{n\to\infty}x_n$ 也存在.

证明 设 $a=\lim\limits_{n\to\infty}y_n$，由于 $\{x_{2n}\}_{n=1}^{\infty}\subseteq\{x_n\}_{n=1}^{\infty}$，则

$$\varliminf_{n\to\infty}x_n\leqslant\varliminf_{n\to\infty}x_{2n}\leqslant\varlimsup_{n\to\infty}x_{2n}\leqslant\varlimsup_{n\to\infty}x_n.$$

从而

$$a=\lim_{n\to\infty}y_n=\varlimsup_{n\to\infty}y_n=\varlimsup_{n\to\infty}(px_{2n}+qx_n)\geqslant p\varliminf_{n\to\infty}x_{2n}+q\varlimsup_{n\to\infty}x_n\geqslant p\varliminf_{n\to\infty}x_n+q\varlimsup_{n\to\infty}x_n,$$

$$a=\varliminf_{n\to\infty}y_n=\varliminf_{n\to\infty}(px_{2n}+qx_n)\leqslant p\varlimsup_{n\to\infty}x_{2n}+q\varliminf_{n\to\infty}x_n\leqslant p\varlimsup_{n\to\infty}x_n+q\varliminf_{n\to\infty}x_n.$$

比较两式可得 $p\varliminf\limits_{n\to\infty}x_n+q\varlimsup\limits_{n\to\infty}x_n\leqslant p\varlimsup\limits_{n\to\infty}x_n+q\varliminf\limits_{n\to\infty}x_n$ 和 $(q-p)\varlimsup\limits_{n\to\infty}x_n\leqslant(q-p)\varliminf\limits_{n\to\infty}x_n$.

因 $q-p>0$ 及 $\varlimsup\limits_{n\to\infty}x_n\leqslant\varliminf\limits_{n\to\infty}x_n$，得 $\varlimsup\limits_{n\to\infty}x_n=\varliminf\limits_{n\to\infty}x_n$. 所以 $\lim\limits_{n\to\infty}x_n$ 存在，若记 $\lim\limits_{n\to\infty}x_n=b$，则 $a=(p+q)b$，即 $b=\dfrac{a}{p+q}$. □

例 39 设 $\{x_n\}$ 满足 $\lim\limits_{n\to\infty}(x_n-x_{n-2})=0$. 证明 $\lim\limits_{n\to\infty}\left(\dfrac{x_n-x_{n-1}}{n}\right)=0$.

证明 **证明一** 分几步证.

先证 $\frac{x_n}{n}\to 0$，即有 $\frac{x_{n-1}}{n}=\frac{n-1}{n}\frac{x_{n-1}}{n-1}\to 0$，于是 $\lim\limits_{n\to\infty}\frac{x_n-x_{n-1}}{n}=\lim\limits_{n\to\infty}\frac{x_n}{n}-\lim\limits_{n\to\infty}\frac{x_{n-1}}{n}=0$.

把 $\frac{x_n}{n}\to 0$ 分为 $\frac{x_{2n}}{2n}\to 0$ 与 $\frac{x_{2n+1}}{2n+1}\to 0$ $(n\to\infty)$. 记 $y_n=x_{2n}$, $y_{n-1}=x_{2n-2}$；$z_n=2n$，$z_{n-1}=2n-2$. 由斯托尔茨定理

$$\lim_{n\to\infty}\frac{x_{2n}}{2n}=\lim_{n\to\infty}\frac{y_n}{z_n}=\lim_{n\to\infty}\frac{y_n-y_{n-1}}{z_n-z_{n-1}}=\lim_{n\to\infty}\frac{x_{2n}-x_{2n-2}}{2}=0.$$

再记 $y_n=x_{2n+1}$，$y_{n-1}=x_{2n-1}$，$z_n=2n+1$，$z_{n-1}=2n-1$. 由斯托尔茨定理

$$\lim_{n\to\infty}\frac{x_{2n+1}}{2n+1}=\lim_{n\to\infty}\frac{y_n}{z_n}=\lim_{n\to\infty}\frac{y_n-y_{n-1}}{z_n-z_{n-1}}=\lim_{n\to\infty}\frac{x_{2n+1}-x_{2n-1}}{2}=0.$$

证明二 用 ε-N 的方法证明 $\frac{x_{2n}}{2n}\to 0$ 与 $\frac{x_{2n+1}}{2n+1}\to 0$ $(n\to\infty)$.

对 $\forall\varepsilon>0,\exists N_0$，当 $n>N_0$ 时，$|x_n-x_{n-2}|<\frac{\varepsilon}{2}$. 设 $N_0=2n_0$，则 $|x_{2n_0}-x_{2n_0-2}|<\frac{\varepsilon}{2}$ 和 $|x_{2n_0+1}-x_{2n_0-1}|<\frac{\varepsilon}{2}$. 当 $n>N_0$ 时，

$$\begin{aligned}x_{2n}&=x_{2n}-x_{2n-2}+x_{2n-2}-x_{2n-4}+\cdots+x_{2n_0+4}-x_{2n_0+2}+x_{2n_0+2}-x_{2n_0}+x_{2n_0}\\&=\sum_{i=n_0+1}^{n}(x_{2i}-x_{2i-2})+x_{2n_0}.\end{aligned}$$

于是有

$$\left|\frac{x_{2n}}{2n}\right|=\left|\frac{x_{2n_0}}{2n}\right|+\frac{1}{2n}\sum_{i=n_0+1}^{n}|x_{2i}-x_{2i-2}|<\left|\frac{x_{2n_0}}{2n}\right|+\frac{n-n_0}{2n}\frac{\varepsilon}{2}<\left|\frac{x_{2n_0}}{2n}\right|+\frac{\varepsilon}{2},$$

$$x_{2n+1}=x_{2n+1}-x_{2n-1}+\cdots+x_{2n_0+3}-x_{2n_0+1}+x_{2n_0+1}-x_{2n_0-1}+x_{2n_0-1}=\sum_{i=n_0+1}^{n}(x_{2i+1}-x_{2i-1})+x_{2n_0-1},$$

$$\left|\frac{x_{2n+1}}{2n+1}\right|=\left|\frac{x_{2n_0-1}}{2n+1}\right|+\frac{1}{2n+1}\sum_{i=n_0+1}^{n}|x_{2i+1}-x_{2i-1}|<\left|\frac{x_{2n_0-1}}{2n+1}\right|+\frac{n-n_0+1}{2n}\frac{\varepsilon}{2}<\left|\frac{x_{2n_0-1}}{2n+1}\right|+\frac{\varepsilon}{2}.$$

取 $N_1=2n_1>2n_0$，使 $\left|\frac{x_{2n_0}}{2n_1}\right|<\frac{\varepsilon}{2}$，$\left|\frac{x_{2n_0-1}}{2n_1}\right|<\frac{\varepsilon}{2}$. 于是当 $n>N_1$ 时，$2n>N_1>2n_0=N_0$.

综上所得，$\left|\frac{x_{2n}}{2n}\right|<\varepsilon$，$\left|\frac{x_{2n+1}}{2n+1}\right|<\varepsilon$. 所以

$$\frac{x_{2n}}{2n}\to 0,\qquad \frac{x_{2n+1}}{2n+1}\to 0,$$

也就证明了 $\frac{x_n}{n}\to 0$ $(n\to\infty)$. □

例 40 设 $x_n>0$，$0<A<+\infty$. 证明 $\lim\limits_{n\to\infty}x_n^n=A$ 的充要条件是 $\lim\limits_{n\to\infty}[n(x_n-1)]=\ln A$.

证明 由已知显然，$x_n=\sqrt[n]{A}$，$x_n\to 1\,(n\to\infty)$. 再令

$$y_n=\begin{cases}1, & x_n=1,\\ \dfrac{\ln x_n}{x_n-1}=\dfrac{\ln(1+(x_n-1))}{x_n-1}, & x_n\neq 1.\end{cases}$$

显然 $\lim\limits_{x_n\to 1}y_n=1$. 若 $\lim\limits_{n\to\infty}x_n^n=A$，则 $\lim\limits_{n\to\infty}n\ln x_n=\ln A$. 从 y_n 定义知 $n(x_n-1)=\dfrac{n\ln x_n}{y_n}$，所以得

$$\lim_{n\to\infty}[n(x_n-1)]=\lim_{n\to\infty}\frac{n\ln x_n}{y_n}=\frac{\lim\limits_{n\to\infty}n\ln x_n}{\lim\limits_{n\to\infty}y_n}=\frac{\ln A}{1}=\ln A.$$

反之，若 $\lim\limits_{n\to\infty}[n(x_n-1)]=\ln A$，从 $n\ln x_n=n(x_n-1)\cdot y_n$ 得

$$\lim_{n\to\infty}n\ln x_n=\lim_{n\to\infty}[n(x_n-1)]\cdot\lim_{n\to\infty}y_n=\ln A.$$

从而 $\lim\limits_{n\to\infty}x_n^n=A$. □

例 41 设 $0<A$ ，$B<+\infty$ ，$x_n>0$ ，$y_n>0$ ，$\lim\limits_{n\to\infty}x_n^n=A$ ，$\lim\limits_{n\to\infty}y_n^n=B$ ，又设 $p>0$ ，$q>0$ ，$p+q=1$. 证明 $\lim\limits_{n\to\infty}(px_n+qy_n)^n=A^pB^q$.

证明 由假设知 $\lim\limits_{n\to\infty}x_n=\lim\limits_{n\to\infty}y_n=1$，记 $I_n=n\ln(px_n+qy_n)$. 又

$$px_n+qy_n=1+px_n+qy_n-(p+q)=1+p(x_n-1)+q(y_n-1),$$

由 $x_n\to 1$，$y_n\to 1$ 知 $p(x_n-1)+q(y_n-1)\to 0$. 利用等价无穷小量代换得

$$\begin{aligned}\lim_{n\to\infty}I_n&=\lim_{n\to\infty}n\ln[1+p(x_n-1)+q(y_n-1)]=\lim_{n\to\infty}n[p(x_n-1)+q(y_n-1)]\\&=\lim_{n\to\infty}pn(x_n-1)+\lim_{n\to\infty}qn(y_n-1)=p\ln A+q\ln B.\end{aligned}$$

上面最后一步用到了例 40 的结论.

最后得 $\lim\limits_{n\to\infty}(px_n+qy_n)^n=\mathrm{e}^{\lim\limits_{n\to\infty}I_n}=\mathrm{e}^{p\ln A+q\ln B}=A^pB^q$. □

例 42 设 $\{a_n\}$ 为单调增加数列，$a_n>0$；又对任意的正整数 m,n，都有 $a_{mn}\geqslant ma_n$，且

$$\sup\left\{\frac{a_n}{n}\right\}=c<+\infty,$$

证明 $\lim\limits_{n\to\infty}=\dfrac{a_n}{n}$ 存在.

证明 若 $c=0$，则 $\forall\varepsilon>0$，只有有限个 $\dfrac{a_n}{n}>c+\varepsilon$. 所以 $\exists N$，当 $n>N$ 时，$0<\dfrac{a_n}{n}<c+\varepsilon$，有 $\lim\limits_{n\to\infty}\dfrac{a_n}{n}=0$.

若 $c>0$，$\forall\varepsilon>0$，$\exists n_0$，使 $c-\dfrac{\varepsilon}{2}<\dfrac{a_{n_0}}{n_0}\leqslant c$，当 $n\geqslant n_0$ 时，$\exists m$，满足

$$mn_0\leqslant n\leqslant(m+1)n_0.$$

由 $\{a_n\}$ 单调增加知 $a_n\geqslant a_{mn_0}$，又从已知得 $a_{mn_0}\geqslant ma_{n_0}$，于是

$$\frac{a_n}{n}\geqslant\frac{a_{mn_0}}{n}\geqslant\frac{ma_{n_0}}{(m+1)n_0}=\frac{(m+1)a_{n_0}}{(m+1)n_0}-\frac{a_{n_0}}{(m+1)n_0}=\frac{a_{n_0}}{n_0}-\frac{a_{n_0}}{(m+1)n_0}.$$

由于n_0，a_{n_0}固定，选m_0，满足$\dfrac{1}{m_0+1}\cdot\dfrac{a_{n_0}}{n_0}<\dfrac{\varepsilon}{2}$. 再取$N=n_0(m_0+2)$，当$n>N$时，从$mn_0\leqslant n\leqslant(m+1)n_0$知$m>m_0+1$. 从以上可得当$n>N$时，

$$c\geqslant\frac{a_n}{n}>\frac{a_{n_0}}{n_0}-\frac{1}{m+1}\frac{a_{n_0}}{n_0}>c-\frac{\varepsilon}{2}-\frac{\varepsilon}{2}=c-\varepsilon.$$

所以$\lim\limits_{n\to\infty}=\dfrac{a_n}{n}=c$. □

例 43 设数列$\{x_n\}$满足条件$0\leqslant x_{m+n}\leqslant x_m+x_n$. 证明$\left\{\dfrac{x_n}{n}\right\}$收敛.

证明 显然，$x_2=x_{1+1}\leqslant x_1+x_1=2x_1$，$x_3=x_{2+1}\leqslant x_2+x_1\leqslant 3x_1$. 一般地，$0\leqslant x_n\leqslant nx_1$. 于是$0\leqslant\dfrac{x_n}{n}\leqslant x_1$. 由于$\left\{\dfrac{x_n}{n}\right\}$非空有界，记$\alpha=\inf\left\{\dfrac{x_n}{n}\right\}$,则$\alpha\geqslant 0$.

下面证$\lim\limits_{n\to\infty}\dfrac{x_n}{n}=\alpha$，记$x_0=0$.

$\forall\varepsilon>0$，$\exists n_0$，满足$\alpha\leqslant\dfrac{x_{n_0}}{n_0}<\alpha+\dfrac{\varepsilon}{2}$. 对任意$n>n_0$，可记$n=qn_0+r$，$q\geqslant 1$，$r=0,1,\cdots,n_0-1$. 从已知得

$$\begin{aligned}x_n&=x_{qn_0+r}\leqslant x_{qn_0}+x_r=x_{(q-1)n_0+n_0}+x_r\leqslant x_{(q-1)n_0}+x_{n_0}+x_r=x_{(q-2)n_0+n_0}+x_{n_0}+x_r\\&\leqslant x_{(q-2)n_0}+x_{n_0}+x_{n_0}+x_r\leqslant\cdots\leqslant qx_{n_0}+x_r.\end{aligned}$$

于是

$$\alpha\leqslant\frac{x_n}{n}\leqslant\frac{qx_{n_0}+x_r}{qn_0+r}<\frac{qx_{n_0}+x_r}{qn_0}=\frac{x_{n_0}}{n_0}+\frac{x_r}{qn_0}<\alpha+\frac{\varepsilon}{2}+\frac{1}{q}\frac{x_r}{n_0}.$$

记$M=\max\left\{\dfrac{x_1}{n_0},\dfrac{x_2}{n_0},\cdots,\dfrac{x_{n_0-1}}{n_0}\right\}$，$\exists q_0$，$\dfrac{M}{q_0}<\dfrac{\varepsilon}{2}$. 取$N=(q_0+1)n_0$，当$n>N$时，从$n=qn_0+r$知$q>q_0$. 于是得

$$\alpha\leqslant\frac{x_n}{n}<\alpha+\frac{\varepsilon}{2}+\frac{1}{q}M<\alpha+\frac{\varepsilon}{2}+\frac{1}{q_0}M<\alpha+\varepsilon.$$

所以$\dfrac{x_n}{n}\to\alpha\ (n\to\infty)$. □

例 44 设$\{x_n\}$满足$0<x_n<1$，$(1-x_n)x_{n+1}>\dfrac{1}{4}\ (n=1,2,\cdots)$. 证明$\{x_n\}$收敛，并求$\lim\limits_{n\to\infty}x_n$.

证明 **证明一** 从已知得$\sqrt{(1-x_n)x_{n+1}}>\dfrac{1}{2}$. 利用$\dfrac{a+b}{2}\geqslant\sqrt{ab}$得

$$\frac{1-x_n+x_{n+1}}{2}\geqslant\sqrt{(1-x_n)x_{n+1}}>\frac{1}{2}.$$

从上式得$x_{n+1}-x_n>0$. 所以$\{x_n\}$单调增加，有上界. 于是$\lim\limits_{n\to\infty}x_n$存在，记$\ell=\lim\limits_{n\to\infty}x_n$，得

$(1-\ell)\ell \geqslant \frac{1}{4}$. 可得 $\ell = \frac{1}{2}$, $\lim\limits_{n\to\infty} x_n = \frac{1}{2}$.

证明二 记 $\overline{\lim\limits_{n\to\infty}} x_n = \beta$, $\underline{\lim\limits_{n\to\infty}} x_n = \alpha$, 只要证 $\alpha = \beta$ 即可. 利用上极限、下极限的性质, 可知

$$\underline{\lim_{n\to\infty}}(x_n y_n) \leqslant \left(\underline{\lim_{n\to\infty}} x_n\right)\left(\overline{\lim_{n\to\infty}} y_n\right); \quad \overline{\lim_{n\to\infty}}(1-x_n) = 1 - \underline{\lim_{n\to\infty}} x_n; \quad \underline{\lim_{n\to\infty}}(1-x_n) = 1 - \overline{\lim_{n\to\infty}} x_n.$$

依次得

$$\frac{1}{4} \leqslant \underline{\lim_{n\to\infty}}[(1-x_n)x_{n+1}] \leqslant \left(\underline{\lim_{n\to\infty}} x_{n+1}\right)\left[\overline{\lim_{n\to\infty}}(1-x_n)\right] = \left(\underline{\lim_{n\to\infty}} x_{n+1}\right)\left(1 - \underline{\lim_{n\to\infty}} x_n\right) = \alpha(1-\alpha).$$

从上式得 $\alpha = \frac{1}{2}$. 同样可知

$$\frac{1}{4} \leqslant \underline{\lim_{n\to\infty}}[(1-x_n)x_{n+1}] \leqslant \left(\overline{\lim_{n\to\infty}} x_{n+1}\right)\left[\underline{\lim_{n\to\infty}}(1-x_n)\right] = \left(\overline{\lim_{n\to\infty}} x_{n+1}\right)\left(1 - \overline{\lim_{n\to\infty}} x_n\right) = \beta(1-\beta).$$

从上式得 $\beta = \frac{1}{2}$.

由以上两式得 $\alpha = \beta = \frac{1}{2}$, $\lim\limits_{n\to\infty} x_n = \frac{1}{2}$. □

例 45 设 $x_n > 0$. 证明 $\overline{\lim\limits_{n\to\infty}} \sqrt[n]{x_n} \leqslant \overline{\lim\limits_{n\to\infty}} \frac{x_{n+1}}{x_n}$, 并举出等号不成立的例子.

证明 记 $\beta = \overline{\lim\limits_{n\to\infty}} \frac{x_{n+1}}{x_n}$. 若 $\beta = +\infty$, 结论成立.

下设 $\beta < +\infty$, $\forall \varepsilon > 0$, $\exists N_1$, 当 $n > N_1$ 时, $\frac{x_{n+1}}{x_n} < \beta + \varepsilon$, 且

$$x_n = \frac{x_n}{x_{n-1}} \cdot \frac{x_{n-1}}{x_{n-2}} \cdot \cdots \cdot \frac{x_{N_1+2}}{x_{N_1+1}} x_{N_1+1} < (\beta+\varepsilon)^{n-(N_1+2)} x_{N_1+1} = (\beta+\varepsilon)^n \left(\frac{1}{\beta+\varepsilon}\right)^{N_1+2} x_{N_1+1}.$$

因此有

$$\sqrt[n]{x_n} < (\beta+\varepsilon)\left[\left(\frac{1}{\beta+\varepsilon}\right)^{N_1+2} x_{N_1+1}\right]^{\frac{1}{n}}.$$

于是得

$$\begin{aligned}\overline{\lim_{n\to\infty}} \sqrt[n]{x_n} &\leqslant (\beta+\varepsilon)\overline{\lim_{n\to\infty}}\left[\left(\frac{1}{\beta+\varepsilon}\right)^{N_1+2} x_{N_1+1}\right]^{\frac{1}{n}} \\ &= (\beta+\varepsilon)\lim_{n\to\infty}\left[\left(\frac{1}{\beta+\varepsilon}\right)^{N_1+2} x_{N_1+1}\right]^{\frac{1}{n}} = (\beta+\varepsilon)\cdot 1 = \beta+\varepsilon.\end{aligned}$$

由 ε 的任意性, 可知 $\overline{\lim\limits_{n\to\infty}} \sqrt[n]{x_n} \leqslant \beta$.

如果$x_{2n-1}=2$，$x_{2n}=\dfrac{1}{2}$，则$\overline{\lim\limits_{n\to\infty}}\sqrt[n]{x_n}=1$，但$\dfrac{x_3}{x_2}=4$，$\dfrac{x_5}{x_4}=4$，…，$\dfrac{x_{2n+1}}{x_{2n}}=4$，$\overline{\lim\limits_{n\to\infty}}\dfrac{x_{2n+1}}{x_{2n}}=4$. 等号不成立. □

例 46 若$x_n>0$，$\lim\limits_{n\to\infty}\dfrac{x_{n+1}}{x_n}=a$. 证明$\lim\limits_{n\to\infty}\sqrt[n]{x_n}=a$.

证明 分$a=0$，$0<a<+\infty$，$a=+\infty$三种情况证明.

先证$0<a<+\infty$的情况.

对$\forall\varepsilon>0\ (\varepsilon<a)$，因$\lim\limits_{n\to\infty}\dfrac{x_{n+1}}{x_n}=a$，故$\exists N_1$，当$n>N_1$时，$a-\dfrac{\varepsilon}{2}<\dfrac{x_{n+1}}{x_n}<a+\dfrac{\varepsilon}{2}$. 于是

$$x_n=\frac{x_n}{x_{n-1}}\cdot\frac{x_{n-1}}{x_{n-2}}\cdot\ \cdots\ \cdot\frac{x_{N_1+2}}{x_{N_1+1}}\cdot x_{N_1+1}<\left(a+\frac{\varepsilon}{2}\right)^{n-(N_1+1)}\cdot x_{N_1+1}=\left(a+\frac{\varepsilon}{2}\right)^n\left(\frac{1}{a+\frac{\varepsilon}{2}}\right)^{N_1+1}\cdot x_{N_1+1},$$

从而有

$$\sqrt[n]{x_n}<\left(a+\frac{\varepsilon}{2}\right)\left[\left(\frac{1}{a+\frac{\varepsilon}{2}}\right)^{N_1+1}\cdot x_{N_1+1}\right]^{\frac{1}{n}}.$$

取$c_1>0$，满足$\left(a+\dfrac{\varepsilon}{2}\right)(1+c_1)<a+\varepsilon$，因

$$\left[\left(\frac{1}{a+\frac{\varepsilon}{2}}\right)^{N_1+1}\cdot x_{N_1+1}\right]^{\frac{1}{n}}\to 1\quad(n\to\infty),$$

则$\exists N_2>N_1$，当$n>N_2$时，

$$\left[\left(\frac{1}{a+\frac{\varepsilon}{2}}\right)^{N_1+1}\cdot x_{N_1+1}\right]^{\frac{1}{n}}<1+c_1.$$

于是当$n>N_2$时，$\sqrt[n]{x_n}<\left(a+\dfrac{\varepsilon}{2}\right)(1+c_1)<a+\varepsilon$.

由于当$a=0$时，有

$$\left[\left|\frac{1}{\frac{\varepsilon}{2}}\right|^{N_1+1}\cdot x_{N_1+1}\right]^{\frac{1}{n}}\to 1\quad(n\to\infty),$$

所以上面过程对$a=0$也适用. 这也就证明了$\lim\limits_{n\to\infty}\sqrt[n]{x_n}=0$.

又当$n>N_1$时，

$$x_n=\frac{x_n}{x_{n-1}}\cdot\frac{x_{n-1}}{x_{n-2}}\cdot\ \cdots\ \cdot\frac{x_{N_1+2}}{x_{N_1+1}}\cdot x_{N_1+1}>\left(a-\frac{\varepsilon}{2}\right)^{n-(N_1+1)}\cdot x_{N_1+1}=\left(a-\frac{\varepsilon}{2}\right)^n\left(\frac{1}{a-\frac{\varepsilon}{2}}\right)^{N_1+1}\cdot x_{N_1+1}.$$

从而

$$\sqrt[n]{x_n} > \left(a-\frac{\varepsilon}{2}\right)\left[\left(\frac{1}{a-\frac{\varepsilon}{2}}\right)^{N_1+1} x_{N_1+1}\right]^{\frac{1}{n}}.$$

取 $c_2>0$，满足 $\left(a-\frac{\varepsilon}{2}\right)(1-c_2)>a-\varepsilon$.因为

$$\left[\left(\frac{1}{a-\frac{\varepsilon}{2}}\right)^{N_1+1} x_{N_1+1}\right]^{\frac{1}{n}} \to 1 \quad (n\to\infty),$$

所以 $\exists N_3>N_1$，当 $n>N_3$ 时，

$$\left[\left(\frac{1}{a-\frac{\varepsilon}{2}}\right)^{N_1+1} x_{N_1+1}\right]^{\frac{1}{n}} > 1-c_2,\quad \sqrt[n]{x_n} > \left(a-\frac{\varepsilon}{2}\right)(1-c_2) > a-\varepsilon.$$

最后，取 $N=\max\{N_2,N_3\}$，当 $n>N$ 时，就得 $a-\varepsilon<\sqrt[n]{x_n}<a+\varepsilon$. 这就证明了 $\lim\limits_{n\to\infty}\sqrt[n]{x_n}=a$.

如果 $a=+\infty$，$\forall G>0$，$\exists N_1$，当 $n>N_1$ 时，$\frac{x_{n+1}}{x_n}>2G$. 取 $c_2>0$，满足 $2G(1-c_2)>G$，取 $N>N_1$，且 $n>N$ 时，

$$\left[\left(\frac{1}{2G}\right)^{N_1+1}\cdot x_{N_1+1}\right]>1-c_2,\quad x_n=\frac{x_n}{x_{n-1}}\cdot\frac{x_{n-1}}{x_{n-2}}\cdot\;\cdots\;\cdot\frac{x_{N_1+2}}{x_{N_1+1}}\cdot x_{N_1+1}.$$

于是有

$$\sqrt[n]{x_n} > (2G)^{n-(N_1+1)} x_{N_1+1} = 2G\left[\left(\frac{1}{2G}\right)^{N_1+1}\cdot x_{N_1+1}\right]^{\frac{1}{n}} > 2G(1-c_2) > G\cdot$$

这就证明了 $\sqrt[n]{x_n}\to+\infty\ (n\to\infty)$. □

例 47 若 $x_n>0$，$x_n\to a\ (n\to\infty)$. 证明 $\lim\limits_{n\to\infty}\sqrt[n]{x_1x_2\cdots x_n}=a$，逆命题是否成立?

证明 **证明一** 若 $0<a<+\infty$，取对数后，$\ln x_n\to\ln a\ (n\to\infty)$，利用例 1 的结论. 若 $a=+\infty$，$\ln x_n\to+\infty$，利用例 2 的结论.

若 $a=0$，$\frac{1}{x_n}\to+\infty$，利用例 2. 当然也可取对数，$\ln x_n\to-\infty\ (n\to\infty)$，利用例 2.

逆命题不成立. 例如，$x_{2n-1}=2$，$x_{2n}=\frac{1}{2}\ (n=1,2,\cdots)$.

证明二 利用算术平均-几何平均-调和平均不等式

$$\frac{n}{\frac{1}{x_1}+\frac{1}{x_2}+\cdots+\frac{1}{x_n}} \leqslant \sqrt[n]{x_1x_2\cdots x_n} \leqslant \frac{x_1+x_2+\cdots+x_n}{n}$$

及例 1 和例 2 的结论，再利用两边夹定理.

证明三 用ε-N的方法，先设$a=0$，$\forall\varepsilon>0$，$\exists N_1$，当$n>N_1$时，$0<x_n<\dfrac{\varepsilon}{2}$，

$$\sqrt[n]{x_1x_2\cdots x_n}=\sqrt[n]{x_1x_2\cdots x_{N_1}}\cdot\sqrt[n]{x_{N_1+1}x_{N_1+2}\cdots x_n}.$$

记$M=x_1x_2\cdots x_{N_1}$，上式变为

$$\sqrt[n]{x_1x_2\cdots x_n}<\sqrt[n]{M}\left[\left(\frac{\varepsilon}{2}\right)^{n-N_1}\right]^{\frac{1}{n}}=\left[M\left(\frac{2}{\varepsilon}\right)^{N_1}\right]^{\frac{1}{n}}\frac{\varepsilon}{2}.$$

由于$\left[M\left(\dfrac{2}{\varepsilon}\right)^{N_1}\right]^{\frac{1}{n}}\to1\,(n\to\infty)$，取$N>N_1$，当$n>N$时，$\left[M\left(\dfrac{2}{\varepsilon}\right)^{N_1}\right]^{\frac{1}{n}}<2$. 于是当$n>N$时，$\sqrt[n]{x_1x_2\cdots x_n}<2\cdot\dfrac{\varepsilon}{2}=\varepsilon$.

这就证明了$\lim\limits_{n\to\infty}\sqrt[n]{x_1x_2\cdots x_n}=0$.

设$a=+\infty$，$\forall G>0$，$\exists N_1$，当$n>N_1$时，仍记$M=x_1x_2\cdots x_{N_1}$，$x_n>2G$，有

$$\sqrt[n]{x_1x_2\cdots x_n}=\sqrt[n]{x_1x_2\cdots x_{N_1}}\cdot\sqrt[n]{x_{N_1+1}x_{N_1+2}\cdots x_n}>M^{\frac{1}{n}}[(2G)^{n-N_1}]^{\frac{1}{n}}=\left[M\left(\frac{1}{2G}\right)^{N_1}\right]^{\frac{1}{n}}(2G).$$

取$N>N_1$，当$n>N$时，$\left[M\left(\dfrac{1}{2G}\right)^{N_1}\right]^{\frac{1}{n}}>\dfrac{1}{2}$. 所以当$n>N$时，

$$\sqrt[n]{x_1x_2\cdots x_{N_1}}>\frac{1}{2}(2G)=G.$$

这就证明了$\sqrt[n]{x_1x_2\cdots x_n}\to+\infty\ (n\to\infty)$.

当$0<a<+\infty$时，可仿照上面的分段方法及例 46 的方法证明. □

许多参考书中都是参照其他例子. 本书的处理方法是每一个小题都是完整独立的，对深入了解数列极限有更大的帮助.

例 48 （1）设$x_n>0$，$y_n>0$，$\{x_n\}$有界，$\lim\limits_{n\to\infty}y_n=1$. 证明$\varlimsup\limits_{n\to\infty}(x_ny_n)=\varlimsup\limits_{n\to\infty}x_n$.

（2）设$x_n>0$，$\{x_n\}$有界，$\lim\limits_{n\to\infty}z_n=a>0$. 证明$\varlimsup\limits_{n\to\infty}(x_nz_n)=a\left(\varlimsup\limits_{n\to\infty}x_n\right)$.

证明 （1）记$\beta=\varlimsup\limits_{n\to\infty}x_n$，$\beta_1=\varlimsup\limits_{n\to\infty}(x_ny_n)$.

先证$\beta_1\leqslant\beta$（通常方法是$\forall\varepsilon>0$，证明$\beta_1<\beta+\varepsilon$）.

因$\beta=\varlimsup\limits_{n\to\infty}x_n$，对$\forall\varepsilon>0$，故$\exists N_1$，当$n>N_1$时，$x_n<\beta+\dfrac{\varepsilon}{2}$.

取$c_1>0$，满足$\left(\beta+\dfrac{\varepsilon}{2}\right)(1+c_1)<\beta+\varepsilon$. 因$\lim\limits_{n\to\infty}y_n=1$，故$\exists N_2$，当$n>N_2$时，$y_n<1+c_1$.

取$N=\max\{N_1,N_2\}$，当$n>N$时，

$$x_n y_n < \left(\beta + \frac{\varepsilon}{2}\right)(1 + c_1) < \beta + \varepsilon.$$

这就证明了 $\overline{\lim_{n\to\infty}}(x_n y_n) \leqslant \beta + \varepsilon$，从而 $\beta_1 \leqslant \beta$.

因 $\overline{\lim_{n\to\infty}} x_n = \beta$，对 $\forall \varepsilon > 0$，有 $\{x_{n_k}\}_{k=1}^{\infty}$，满足 $\beta - \frac{\varepsilon}{2} < x_{n_k} < \beta + \frac{\varepsilon}{2}$. 取 $c_2 > 0$ 满足 $\left(\beta - \frac{\varepsilon}{2}\right)(1 - c_2) > \beta - \varepsilon$. 又因 $\lim_{k\to\infty} y_{n_k} = 1$，故 $\exists k_0$，当 $k > k_0$ 时，$y_{n_k} > 1 - c_2$. 所以当 $k > k_0$ 时，$x_{n_k} y_{n_k} > \left(\beta - \frac{\varepsilon}{2}\right)(1 - c_2) > \beta - \varepsilon$. 从而 $\overline{\lim_{k\to\infty}}(x_{n_k} y_{n_k}) \geqslant \beta - \varepsilon$.

又因为 $\{x_{n_k} y_{n_k}\}_{k=1}^{\infty} \subset \{x_n y_n\}_{n=1}^{\infty}$，所以 $\overline{\lim_{n\to\infty}}(x_n y_n) \geqslant \overline{\lim_{k\to\infty}}(x_{n_k} y_{n_k}) \geqslant \beta - \varepsilon$. 而 $\beta_1 \geqslant \beta - \varepsilon$，由于 ε 的任意性，可得 $\beta_1 \geqslant \beta$.

综合以上可得 $\beta_1 = \beta$.

（2）如果 $\lim_{n\to\infty} z_n = a > 0$，可选 $c_1 > 0$，满足 $\left(\beta + \frac{\varepsilon}{2}\right)(a + c_1) < a\beta + \varepsilon$；选 $c_2 > 0$，满足

$$\left(\beta - \frac{\varepsilon}{2}\right)(a - c_2) > a\beta - \varepsilon.$$

□

例 49 记 $A_n = \frac{1\cdot 3\cdot \cdots \cdot (2n-1)}{2\cdot 4\cdot \cdots \cdot (2n)}$. 证明 $\lim_{n\to\infty} \sqrt[n]{A_n} = 1$.

证明 先证 $\frac{1}{2\sqrt{n}} < A_n < \frac{1}{\sqrt{2n+1}}$.

（1）因为对自然数 K，$\frac{K}{1+K} = 1 - \frac{1}{K+1}$ 严格单调增加，即 $\frac{1}{2} < \frac{2}{3}$，$\frac{3}{4} < \frac{4}{5}$，…，则

$$A_n = \frac{1}{2}\cdot\frac{3}{4}\cdot\cdots\cdot\frac{2n-3}{2n-2}\cdot\frac{2n-1}{2n} < \frac{2}{3}\cdot\frac{4}{5}\cdot\cdots\cdot\frac{2n-2}{2n-1}\cdot\frac{2n}{2n+1} = \frac{2\cdot 4\cdot 6\cdot\cdots\cdot 2n}{3\cdot 5\cdot\cdots\cdot(2n-1)(2n+1)}$$

$$= \frac{1}{\frac{3\cdot 5\cdot\cdots\cdot(2n-1)}{2\cdot 4\cdot\cdots\cdot 2n}\cdot(2n+1)} = \frac{1}{A_n}\cdot\frac{1}{2n+1}.$$

这就证明了 $A_n^2 < \frac{1}{2n+1}$，$A_n < \frac{1}{\sqrt{2n+1}}$.

（2）又因为 $\frac{K+1}{K} = 1 + \frac{1}{K}$ 严格单调减少，即 $\frac{3}{2} > \frac{4}{3}$，$\frac{5}{4} > \frac{6}{5}$，…，所以

$$A_n = \frac{3}{2}\cdot\frac{5}{4}\cdot\cdots\cdot\frac{2n-1}{2n-2}\cdot\frac{1}{2n} > \frac{4}{3}\cdot\frac{6}{5}\cdot\cdots\cdot\frac{2n}{2n-1}\cdot\frac{1}{2n}$$

$$= \frac{1}{2\cdot\frac{3\cdot 5\cdot\cdots\cdot(2n-1)}{2\cdot 4\cdot\cdots\cdot(2n-2)(2n)}\cdot(2n)} = \frac{1}{A_n}\cdot\frac{1}{4n}.$$

这就证明了 $A_n^2 > \frac{1}{4n}$，$A_n > \frac{1}{2\sqrt{n}}$. 从以上可得 $\lim_{n\to\infty} \sqrt[n]{A_n} = 1$. □

1.3 实数的完备性

本节主要考虑实数的完备性定理的等价性.从公理出发可以得到实数的完备性的七个定理之间相互循环的推导.

公理 单调增加有上界(单调减少有下界)的数列有极限.

定理 1 (闭区间套定理) 设闭区间列 $\{[a_n,b_n]\}$ 有界. 若

(1) $[a_1,b_1]\supset[a_2,b_2]\supset\cdots\supset[a_n,b_n]\supset\cdots$;

(2) $\lim\limits_{n\to\infty}(b_n-a_n)=0$,

则存在唯一实数 l 属于所有的闭区间, 且 $\lim\limits_{n\to\infty}a_n=\lim\limits_{n\to\infty}b_n=l$.

证明 (应用公理证明闭区间套定理) 存在性.由条件(1), 数列 $\{a_n\}$ 单调增加且有上界 b_1, 数列 $\{b_n\}$ 单调减少且有下界 a_1, 即

$$a_1\leqslant a_2\leqslant\cdots\leqslant a_n\leqslant\cdots\leqslant b_n\leqslant\cdots\leqslant b_2\leqslant b_1.$$

根据单调有界必有极限的公理, 数列 $\{a_n\}$ 收敛, 设 $\lim\limits_{n\to\infty}a_n=l$.由条件(2), 有

$$\lim_{n\to\infty}b_n=\lim_{n\to\infty}(b_n-a_n+a_n)=\lim_{n\to\infty}(b_n-a_n)+\lim_{n\to\infty}a_n=l.$$

于是 $\lim\limits_{n\to\infty}a_n=\lim\limits_{n\to\infty}b_n=l$.

对任意取定的 $k\in\mathbf{N}_+,\forall n>k$ 有 $a_k\leqslant a_n<b_n\leqslant b_k$.从而

$$a_k\leqslant\lim_{n\to\infty}a_n=l=\lim_{n\to\infty}b_n\leqslant b_k,$$

或 $a_k\leqslant l\leqslant b_k$, 即 l 属于所有的闭区间.

唯一性. 假设还有一个 l' 也属于所有的闭区间, 从而 $\forall n\in\mathbf{N}_+$, 有 $l,l'\in[a_n,b_n]$ 满足

$$|l-l'|\leqslant b_n-a_n.$$

由条件(2), 有 $l=l'$, 即 l 是唯一的. □

定义 1 设 E 为非空实数有界集($\exists M>0$, 对一切 $x\in E,|x|\leqslant M$).

若 β 满足两个条件:

(1) $\forall x\in E,x\leqslant\beta$;

(2) $\forall\varepsilon>0,\exists x_0\in E,x_0>\beta-\varepsilon$,

则称 β 为 E 的上确界, 记为 $\beta\in\sup E$.

若 α 满足两个条件:

(1) $\forall x\in E,x\geqslant\alpha$;

(2) $\forall\varepsilon>0,\exists x_0\in E,\alpha\leqslant x_0<\alpha+\varepsilon$,

则称 α 为 E 的下确界, 记为 $\alpha=\inf E$.

显然, $\inf E\leqslant\sup E$, 又若 $A\subseteq E$, 则 $\inf E\leqslant\inf A\leqslant\sup A\leqslant\sup E$.

例 1 设 $E=(0,2]\cup\{3\}$, $A=\left(\dfrac{1}{2},1\right]\in E$, 则 $\inf E=0,\sup E=3;\inf A=\dfrac{1}{2},\sup A=1$.

例 2 设$E=\left\{1+\frac{1}{n}\middle|n=1,2,\cdots\right\}=\left\{2,1+\frac{1}{2},1+\frac{1}{3},\cdots\right\}$，则$\inf E=1,\sup E=2$.

例 3 设$x_n\to a\,(n\to\infty),E=\{x_n\mid n=1,2,3,\cdots\}$，记$\beta=\sup E,\alpha=\inf E$. 则下列三种情况至少有一种成立.

（1）$\exists n_1$，使得$x_{n_1}=\beta$；

（2）$\exists n_2$，使得$x_{n_2}=\alpha$；

（3）$\exists n_1,n_2$，使得$x_{n_1}=\beta,\ x_{n_2}=\alpha$.

证明 若有一项大于a，比如$x_1>a$，取$\varepsilon_0=\frac{1}{2}(x_1-a)$，则$\exists N$，当$n>N$时，有

$$x_n<a+\varepsilon_0<x_1.$$

在$x_1,x_2,\cdots,x_N$中一定有一项是最大的，这一项记为x_{n_0}，所有x_n中$x_n\leqslant x_{n_0},x_{n_0}\in E$，所以

$$x_{n_0}=\sup E=\beta.$$

若有一项小于a，（2）成立；既有大于a，又有小于a的项，则（3）成立. □

注 有限个实数中一定有一项是最大的，另有一项是最小的. 在无穷多个自然数中，一定有一个是最小的.

定理 2 (确界定理) 若非空数集有上界(下界)，则数集存在唯一的上确界(下确界).

用闭区间套定理可以推出确界定理.

另外，用确界定理可以推出公理，其证明如下.

证明 设$x_n\leqslant x_{n+1}$及常数M，$x_n\leqslant M\,(n=1,2,3,\cdots)$，记$\beta=\sup\limits_{n\geqslant 1}\{x_n\}$，显然$\beta\leqslant M$. 下证$\lim\limits_{n\to\infty}x_n=\beta$. $\forall\varepsilon>0$，由上确界定义，$\exists n_0,x_{n_0}>\beta-\varepsilon$.

又因为$\{x_n\}$单调增加，所以当$n>n_0$时，$\beta-\varepsilon<x_{n_0}\leqslant x_n\leqslant\beta+\varepsilon$，得到$|x_n-\beta|<\varepsilon$. 就取$N=n_0$，则当$n>N$时，$|x_n-\beta|<\varepsilon$，所以$\lim\limits_{n\to\infty}x_n=\beta$. □

例 4 设$f(x)$是定义在数集X上的非常值有界实函数. 证明

$$\sup_{x,y\in X}\{|f(x)-f(y)|\}=\sup_{x\in X}\{f(x)\}-\inf_{y\in X}\{f(y)\}.$$

证明 记$E=\{f(x)\mid x\in X\},\beta=\sup E,\alpha=\inf E$，$f(x)$不是常函数，则$\beta>\alpha$.

对$\forall x,y\in X$，可设$f(x)>f(y)$. 则$f(x)\leqslant\beta,f(y)\geqslant\alpha,\beta-\alpha\geqslant|f(x)-f(y)|$，所以$\beta-\alpha\geqslant\sup\limits_{x,y\in X}\{f(x)-f(y)\}$.

对$\forall\varepsilon>0\left(或\varepsilon<\frac{1}{2}(\beta-\alpha)\right)$，有$x_0\in X$，$f(x_0)>\beta-\frac{\varepsilon}{2}$；又有$y_0\in X,f(y_0)<\alpha+\frac{\varepsilon}{2}$，于是

$$\sup_{x,y\in X}\{|f(x)-f(y)|\}\geqslant f(x_0)-f(y_0)>\beta-\alpha-\varepsilon.$$

当$\varepsilon\to 0$时，就得$\sup\limits_{x,y\in X}\{|f(x)-f(y)|\}\geqslant\beta-\alpha$. 综合两方面，就证明了

$$\sup_{x,y\in X}\{|f(x)-f(y)|\}=\sup_{x\in X}\{f(x)\}-\inf_{y\in X}\{f(y)\},$$

这里可以不要 $|f(x)-f(y)|$ 的绝对值符号. □

定理 3 (有限覆盖定理) 若开区间集 S 覆盖闭区间 $[a,b]$, 则 S 中存在有限个开区间也覆盖了闭区间 $[a,b]$.

用确界定理可以推出有限覆盖定理.

定理 4 (聚点定理) 数轴上有界无限点集 E 至少有一个聚点.

用有限覆盖定理可以推出聚点定理.

定理 5 (致密性定理) 有界数列 $\{a_n\}$ 必有收敛的子数列 $\{a_{n_k}\}$.

用聚点定理可以推出致密性定理.

定理 6 (柯西收敛准则) 数列 $\{a_n\}$ 收敛 $\Leftrightarrow \forall\varepsilon>0,\exists N\in\mathbf{N}_+,\forall n,m>N$, 有 $|a_n-a_m|<\varepsilon$.

用致密性定理可以推出柯西收敛准则.

由柯西收敛准则可以推出 1.3 节的公理. 下面就给出具体的证法.

证明 不妨设有界数列 $\{a_n\}$ 单调增加. 首先证数列 $\{a_n\}$ 为柯西列.

反证法. 假设数列 $\{a_n\}$ 不是柯西列, 则

$$\exists\varepsilon_0>0,\forall N\in\mathbf{N}_+,\exists n_0,m_0>N, 有 \left|a_{n_0}-a_{m_0}\right|\geqslant\varepsilon_0.$$

由于数列是单调增加的, 因此有下列结果.

取 $N_1=1$ 时, $\exists m_1>n_1>N_1$, 有 $\left|a_{m_1}-a_{n_1}\right|=a_{m_1}-a_{n_1}\geqslant\varepsilon_0$.

取 $N_2=\max\{1,m_1\}$ 时, $\exists m_2>n_2>N_2$, 有 $a_{m_2}-a_{n_2}\geqslant\varepsilon_0$.

同理, 依次做下去, 取 $N_k=\max\{k,m_{k-1}\}$, $\exists m_k>n_k>N_k$, 有 $a_{m_k}-a_{n_k}\geqslant\varepsilon_0$.

于是构成了两个子数列 $\{a_{m_k}\}$ 和 $\{a_{n_k}\}$, 满足 $m_k>n_k>m_{k-1}>n_{k-1}>\cdots>m_1>n_1$ 且

$$a_{m_k}\geqslant a_{n_k}\geqslant a_{m_{k-1}}\geqslant a_{n_{k-1}}\geqslant\cdots\geqslant a_{m_1}\geqslant a_{n_1}.$$

因此可得到

$$a_{m_k}-a_{n_k}+a_{m_{k-1}}-a_{n_{k-1}}+\cdots+a_{m_1}-a_{n_1}\geqslant k\varepsilon_0,$$

即 $a_{m_k}\geqslant a_{m_k}-(a_{n_k}-a_{m_{k-1}})-(a_{n_{k-1}}-a_{m_{k-2}})-\cdots-(a_{n_2}-a_{m_1})\geqslant k\varepsilon_0+a_{n_1}$.

当 $k\to+\infty$ 时, $k\varepsilon_0+a_{n_1}\to+\infty$, 从而 $a_{m_k}\to+\infty$. 这与数列 $\{a_n\}$ 有界矛盾. 于是假设不成立. 因此, 数列 $\{a_n\}$ 是柯西列.

接着, 由柯西收敛准则的充分性, 可知数列 $\{a_n\}$ 收敛. 公理得证. □

由上述的具体推导, 并根据参考文献（刘玉琏 等, 2003a）中的实数的完备性定理的证明, 可以得到七个定理的相互循环推导, 从而得到定理的等价性.

例 5 证明函数 $f(x)=x^2$,

（1）在有限区间 $(0,a)$ 上一致连续;

（2）在无限区间 $\mathbf{R}$ 上非一致连续.

证明 （1）对 $\forall\varepsilon>0,\forall x_1,x_2\in(0,a)$, 要使

$$|f(x_1)-f(x_2)|=|x_1^2-x_2^2|\leqslant 2a|x_1-x_2|<\varepsilon$$

成立，只需 $|x_1-x_2|<\dfrac{\varepsilon}{2a}$. 于是 $\exists\delta=\dfrac{\varepsilon}{2a}>0,\forall x_1,x_2\in(0,a):|x_1-x_2|<\delta$ 有 $|f(x_1)-f(x_2)|<\varepsilon$ 成立. 于是函数 $f(x)=x^2$ 在有限区间 $(0,a)$ 上一致连续.

（2）因为 $\exists\varepsilon_0=\dfrac{1}{2}>0,\forall\delta>0,\exists x_1=\sqrt{n+1},x_2=\sqrt{n}\in\mathbf{R}$ 且 $|x_1-x_2|<\delta$（由于 $\lim\limits_{n\to\infty}(\sqrt{n+1}-\sqrt{n})=0$，所以只需 n 充分大就可以做到)，有

$$|f(x_1)-f(x_2)|=|n+1-n|=1>\frac{1}{2}=\varepsilon_0.$$

于是根据非一致连续的定义可知，函数 $f(x)=x^2$ 在无限区间 $\mathbf{R}$ 上非一致连续. □

例 6 设函数 $f(x)$ 在 $(-\infty,+\infty)$ 上一致连续. 证明：存在非负实数 a,b 使得对任意的 $x\in(-\infty,+\infty)$，有 $|f(x)|\leqslant a|x|+b$.

证明 因为函数 $f(x)$ 在 $(-\infty,+\infty)$ 上一致连续，所以 $\forall\varepsilon>0$，存在 $\delta>0$，当 $|x-y|<2\delta$ 时，有 $|f(x)-f(y)|<\varepsilon$.

现固定 $\varepsilon,\delta>0$，那么对任意的 $x\in(-\infty,+\infty)$ 和 $x_0\in(-\delta,\delta)$，存在 $n\in\mathbf{Z}$，使得 $x=n\delta+x_0$.

我们还知道当 $x\in[-\delta,\delta]$ 时，$|f(x)|<M$. 因此，当 $n>0$ 时，

$$f(x)=f(n\delta+x_0)=[f(n\delta+x_0)-f((n-1)\delta+x_0)]+f((n-1)\delta+x_0)$$

依次迭代下去可得

$$f(x)=\sum_{k=1}^{n}[f(k\delta+x_0)-f((k-1)\delta+x_0)]+f(x_0).$$

当 $n<0$ 时，可得类似迭代关系. 综合得

$$f(x)=\sum_{k=1}^{|n|}[f(k\delta+x_0)-f((k-1)\delta+x_0)]+f(x_0).$$

从而有

$$\begin{aligned}|f(x)|&\leqslant\sum_{k=1}^{|n|}|f(k\delta+x_0)-f((k-1)\delta+x_0)|+|f(x_0)|\leqslant|n|\varepsilon+M\\&=\frac{|x-x_0|}{\delta}\varepsilon+M\leqslant\frac{\varepsilon}{\delta}|x|+\left(M+\frac{\varepsilon}{\delta}|x_0|\right)\leqslant\frac{\varepsilon}{\delta}|x|+(M+\varepsilon).\end{aligned}$$

记 $a=\dfrac{\varepsilon}{\delta},b=M+\varepsilon$，即得所证 $|f(x)|\leqslant a|x|+b$. □

例 7 设函数 $f(x),g(x)$ 在区间 I 上有界且一致连续，证明 $f(x)g(x)$ 在 I 上一致连续.

证明 由于 $f(x),g(x)$ 在区间 I 上有界，于是存在 $M>0$，对 $\forall x\in I$，有 $|f(x)|\leqslant M$，$|g(x)|\leqslant M$，因为函数 $f(x)$ 在 $(-\infty,+\infty)$ 上一致连续，所以对 $\forall\varepsilon>0$，存在 $\delta>0$，当 $|x-y|<\delta$ 时，有 $|f(x)-f(y)|<\varepsilon$. 同理对 $g(x)$ 有类似结论.

于是，当 $|x-y|<\delta$ 时，有

$$\begin{aligned}|f(x)g(x)-f(y)g(y)|&=|f(x)g(x)-f(x)g(y)+f(x)g(y)-f(y)g(y)|\\&\leqslant|f(x)g(x)-f(x)g(y)|+|f(x)g(y)-f(y)g(y)|\\&\leqslant M|g(x)-g(y)|+M|f(x)-f(y)|\\&\leqslant 2M\varepsilon.\end{aligned}$$

□

第2章 一元函数微分学

2.1 知识要点

1. 导数与微分的定义及计算

1）导数的定义

$$f'(x_0)=\lim_{\Delta x\to 0}\frac{f(x_0+\Delta x)-f(x_0)}{\Delta x}=\lim_{x\to x_0}\frac{f(x)-f(x_0)}{x-x_0};$$

$f'(x_0)$ 存在 $\Leftrightarrow f'_+(x_0)$ 与 $f'_-(x_0)$ 都存在且相等; $f'(x)=\lim\limits_{\Delta x\to 0}\dfrac{f(x+\Delta x)-f(x)}{\Delta x}$.

2）求导法则

（1）四则运算的求导法则.

设函数 $u(x),v(x)$ 可导, 则 $u(x)\pm v(x), u(x)v(x), \dfrac{u(x)}{v(x)}(v(x)\neq 0)$ 也可导, 且

$$[u(x)\pm v(x)]'=u'(x)\pm v'(x);$$

$$[u(x)v(x)]'=u'(x)v(x)+u(x)v'(x);$$

$$\left[\frac{u(x)}{v(x)}\right]'=\frac{u'(x)v(x)-u(x)v'(x)}{v(x)^2}.$$

（2）反函数求导法则.

设 $y=f(x)$ 为 $x=\varphi(y)$ 的反函数, 若 $\varphi(y)$ 连续、严格单调且 $\varphi'(y)\neq 0$, 则 $f(x)$ 可导, 且 $f'(x)=\dfrac{1}{\varphi'(y)}$.

（3）复合函数求导法则.

设 $u=\varphi(x)$ 关于 x 可导, $y=f(u)$ 关于 u 可导, 则复合函数 $y=f[\varphi(x)]$ 关于 x 可导, 且 $(f[\varphi(x)])'=f'(u)\cdot\varphi'(x)=f'[\varphi(x)]\cdot\varphi'(x)$.

（4）对数求导法则.

先对所给的函数两边取对数, 然后对等式两边关于 x 求导, 最后解出 y' 即可.

（5）隐函数求导法则.

设 x,y 的关系由方程 $F(x,y)=0$ 给出, 该方程决定了 y 是 x 的函数, 对方程 $F(x,y)=0$ 两边关于 x 求导, 遇到 y 时用复合函数求导法则, 先对 y 求导, 再乘以 y', 然后从等式中解出 y' 即可.

（6）参变量函数求导法则.

设 x,y 的关系由参数方程

$$\begin{cases}x=\varphi(t),\\ y=\psi(t)\end{cases}\quad(\alpha\leqslant t\leqslant\beta)$$

给出，若 $\varphi(t),\psi(t)$ 关于 t 可导，且 $\varphi'(t)\neq 0$，则 $\dfrac{\mathrm{d}y}{\mathrm{d}x}=\dfrac{\psi'(t)}{\varphi'(t)}$.

（7）高阶导数：

$$f''(x_0)=\lim_{x\to x_0}\frac{f'(x)-f'(x_0)}{x-x_0}=\lim_{\Delta x\to 0}\frac{f'(x_0+\Delta x)-f'(x_0)}{\Delta x};$$

$$f''(x)=[f'(x)]',\cdots,f^{(n)}(x)=[f^{(n-1)}(x)]'.$$

（8）莱布尼茨公式.

设 $u(x),v(x)$ 有 n 阶导数，则

$$(uv)^{(n)}=\mathrm{C}_n^0u^{(n)}v^{(0)}+\mathrm{C}_n^1u^{(n-1)}v^{(1)}+\cdots+\mathrm{C}_n^ku^{(n-k)}v^{(k)}+\cdots+\mathrm{C}_n^nu^{(0)}v^{(n)},$$

其中 $u^{(0)}=u,v^{(0)}=v$.

（9）参变量函数的二阶导数. 设 $\begin{cases}x=\varphi(t),\\ y=\psi(t),\end{cases}$ 则

$$\frac{\mathrm{d}^2y}{\mathrm{d}x^2}=\frac{\mathrm{d}}{\mathrm{d}x}\left(\frac{\mathrm{d}y}{\mathrm{d}x}\right)=\frac{\dfrac{\mathrm{d}}{\mathrm{d}t}\left(\dfrac{\mathrm{d}y}{\mathrm{d}x}\right)}{\dfrac{\mathrm{d}x}{\mathrm{d}t}}=\frac{\psi''\varphi'-\psi'\varphi''}{(\varphi')^3}.$$

（10）高阶微分公式

$$\mathrm{d}y=f'(x)\mathrm{d}x;\quad \mathrm{d}^ny=f^{(n)}(x)\mathrm{d}x^n\quad (n\geqslant 2).$$

2. 微分学基本定理

（1）**费马大定理**　设函数 $f(x)$ 在点 x_0 的某邻域内有定义，且在点 x_0 可导，若 x_0 为 $f(x)$ 的极值点，则必有 $f'(x_0)=0$.

（2）**罗尔中值定理**　若 $f(x)$ 满足

（i）在闭区间 $[a,b]$ 上连续；

（ii）在开区间 (a,b) 内可导；

（iii）$f(a)=f(b)$，

则 $\exists\xi\in(a,b)$，使得 $f'(\xi)=0$.

（3）**拉格朗日定理**　若 $f(x)$ 满足

（i）在闭区间 $[a,b]$ 上连续；

（ii）在开区间 (a,b) 内可导，

则 $\exists\xi\in(a,b)$，使得 $f'(\xi)=\dfrac{f(b)-f(a)}{b-a}$.

拉格朗日定理的等价形式：

$$f(b)-f(a)=f'(\xi)(b-a),\quad a<\xi<b;$$

$$f(b)-f(a)=f'(a+\theta(b-a))(b-a),\quad 0<\theta<1.$$

拉格朗日定理的推论如下所述.

推论 1　若 $f(x)$ 在区间 I 上可导，且 $f'(x)\equiv 0\ (x\in I)$，则 $f(x)$ 为 I 上的一个常量函数.

推论 2　若 $f(x)$ 和 $g(x)$ 均在区间 I 上可导，且 $f'(x)\equiv g'(x)(x\in I)$，则在区间 I 上

$f(x)$ 与 $g(x)$ 只相差一个常数，即 $f(x)=g(x)+C$ (C 为常数).

推论 3 (导数极限定理)　设 $f(x)$ 在点 x_0 的某邻域 $U(x_0)$ 内连续，在 $\mathring{U}(x_0)$ 内可导，且极限 $\lim\limits_{x\to x_0} f'(x)$ 存在，则 $f(x)$ 在点 x_0 可导，且 $f'(x_0)=\lim\limits_{x\to x_0} f'(x)$.

（4）**柯西中值定理**　设 $f(x),g(x)$ 满足

（i）在 $[a,b]$ 上都连续;

（ii）在 (a,b) 内都可导;

（iii）$f'(x),g'(x)$ 不同时为 0;

（iv）$g(a)\neq g(b)$,

则 $\exists\xi\in(a,b)$ ，使得

$$\frac{f'(\xi)}{g'(\xi)}=\frac{f(b)-f(a)}{g(b)-g(a)}.$$

（5）**泰勒定理**　若 $f(x)$ 在 $[a,b]$ 上存在直到 n 阶的连续导函数，在 (a,b) 内存在 $n+1$ 阶导函数，则对任意给定的 $x,x_0\in[a,b]$，存在 ξ 介于 x 与 x_0 之间，使得

$$f(x)=f(x_0)+f'(x_0)(x-x_0)+\frac{f''(x_0)}{2!}(x-x_0)^2+\cdots+\frac{f^{(n)}(x_0)}{n!}(x-x_0)^n+\frac{f^{(n+1)}(\xi)}{(n+1)!}(x-x_0)^{n+1}.$$

当 $x_0=0$ 时，得到麦克劳林公式

$$f(x)=f(0)+f'(0)x+\frac{f''(0)}{2!}x^2+\cdots+\frac{f^{(n)}(0)}{n!}x^n+o(x^n).$$

几个常见函数的麦克劳林公式:

$$\mathrm{e}^x=1+x+\frac{x^2}{2!}+\cdots+\frac{x^n}{n!}+o(x^n);$$

$$\sin x=x-\frac{x^3}{3!}+\frac{x^5}{5!}+\cdots+(-1)^{m-1}\frac{x^{2m-1}}{(2m-1)!}+o(x^{2m});$$

$$\cos x=1-\frac{x^2}{2!}+\frac{x^4}{4!}+\cdots+(-1)^m\frac{x^{2m}}{2m!}+o(x^{2m+1});$$

$$\ln(1+x)=x-\frac{x^2}{2}+\frac{x^3}{3}+\cdots+(-1)^{n-1}\frac{x^n}{n}+o(x^n);$$

$$(1+x)^\alpha=1+\alpha x+\frac{\alpha(\alpha-1)}{2}x^2+\cdots+\frac{\alpha(\alpha-1)\cdots(\alpha-n+1)}{n!}x^n+o(x^n);$$

$$\frac{1}{1-x}=1+x+x^2+\cdots+x^n+o(x^n).$$

3. 微分学的应用

1）求不定式极限

（1）$\dfrac{0}{0}$ 型洛必达法则：若 $f(x),g(x)$ 满足

（i）$\lim\limits_{x\to x_0} f(x)=0,\lim\limits_{x\to x_0} g(x)=0$;

（ii）在点 x_0 的某去心邻域 $\mathring{U}(x_0)$ 内两者都可导，且 $g'(x)\neq 0$；

（iii）$\lim\limits_{x\to x_0}\dfrac{f'(x)}{g'(x)}=A$（$A$ 为有限或无穷），则 $\lim\limits_{x\to x_0}\dfrac{f(x)}{g(x)}=\lim\limits_{x\to x_0}\dfrac{f'(x)}{g'(x)}=A$.

注 该法则中 $x\to x_0$ 可换成 $x\to x_0^+$，$x\to x_0^-$，$x\to +\infty$，$x\to -\infty$，$x\to\infty$，只要相应地修正条件（ii）中的邻域，结论同样成立. 以下同理.

（2）$\dfrac{\infty}{\infty}$ 型洛必达法则：若 $f(x),g(x)$ 满足

（i）在点 x_0 的某去心邻域 $\mathring{U}(x_0)$ 内两者都可导，且 $g'(x)\neq 0$；

（ii）$\lim\limits_{x\to x_0}f(x)=\lim\limits_{x\to x_0}g(x)=\infty$；

（iii）$\lim\limits_{x\to x_0}\dfrac{f'(x)}{g'(x)}=A$（$A$ 为有限或无穷），

则 $\lim\limits_{x\to x_0}\dfrac{f(x)}{g(x)}=\lim\limits_{x\to x_0}\dfrac{f'(x)}{g'(x)}=A$.

（3）其他类型的不定式极限：不定式极限还有 $0\cdot\infty,\infty-\infty,1^\infty,0^0,\infty^0$ 等类型，这些类型的极限经过变形可转化为 $\dfrac{0}{0}$ 型或 $\dfrac{\infty}{\infty}$ 型的极限.

（4）对数列的不定式极限，可利用归结原理，通过求相应形式的函数极限而得到.

（5）利用泰勒展开式求某些不定式的极限.

（6）利用拉格朗日中值定理求极限.

2）函数的单调性

（1）函数单调性的判定条件.

（i）若 $f(x)$ 在区间 I 上可导，则 $f(x)$ 在 I 上增加（减少）$\Leftrightarrow f'(x)\geqslant 0\,(\leqslant 0)$.

（ii）若 $f(x)$ 在 (a,b) 内可导，则 $f(x)$ 在 (a,b) 内严格增加（严格减少）$\Leftrightarrow$ 对 $\forall x\in(a,b)$，有 $f'(x)>0\,(f'(x)<0)$，且在 (a,b) 的任何子区间上 $f'(x)$ 不恒为 0.

（iii）若 $f(x)$ 在区间 I 上可导，$f'(x)>0\,(f'(x)<0)$，则 $f(x)$ 在 I 上严格增加(严格减少).

注 若 $f(x)$ 在 (a,b) 内(严格)增加(减少)，且在点 a 右连续，则 $f(x)$ 在 $[a,b)$ 上亦为（严格）增加（减少），对右端点 b 可类似讨论.

（2）导函数的介值定理.

介值定理 若 $f(x)$ 在 $[a,b]$ 上可导，且 $f'_+(a)\neq f'_-(b)$，k 为介于 $f'_+(a)$ 与 $f'_-(b)$ 之间的任一实数，则至少存在一点 $\xi\in(a,b)$，使得 $f'(\xi)=k$.

推论 若 $f(x)$ 在区间 I 上满足 $f'(x)\neq 0$，则在区间 I 上严格单调.

3）函数的极值

（1）极值存在的必要条件(费马大定理)：设 $f(x)$ 在点 x_0 取得极值，且 $f'(x_0)$ 存在，则 $f'(x_0)=0$.

注 导数为 0 的点不一定是极值点，不可导的点也可能是 $f(x)$ 的极值点.

（2）极值存在的第一充分条件：设 $f(x)$ 在点 x_0 连续，在 x_0 的某去心邻域 $\mathring{U}(x_0;\delta)$ 内可导.

（i）若当 $x\in(x_0-\delta,x_0)$ 时，$f'(x)\leqslant 0$，当 $x\in(x_0,x_0+\delta)$ 时，$f'(x)\geqslant 0$，则 $f(x)$ 在点 x_0 取得极小值；

（ii）若当 $x\in(x_0-\delta,x_0)$ 时，$f'(x)\geqslant 0$，当 $x\in(x_0,x_0+\delta)$ 时，$f'(x)\leqslant 0$，则 $f(x)$ 在点 x_0 取得极大值.

（3）极值存在的第二充分条件：设 $f(x)$ 在点 x_0 的某邻域 $U(x_0;\delta)$ 内一阶可导，在 x_0 处二阶可导，且 $f'(x_0)=0, f''(x_0)\neq 0$，则

（i）当 $f''(x_0)<0$ 时，则 $f(x)$ 在点 x_0 取得极大值；

（ii）当 $f''(x_0)>0$ 时，则 $f(x)$ 在点 x_0 取得极小值.

（4）极值存在的第三充分条件：设 $f(x)$ 在点 x_0 的某邻域 $U(x_0;\delta)$ 内存在直到 $n-1$ 阶导数，在 x_0 处 n 阶可导，且 $f^{(k)}(x_0)=0\ (k=1,2,\cdots,n-1), f^{(n)}(x_0)\neq 0$，则

（i）当 n 为偶数时，$f(x)$ 在点 x_0 取得极值，且当 $f^{(n)}(x_0)<0$ 时，取得极大值，当 $f^{(n)}(x_0)>0$ 时，取得极小值；

（ii）当 n 为奇数时，$f(x)$ 在 x_0 处不取得极值.

4）函数的最大值与最小值

设 $f(x)$ 在 $[a,b]$ 上连续，在 (a,b) 内几乎处处可导，则 $f(x)$ 在 (a,b) 内的驻点、不可导点及区间端点的函数值中最大者为 $f(x)$ 在 $[a,b]$ 上的最大值，最小者为最小值.

若 $f(x)$ 在区间 I(I 可能为有限区间，也可能为无限区间，可能是开区间，也可能是闭区间)上连续，且只有唯一的极值点，则当它是极小值点时必为最小值点，当它是极大值点时必是最大值点.

5）函数的凸性

（1）定义：设 $f(x)$ 为定义在区间 I 上的函数，若对 I 上任意两点 x_1,x_2 和任意实数 $\lambda\in(0,1)$，总有 $f(\lambda x_1+(1-\lambda)x_2)\leqslant\lambda f(x_1)+(1-\lambda)f(x_2)$，则称 $f(x)$ 为区间 I 上的凸函数；反之，若总有 $f(\lambda x_1+(1-\lambda)x_2)\geqslant\lambda f(x_1)+(1-\lambda)f(x_2)$，则称 $f(x)$ 为区间 I 上的凹函数. 若上述不等式为严格不等式，则相应的函数为严格凸函数和严格凹函数.

（2）凸函数的判定条件（相应地可给出凹函数的判定条件）.

（i）$f(x)$ 为区间 I 上的凸函数 $\Leftrightarrow$ 对 $\forall x_1,x_2,x_3\in I, x_1<x_2<x_3$，总有

$$\frac{f(x_2)-f(x_1)}{x_2-x_1}\leqslant\frac{f(x_3)-f(x_1)}{x_3-x_1}\leqslant\frac{f(x_3)-f(x_2)}{x_3-x_2}.$$

（ii）设 $f(x)$ 为区间 I 上二阶可导函数，则 $f(x)$ 为 I 上的凸函数 $\Leftrightarrow f''(x)\geqslant 0, x\in I$，即 $f'(x)$ 为 I 上的增函数.

（iii）设 $f(x)$ 为区间 I 上的可导函数，则 $f(x)$ 为 I 上的凸函数 $\Leftrightarrow$ 对 $\forall x_1,x_2\in I$ 有 $f(x_2)\geqslant f(x_1)+f'(x_1)(x_2-x_1)$，即曲线 $y=f(x)$ 总是在它的任一切线的上方.

（iv）利用凸函数定义，即 $f(x)$ 为 I 上的凸函数 $\Leftrightarrow$ 对 $\forall x_1,x_2\in I$，任意实数 $\lambda\in(0,1)$，总有 $f(\lambda x_1+(1-\lambda)x_2)\leqslant\lambda f(x_1)+(1-\lambda)f(x_2)$.

（3）詹森不等式：若 $f(x)$ 为凸函数，则对 $\forall x_i\in[a,b],\lambda_i>0\ (i=1,2,\cdots,n)$，$\sum_{i=1}^{n}\lambda_i=1$，有

$$f\left(\sum_{i=1}^{n}\lambda_i x_i\right)\leqslant\sum_{i=1}^{n}\lambda_i f(x_i).$$

4. 不定积分的计算

（1）直接积分法：经过初等变形或直接应用公式.

（2）换元积分法：

第一换元积分法

$$\int f[\varphi(x)]\cdot\varphi'(x)\mathrm{d}x=\int f[\varphi(x)]\mathrm{d}\varphi(x)\xlongequal{令u=\varphi(x)}\int f[u]\mathrm{d}u=F(u)+C=F[\varphi(x)]+C\cdot$$

第二换元积分法

$$\int f(x)\mathrm{d}x\xlongequal{令x=\varphi(t)}\int f(\varphi(t))\varphi'(t)\mathrm{d}t=F(t)+C=F[\varphi^{-1}(x)]+C.$$

（3）分部积分法：

$$\int u(x)\mathrm{d}v(x)=u(x)v(x)-\int v(x)\mathrm{d}u(x),$$

或

$$\int u(x)v'(x)\mathrm{d}x=u(x)v(x)-\int v(x)u'(x)\mathrm{d}x.$$

（4）有理函数积分法：若有理函数是假分式，则利用多项式除法将其化为一个整式与真分式的和.对有理真分式，将分母在实数范围内因式分解，然后拆项，再积分.

（5）三角函数有理式的不定积分：一般情况下利用万能代换 $t=\tan\dfrac{x}{2}$，将三角函数有理式的不定积分转化为有理函数积分；特殊情形可因题而异，选择合适的变换.

（6）简单无理式的不定积分：作变换，去掉根式，将其转化为有理函数积分.

2.2 一元函数微分学典型例题分析选讲

例 1 讨论函数 $f(x)=\begin{cases}x(1-x), & x\in\mathbf{Q},\\ x(1+x), & x\in\mathbf{R}\backslash\mathbf{Q}\end{cases}$ 的连续性与可微性.

解 首先，利用海涅定理(或其他方法)说明函数 $f(x)$ 在除 0 之外的点均不连续，那么自然不可微.然后计算函数 $f(x)$ 在 0 处的导数.

当 x 为有理数时，$\dfrac{f(x)-0}{x}=\dfrac{x(1-x)-0}{x}=1-x$.

当 x 为无理数时，$\dfrac{f(x)-0}{x}=\dfrac{x(1+x)-0}{x}=1+x$.

于是当 $x\to0$ 时，上述差商的极限都存在且为 1，即函数 $f(x)$ 在 0 处连续可微. □

例 2　设函数 $f(x)$ 在 $x=0$ 的某个邻域有定义，若 $f(0)=1$，且

$$\lim_{x\to 0}\frac{\ln(1-x)+f(x)\sin x}{e^{x^2}-1}=0,$$

问函数 $f(x)$ 在 $x=0$ 处可导吗？若可导，求其在 $x=0$ 处的导数值.

解　因为 $\lim\limits_{x\to 0}(e^{x^2}-1)=\lim\limits_{x\to 0}\ln(1-x)=0$，而

$$\lim_{x\to 0}\frac{\ln(1-x)+f(x)\sin x}{e^{x^2}-1}=0,$$

所以可知 $\lim\limits_{x\to 0}f(x)\sin x=0$. 于是对于任意 $n\in\mathbf{N}_+$，有

$$\lim_{x\to 0}f(x)x^n=0.$$

应用函数的泰勒展开公式，可得

$$\begin{aligned}&\lim_{x\to 0}\frac{\ln(1-x)+f(x)\sin x}{e^{x^2}-1}\\&=\lim_{x\to 0}\frac{-\left(x+\dfrac{x^2}{2}+\cdots+\dfrac{x^n}{n}+\cdots\right)+f(x)\left[x-\dfrac{x^3}{3!}+\cdots+\dfrac{(-1)^n x^{2n+1}}{(2n+1)!}+\cdots\right]}{x^2+\dfrac{x^4}{2!}+\cdots+\dfrac{x^{2n}}{n!}+\cdots}\\&=\lim_{x\to 0}\frac{\dfrac{f(x)-1}{x}-\dfrac{1}{2}-\left(\dfrac{x}{3}+\cdots+\dfrac{x^{n-2}}{n}+\cdots\right)+f(x)\left[-\dfrac{x}{3!}+\cdots+\dfrac{(-1)^n x^{2n-1}}{(2n+1)!}+\cdots\right]}{1+\dfrac{x^2}{2!}+\cdots+\dfrac{x^{2n-2}}{n!}+\cdots}=0.\end{aligned}$$

从而可得

$$\lim_{x\to 0}\left[\frac{f(x)-1}{x}-\frac{1}{2}\right]=0.$$

因此有

$$\lim_{x\to 0}\frac{f(x)-f(0)}{x}=\lim_{x\to 0}\frac{f(x)-1}{x}=\frac{1}{2}.$$

□

例 3　求极限 $\lim\limits_{n\to+\infty}\left(n\ln\dfrac{2n+1}{2n-1}-1\right)n^2$.

解　由于 $\ln\dfrac{2n+1}{2n-1}=\ln\dfrac{1+\dfrac{1}{2n}}{1-\dfrac{1}{2n}}=\ln\left(1+\dfrac{1}{2n}\right)-\ln\left(1-\dfrac{1}{2n}\right)$，通过泰勒展开有

$$\ln\frac{2n+1}{2n-1}=\ln\frac{1+\dfrac{1}{2n}}{1-\dfrac{1}{2n}}=\ln\left(1+\frac{1}{2n}\right)-\ln\left(1-\frac{1}{2n}\right)=\frac{1}{n}+\frac{1}{12}\frac{1}{n^3}+o\left(\frac{1}{n^3}\right).$$

因此

$$\lim_{n\to+\infty}\left(n\ln\frac{2n+1}{2n-1}-1\right)n^2=\lim_{n\to+\infty}\left(n\left(\frac{1}{n}+\frac{1}{12}\frac{1}{n^3}+o\left(\frac{1}{n^3}\right)\right)-1\right)n^2=\frac{1}{12}.$$

□

例 4 （1）已知函数 $f(x)$ 在 a 点可导并且 $f(a)\neq 0$，计算极限 $\lim\limits_{n\to\infty}\left[\dfrac{f\left(a+\frac{1}{n}\right)}{f(a)}\right]^n$；

（2）已知 $f'(0)=1$，计算极限 $\lim\limits_{x\to 0}\dfrac{f(x)-f(-x)}{\ln(1+3x)}$.

解 （1）由泰勒公式 $f\left(a+\dfrac{1}{n}\right)=f(a)+f'(a)\dfrac{1}{n}+o\left(\dfrac{1}{n}\right)$，可得

$$\lim_{n\to\infty}\left[\frac{f\left(a+\frac{1}{n}\right)}{f(a)}\right]^n=\lim_{n\to\infty}\left[\frac{f(a)+f'(a)\frac{1}{n}+o\left(\frac{1}{n}\right)}{f(a)}\right]^n=\mathrm{e}^{\frac{f'(a)}{f(a)}}.$$

（2）$\lim\limits_{x\to 0}\dfrac{f(x)-f(-x)}{\ln(1+3x)}=\lim\limits_{x\to 0}\dfrac{f(x)-f(0)+f(0)-f(-x)}{x}\dfrac{x}{\ln(1+3x)}=\dfrac{2}{3}.$ □

例 5 计算极限:

（1）$\lim\limits_{x\to\infty}\dfrac{\ln(2022+2023\mathrm{e}^{2022x})}{\ln(2023+2022\mathrm{e}^{2023x})}$；

（2）$\lim\limits_{x\to 0}\dfrac{1-\cos x^2}{x^2\sin x^2}$.

解 （1）$\lim\limits_{x\to\infty}\dfrac{\ln(2022+2023\mathrm{e}^{2022x})}{\ln(2023+2022\mathrm{e}^{2023x})}=\lim\limits_{x\to\infty}\dfrac{\dfrac{2023\cdot 2022\mathrm{e}^{2022x}}{2022+2023\mathrm{e}^{2022x}}}{\dfrac{2022\cdot 2023\mathrm{e}^{2023x}}{2023+2022\mathrm{e}^{2023x}}}=\dfrac{2022}{2023}.$

（2）设 $t=x^2$，那么

$$\lim_{x\to 0}\frac{1-\cos x^2}{x^2\sin x^2}=\lim_{t\to 0}\frac{1-\cos t}{t\sin t}=\lim_{t\to 0}\frac{\sin t}{\sin t+t\cos t}=\frac{1}{2}.$$ □

例 6 已知函数 $f(x)=x+x^2+\cdots+x^n$ $(n=2,3,\cdots)$，证明:

（1）方程 $f(x)=1$ 在 $[0,+\infty)$ 上有唯一实根 x_n；

（2）数列 $\{x_n\}$ 有极限，并计算此极限.

证明 （1）由 $f(0)=0$ 以及 $f(+\infty)=+\infty$，结合介值定理得到存在性，再利用中值定理或单调性证明唯一性.

（2）先证明单调性 $x_n\leqslant x_{n-1}$ $\left(\text{否则} 1=\sum\limits_{k=1}^{n}x_n^k>\sum\limits_{k=1}^{n-1}x_{n-1}^k=1, \text{易得矛盾}\right)$.

再说明 x_n 有下界 0，所以必有极限 $A=\lim\limits_{n\to\infty}x_n$.

因为 $0\leqslant x_n^n\leqslant\dfrac{1}{n}\to 0$，且 $1=\sum\limits_{k=1}^{n}x_n^k=\dfrac{x_n(1-x_n^n)}{1-x_n}$，两边取极限知 $A=\dfrac{1}{2}$. □

例 7 已知 $f(x)$ 在闭区间 $[0,1]$ 上二阶可导，且 $f(1)>0$，$\lim\limits_{x\to 0^+}\dfrac{f(x)}{x}<0$. 证明:

（1） $f(x)=0$ 在 $(0,1)$ 内至少存在一个根;

（2）$f(x)f''(x)+[f'(x)]^2=0$ 在 $[0,1]$ 内至少存在两个根.

证明　（1）已知函数 $f(x)$ 在 $[0,1]$ 上二阶可导，则函数 $f(x)$ 与 $f'(x)$ 在 $[0,1]$ 上连续. 由于 $\lim\limits_{x\to0^+}\dfrac{f(x)}{x}<0$，则该极限存在，由函数 $f(x)$ 的连续性和极限的保号性，可知 $f(0)=0$ 且存在正数 $0<\delta_1<1$，对任意 $x\in(0,\delta_1)$ 有 $f(x)<0$.

取 $x_1\in(0,\delta_1)$，知 $f(x_1)<0$. 而 $f(1)>0$，在区间 $[x_1,1]$ 上应用零点定理，可知在开区间 $(x_1,1)\subset(0,1)$ 内至少存在一点 $\xi_1\in(0,1)$，满足 $f(\xi_1)=0$. 得证.

（2）由（1）的结果可知 $f(0)=f(\xi_1)=0$. 在区间 $[0,\xi_1]$ 上对函数 $f(x)$ 应用拉格朗日中值定理可得

$$0=f(\xi_1)-f(0)=f'(\xi_2)\xi_1,\quad \xi_2\in(0,\xi_1).$$

从而知 $f'(\xi_2)=0$.

设辅助函数 $g(x)=f(x)f'(x)$，则有 $g'(x)=f(x)f''(x)+[f'(x)]^2$.

因为 $g(0)=g(\xi_2)=g(\xi_1)=0$，所以对函数 $g(x)$ 分别在区间 $[0,\xi_2]$ 和 $[\xi_2,\xi_1]$ 上应用拉格朗日中值定理，可得至少存在 $\eta_1\in(0,\xi_2)$ 和 $\eta_2\in(\xi_2,\xi_1)$ 满足

$$g'(\eta_1)=g'(\eta_2)=0,$$

即 $f(x)f''(x)+[f'(x)]^2=0$ 在 $[0,1]$ 内至少存在两个根.　□

例 8　设函数 $f(x)=\begin{cases}x^2\left|\cos\dfrac{\pi}{x}\right|, & x\neq0,\\ 0, & x=0,\end{cases}$ 讨论 $f(x)$ 在 $x=0$ 处是否可微？是否存在 0 的邻域使得 $f(x)$ 在该邻域上可微？

解　因为 $f'(0)=\lim\limits_{\Delta x\to0}\dfrac{f(\Delta x)-f(0)}{\Delta x}=\lim\limits_{\Delta x\to0}|\Delta x|\left|\cos\dfrac{\pi}{\Delta x}\right|=0$，所以在 $x=0$ 处可微. 取 $x_n=\dfrac{1}{n+\dfrac{1}{2}}$，可得到 $f'_-(x_{2n})=\pi, f'_+(x_{2n})=-\pi$. 所以在这些点导数不存在，即 $f(x)$ 在 0 的任意邻域上有不可微的点.　□

例 9　设函数 $g(x)$ 在 $[-1,1]$ 上无穷次可微，且存在 $M>0$ 使得

$$|g^{(n)}(x)|\leqslant n!M,\quad g\left(\frac{1}{n}\right)=\ln(1+2n)-\ln n\qquad(n=1,2,3,\cdots).$$

求 $g^{(k)}(0)\ (k=1,2,3,\cdots)$.

解　先证明 $g(x)=\ln(2+x)$. 事实上，由 $\dfrac{|g^{(n)}(x)|}{n!}\leqslant M$ 可知函数 $g(x)$ 的幂级数在 $[-1,1]$ 上收敛.

再结合在点列 $\left\{\dfrac{1}{n}\right\}$ 上有 $g(x)=\ln(2+x)$ 可知在 $[-1,1]$ 上恒有 $g(x)=\ln(2+x)$，然后求得

$$g(0)=\ln 2,\quad g^{(k)}(0)=(-1)^{k-1}\frac{(k-1)!}{2^k}.$$ □

例 10 （1）设函数 $f(x)=\dfrac{x^3}{(x-1)^2}$，求出 $f(x)$ 的极值和拐点;

（2）设 $y=y(x)$ 是由 $\ln(x^2+y)=x^3y+\sin x$ 确定的隐函数，求出曲线 $y=y(x)$ 在(0,1)点处的切线.

解 （1）求得函数 $f(x)$ 的导函数为 $f'(x)=\dfrac{x^2(x-3)}{(x-1)^3}$.

于是得到单调区间为: 在 $(-\infty,0),(0,1),(3,+\infty)$ 上单调增加，在 $(1,3)$ 上单调减少. 所以极小值为 $f(3)=\dfrac{27}{4}$，无极大值.

再求二阶导为 $f''(x)=\dfrac{6x}{(x-1)^4}$，可知(0, 0)是唯一拐点.

（2）对 $\ln(x^2+y)=x^3y+\sin x$ 两端求导得 $\dfrac{2x+\dfrac{\mathrm{d}y}{\mathrm{d}x}}{x^2+y}=3x^2y+x^3\dfrac{\mathrm{d}y}{\mathrm{d}x}+\cos x$，那么

$$\frac{\mathrm{d}y}{\mathrm{d}x}=\frac{\cos x(x^2+y)+3x^4y+3x^2y^2-2x}{1-x^5-x^3y}.$$

于是 $\left.\dfrac{\mathrm{d}y}{\mathrm{d}x}\right|_{x=0,y=1}=1$，切线方程为 $y=x+1$. □

例 11 设 n 为自然数，证明当 $t\leqslant n$ 时，有 $\mathrm{e}^{-t}-\left(1-\dfrac{t}{n}\right)^n\leqslant\dfrac{t^2}{n}\mathrm{e}^{-t}$.

证明 设函数 $f(t)=\dfrac{t^2}{n}-\left[1-\left(1-\dfrac{t}{n}\right)^n\mathrm{e}^t\right]$. 只需证明 $f(t)\geqslant 0$ 即可.

求导得 $f'(t)=\dfrac{t}{n}\left[2-\left(1-\dfrac{t}{n}\right)^{n-1}\mathrm{e}^t\right]$. 设 a 为方程 $2-\left(1-\dfrac{t}{n}\right)^{n-1}\mathrm{e}^t=0$ 的根，那么极值点可能为 $0,a,n$. 求得 $f(0)=0, f(n)=n-1\geqslant 0$.

此外，

$$f(a)=\frac{a^2}{n}-\left[1-\left(1-\frac{a}{n}\right)^n\mathrm{e}^a\right]=\frac{a^2}{n}-\left[1-2\left(1-\frac{a}{n}\right)\right]=\left(1-\frac{a}{n}\right)^2+\frac{a^2}{n^2}(n-1)\geqslant 0.$$

所以 0 为极小值. □

例 12 设 $f(x)=1-x+\dfrac{x^2}{2}-\dfrac{x^3}{3}+\cdots+(-1)^n\dfrac{x^n}{n}$. 证明当 n 为奇数时，方程 $f(x)=0$ 恰有一个实根；当 n 为偶数时，$f(x)=0$ 无实根.

证明 求导得 $f'(x)=\begin{cases}\dfrac{-1+(-1)^n x^n}{1+x}, & x\neq -1,\\ -n, & x=-1.\end{cases}$ 当 n 为奇数时，容易判断函数为严格

单调减少，再结合介值定理知方程 $f(x)=0$ 有唯一实根.

当 n 为偶数时，可得 $f'(x)\begin{cases}>0, & x>1,\\ =0, & x=1,\\ <0, & x<1,\end{cases}$ 所以 $x=1$ 为函数的极小值点.

又因为 $f(1)>0$，所以当 n 为偶数时无实根. □

例 13　设函数 $f(x)$ 在 $(-\infty,+\infty)$ 上可导. 证明：如果 $\lim\limits_{x\to+\infty}f(x)$ 与 $\lim\limits_{x\to+\infty}f'(x)$ 都存在且有限，那么必有 $\lim\limits_{x\to+\infty}f'(x)=0$.

证明　对任意的 $\varepsilon>0$，由 $\lim\limits_{x\to+\infty}f(x)$ 存在知，存在 $A_1>0$ 使得当 $x,y>A_1$ 时，有

$$|f(x)-f(y)|<\frac{\varepsilon}{2}.$$

由 $\lim\limits_{n\to+\infty}f'(x)$ 存在知，存在 $A_2>0$ 使得当 $x,y>A_2$ 时，有

$$|f'(x)-f'(y)|<\frac{\varepsilon}{2}.$$

于是当 $x>A=\max\{A_1,A_2\}$ 时，由中值定理得，存在 $\xi\in(x,x+1)$，使得

$$|f'(\xi)|=|f(x+1)-f(x)|<\frac{\varepsilon}{2}.$$

因此

$$|f'(x)|\leqslant|f'(x)-f'(\xi)|+|f'(\xi)|<\frac{\varepsilon}{2}+\frac{\varepsilon}{2}=\varepsilon.$$ □

例 14　设函数 $f(x)$ 在 $[0,+\infty)$ 上可导，且 $0\leqslant f(x)\leqslant\dfrac{x}{1+x^2}$. 证明存在 $\xi>0$ 使得

$$f'(\xi)=\frac{1-\xi^2}{(1+\xi^2)^2}.$$

证明　设辅助函数 $F(x)=f(x)-\dfrac{x}{1+x^2}$，那么 $F(x)$ 在 $[0,+\infty)$ 上可导. 此外易知 $F(0)=F(+\infty)=0$.

若 $F(x)\equiv0$，则 $F'(x)=0$，立即得结论. 若 $F(x)$ 不是常函数，则存在局部极值点 ξ，使得 $F'(\xi)=0$，即 $f'(\xi)=\dfrac{1-\xi^2}{(1+\xi^2)^2}$. □

例 15　设函数 $f(x)$ 在 $[a,b]$ 上连续，在 (a,b) 内可导，$b>a>0$. 证明在 (a,b) 内存在两点 ξ,η 使得 $f'(\xi)=\eta^2\dfrac{f'(\eta)}{ab}$.

证明　先由拉格朗日中值定理，在 (a,b) 内存在 ξ 使得 $f'(\xi)=\dfrac{f(b)-f(a)}{b-a}$. 设函数 $g(x)=-\dfrac{ab}{x}$，对 f,g 使用柯西中值定理知，在 (a,b) 内存在 η 使得

$$\frac{f'(\eta)}{\frac{1}{\eta^2}ab}=\frac{f(b)-f(a)}{b-a}.$$

结合以上两式即得 $f'(\xi)=\eta^2\dfrac{f'(\eta)}{ab}$.

例 16 设函数 $f(x)$ 在 $(-\infty,+\infty)$ 上可导. 证明 $\forall\lambda>0$，若 $\lim\limits_{x\to+\infty}\left[f(x)+\dfrac{f'(x)}{\lambda}\right]=A$，则

$$\lim_{x\to+\infty}f(x)=A,\qquad \lim_{x\to+\infty}f'(x)=0.$$

证明 由于

$$\lim_{x\to+\infty}f(x)=\lim_{x\to+\infty}\frac{e^{\lambda x}f(x)}{e^{\lambda x}}=\lim_{x\to+\infty}\frac{\lambda e^{\lambda x}f(x)+e^{\lambda x}f'(x)}{\lambda e^{\lambda x}}=\lim_{x\to+\infty}\left[f(x)+\frac{f'(x)}{\lambda}\right]=A,$$

由 λ 的任意性，可知 $\lim\limits_{x\to+\infty}f(x)=A$ 和 $\lim\limits_{x\to+\infty}f'(x)=0$ 成立. □

例 17 设 $f(x)=\begin{cases}|x|, & x\neq 0,\\ 1, & x=0.\end{cases}$ 证明不存在一个函数以 $f(x)$ 为其导函数.

证明 (反证法) 假设 $g'(x)=f(x)$，那么 $g'(0)=1$. 考虑 $g(x)$ 在 0 处的右侧导数，利用拉格朗日中值定理可得

$$\frac{g(0+t)-g(0)}{t}=g'(\xi),\quad \xi\in(0,t).$$

令 $t\to0^+$，可知 $g'_+(0)=0$. 从而推出矛盾. □

例 18 设 $f(x)$ 为区间 (a,b) 内的凸函数，证明 $f(x)$ 在 (a,b) 内的任意闭区间上满足利普希茨(Lipschitz)条件.

证明 对任意的 $[\alpha,\beta]\subset(a,b)$，存在充分小的 $h>0$ 使得 $[\alpha-h,\beta+h]\subset(a,b)$. 下面对任意的 $x_1,x_2\in[\alpha,\beta]$ 进行讨论.

若 $x_1<x_2$，取 $x_3=x_2+h$，则

$$\frac{f(x_2)-f(x_1)}{x_2-x_1}\leqslant\frac{f(x_3)-f(x_2)}{x_3-x_2}\leqslant\frac{M-m}{h},$$

其中 M,m 分别为 $f(x)$ 在 $[\alpha-h,\beta+h]$ 上的上界和下界. 从而

$$f(x_2)-f(x_1)\leqslant\frac{M-m}{h}|x_2-x_1|.$$

若 $x_1>x_2$，取 $x_3=x_2-h$，则

$$\frac{f(x_2)-f(x_1)}{x_2-x_1}\leqslant\frac{f(x_3)-f(x_2)}{x_2-x_3}\leqslant\frac{M-m}{h},$$

其中 M,m 分别为 $f(x)$ 在 $[\alpha-h,\beta+h]$ 上的上界和下界. 从而也有

$$f(x_2)-f(x_1)\leqslant\frac{M-m}{h}|x_2-x_1|.$$

因此，对任意的 $x_1,x_2\in[\alpha,\beta]$ 有 $f(x_2)-f(x_1)\leqslant\dfrac{M-m}{h}|x_2-x_1|$，且 x_1,x_2 交换位置依然成立.

所以有 $|f(x_2)-f(x_1)|\leqslant\dfrac{M-m}{h}|x_2-x_1|$. □

例 19　是否存在 $(-\infty,+\infty)$ 上的连续可导函数 $f(x)$ 满足 $f(x)>0$ 且 $f'(x)=f(f(x))$？

证明　反证法. 若存在，则由 $f(x)>0$ 知 $f'(x)=f(f(x))>0$. 因此 $f(x)$ 为严格单调增加函数. 在区间 $[-1,0]$ 上利用拉格朗日中值定理知，存在 $\xi\in(-1,0)$ 使得 $f'(\xi)=f(0)-f(-1)$.

另一方面，由 $f(x)$ 的单调性和 $f(\xi)>0$ 且 $f'(\xi)=f(f(\xi))>f(0)$, 所以

$$f(0)-f(-1)>f(0),\quad f(-1)<0.$$

产生矛盾. □

第3章 一元函数积分学

3.1 知识要点

1. 函数可积性的判定方法

（1）可积的充分条件.

（i）有界闭区域上的连续函数一定可积;

（ii）设函数在有界闭区域上有界，且其不连续点集是零测度集，则函数在该区域上可积.

（2）可积的充要条件.

（i）函数可积的充要条件是：对 $\forall \varepsilon>0$，对区域的任意划分 T，使得 $S(T)-s(T)<\varepsilon$，其中 $S(T)$ 和 $s(T)$ 是函数关于划分 T 的上和与下和.

（ii）函数可积的充要条件是：对 $\forall \varepsilon>0$，对区域的任意划分 T，使得 $\sum\limits_{T}\omega_i\Delta\sigma_i<\varepsilon$，其中 ω_i 是函数在小区域上的振幅.

2. 积分与极限问题

（1）利用定积分求极限.

（2）积分的极限.

3. 函数 $f(x)$ 在区间 $[a,b]$ 上可积性的判定

（1）可积的定义. 设 $f(x)$ 是定义在 $[a,b]$ 上的函数，J 是一个确定的实数. 若对 $\forall \varepsilon>0,\exists\delta>0$, 使得对 $[a,b]$ 的任意划分 $T=\{\Delta_1,\Delta_2,\cdots,\Delta_n\}$ 及其上任意选取的点集 $\{\xi_i\},\xi_i\in\Delta_i\ (i=1,2,\cdots,n)$，只要 $\|T\|<\delta$，就有 $\left|\sum\limits_{i=1}^{n}f(\xi_i)\Delta x_i-J\right|<\varepsilon$，则函数 $f(x)$ 在 $[a,b]$ 上可积，且 $J=\int_a^b f(x)\mathrm{d}x$.

（2）可积的充分条件.

（i）若 $f(x)$ 在 $[a,b]$ 上连续，则 $f(x)$ 在 $[a,b]$ 上可积.

（ii）若 $f(x)$ 是 $[a,b]$ 上只有有限个间断点的有界函数，则 $f(x)$ 在 $[a,b]$ 上可积.

（iii）若 $f(x)$ 是 $[a,b]$ 上的单调函数，则 $f(x)$ 在 $[a,b]$ 上可积.

（3）可积的充要条件.

（i）(可积准则) $f(x)$ 在 $[a,b]$ 上可积的充要条件是：对 $\forall \varepsilon>0$，对 $[a,b]$ 的任意划分 T，使得 $S(T)-s(T)<\varepsilon$，其中 $S(T)$ 和 $s(T)$ 分别是 $f(x)$ 关于划分 T 的上和与下和.

（ii）$f(x)$ 在 $[a,b]$ 上可积的充要条件是：对 $\forall\varepsilon>0$，对 $[a,b]$ 的任意划分

$$T=\{\Delta_i \mid i=1,2,\cdots,n\}$$

使得 $\sum_{i=1}^{n}\omega_i\Delta x_i<\varepsilon$，其中 $\omega_i=M_i-m_i$ 为 $f(x)$ 在小区间 Δx_i 上的振幅.

4. 定积分的计算

（1）牛顿-莱布尼茨公式：$\int_a^b f(x)\mathrm{d}x=F(b)-F(a)$，其中 $F(x)$ 为 $f(x)$ 的一个原函数.

（2）定积分的换元积分法与分部积分法.

（3）其他方法（利用恒等变形、递推公式、被积函数的奇偶性等）.

5. 有关积分等式或不等式的证明

（1）利用定积分的性质.

（i）若 $f(x),g(x)$ 都在 $[a,b]$ 上可积，且 $f(x)\leqslant g(x)$，则 $\int_a^b f(x)\mathrm{d}x\leqslant\int_a^b g(x)\mathrm{d}x$；又若在 $[a,b]$ 上 $f(x)$ 不恒等于 $g(x)$，则 $\int_a^b f(x)\mathrm{d}x<\int_a^b g(x)\mathrm{d}x$.

（ii）若 $f(x)$ 在 $[a,b]$ 上可积，则 $|f(x)|$ 在 $[a,b]$ 上也可积，且

$$\left|\int_a^b f(x)\mathrm{d}x\right|\leqslant\int_a^b |f(x)|\,\mathrm{d}x .$$

（iii）估值原理：设 M,m 分别是可积函数 $f(x)$ 在 $[a,b]$ 上的最大值和最小值，则

$$m(b-a)\leqslant\int_a^b f(x)\mathrm{d}x\leqslant M(b-a).$$

（iv）积分第一中值定理：若 $f(x)$ 在 $[a,b]$ 上连续，则 $\exists\xi\in[a,b]$，使得

$$\int_a^b f(x)\mathrm{d}x=f(\xi)(b-a).$$

（v）推广的积分第一中值定理：若 $f(x),g(x)$ 都在 $[a,b]$ 上连续，且 $g(x)$ 在 $[a,b]$ 上变号，则 $\exists\xi\in[a,b]$，使得

$$\int_a^b f(x)g(x)\mathrm{d}x=f(\xi)\int_a^b g(x)\mathrm{d}x .$$

（vi）积分第二中值定理：设 $f(x)$ 在 $[a,b]$ 上可积.

若 $g(x)$ 在 $[a,b]$ 上单调减少，且 $g(x)\geqslant 0$，则 $\exists\xi\in[a,b]$，使得

$$\int_a^b f(x)g(x)\mathrm{d}x=g(a)\int_a^{\xi} f(x)\mathrm{d}x ;$$

若 $g(x)$ 在 $[a,b]$ 上单调增加，且 $g(x)\geqslant 0$，则 $\exists\eta\in[a,b]$，使得

$$\int_a^b f(x)g(x)\mathrm{d}x=g(b)\int_{\eta}^{b} f(x)\mathrm{d}x ;$$

若 $g(x)$ 在 $[a,b]$ 上单调，则 $\exists\xi\in[a,b]$，使得

$$\int_a^b f(x)g(x)\mathrm{d}x=g(a)\int_a^{\xi} f(x)\mathrm{d}x+g(b)\int_{\xi}^{b} f(x)\mathrm{d}x .$$

（2）利用微分中值定理及泰勒展开式.

（3）利用变量替换.

6. 含参量正常积分

（1）含参量正常积分的定义.

设 $f(x,y)$ 是定义在矩形区域 $R=[a,b]\times[c,d]$ 上的连续函数,

$$\varphi(x)=\int_c^d f(x,y)\mathrm{d}y \quad (x\in[a,b])$$

称为含参量 x 的正常积分. 设 $f(x,y)$ 是定义在 $G=\{(x,y)\mid c(x)\leqslant y\leqslant d(x),a\leqslant x\leqslant b\}$ 上的连续函数, 其中 $c(x),d(x)$ 是 $[a,b]$ 上的连续函数, $F(x)=\int_{c(x)}^{d(x)} f(x,y)\mathrm{d}y\ (x\in[a,b])$ 称为含参量 x 的正常积分.

类似有含参量 y 的正常积分.

（2）含参量正常积分的连续性、可微性和可积性.

以下只讨论含参量 x 的正常积分的连续性、可微性和可积性, 对含参量 y 的正常积分结论类似.

（i）连续性: 若 $f(x,y)$ 在矩形区域 $R=[a,b]\times[c,d]$ 上连续, 则 $\varphi(x)=\int_c^d f(x,y)\mathrm{d}y$ 在 $[a,b]$ 上连续, 这时, 对 $\forall x_0\in[a,b]$ 有

$$\lim_{x\to x_0}\int_c^d f(x,y)\mathrm{d}y=\int_c^d \lim_{x\to x_0} f(x,y)\mathrm{d}y.$$

设 $f(x,y)$ 在区域 $G=\{(x,y)\mid c(x)\leqslant y\leqslant d(x),a\leqslant x\leqslant b\}$ 上连续, 其中 $c(x),d(x)$ 是 $[a,b]$ 上的连续函数, 则 $F(x)=\int_{c(x)}^{d(x)} f(x,y)\mathrm{d}y$ 在 $[a,b]$ 上连续.

（ii）可微性: 若 $f(x,y)$ 与其偏导数 $f_x(x,y)$ 都在矩形区域 $R=[a,b]\times[c,d]$ 上连续, 则 $\varphi(x)=\int_c^d f(x,y)\mathrm{d}y$ 在 $[a,b]$ 上可微, 且

$$\frac{\mathrm{d}}{\mathrm{d}x}\int_c^d f(x,y)\mathrm{d}y=\int_c^d f_x(x,y)\mathrm{d}y.$$

设 $f(x,y),f_x(x,y)$ 在 $R=[a,b]\times[p,q]$ 上连续, $c(x),d(x)$ 为定义在 $[a,b]$ 上其值含于 $[p,q]$ 内的可微函数, 则 $F(x)=\int_{c(x)}^{d(x)} f(x,y)\mathrm{d}y$ 在 $[a,b]$ 上可微, 且

$$F'(x)=\int_{c(x)}^{d(x)} f_x(x,y)\mathrm{d}y+f(x,d(x))\cdot d'(x)-f(x,c(x))\cdot c'(x).$$

（iii）可积性: 若 $f(x,y)$ 在矩形区域 $R=[a,b]\times[c,d]$ 上连续, 则 $\varphi(x)=\int_c^d f(x,y)\mathrm{d}y$ 在 $[a,b]$ 上可积, $\psi(y)=\int_a^b f(x,y)\mathrm{d}x$ 在 $[c,d]$ 上可积, 这时,

$$\int_a^b\left[\int_c^d f(x,y)\mathrm{d}y\right]\mathrm{d}x=\int_c^d\left[\int_a^b f(x,y)\mathrm{d}x\right]\mathrm{d}y.$$

3.2　一元函数积分学典型例题分析选讲

先简单说一下定积分的定义，黎曼可积时的几个问题.

定义 1　在闭区间 $[a,b]$ 内插入任意 n 个分点，或者说对 $[a,b]$ 的任意一个划分

$$T: a = x_0 < x_1 < \cdots < x_n = b,$$

小区间 $[x_{i-1},x_i]$ 的长为 $\Delta x_i = x_i - x_{i-1}$，记 $\|T\| = \max\limits_{1\leqslant i\leqslant n}\{\Delta x_i\}$. 设函数 $f(x)$ 定义在 $[a,b]$ 上，对上面的任意一个划分，在 $[x_{i-1},x_i]$ 上任取 $\xi_i\ (i=1,2,\cdots,n)$ 作和式 $\sum\limits_{i=1}^{n} f(\xi_i)\Delta x_i$. 如果有常数 I，满足 $\forall\varepsilon>0$，$\exists\delta>0$，当 $\|T\|<\delta$ 时，对任意 $\xi_i\in[x_{i-1},x_i]$，都有

$$\left|\sum_{i=1}^{n} f(\xi_i)\Delta x_i - I\right| < \varepsilon,$$

则称 $f(x)$ 在 $[a,b]$ 上是黎曼可积的，简称 R-可积. I 称为 $f(x)$ 在 $[a,b]$ 上的定积分，记为

$$I = \int_a^b f(x)\mathrm{d}x = \lim_{\|T\|\to 0}\sum_{i=1}^{n} f(\xi_i)\Delta x_i.$$

定理 1　若 $f(x)$ 是黎曼可积的，则 $f(x)$ 必有界.

证明　反证法. 可设 $f(x)$ 在 a 处无界. 下面证 $\lim\limits_{\|T\|\to 0}\left|\sum\limits_{i=1}^{n} f(\xi_i)\Delta x_i\right| = +\infty$.

对 $\forall G>0$，任一个划分 T，当取 $\xi_i\ (i=1,2,\cdots,n)$ 后，记 $M = \left|\sum\limits_{i=2}^{n} f(\xi_i)\Delta x_i\right|$. 因为 $f(x)$ 在 $[a,x_1]$ 上无界，可选 $\xi_1\in[a,x_1]$，满足 $f(\xi_1) > \dfrac{1}{x_1-a}(G+M)$. 于是

$$\left|\sum_{i=1}^{n} f(\xi_i)\Delta x_i\right| > |f(\xi_1)|\Delta x_1 - \left|\sum_{i=2}^{n} f(\xi_i)\Delta x_i\right| > (G+M) - M = G.$$

所以 $\lim\limits_{\|T\|\to 0}\left|\sum\limits_{i=1}^{n} f(\xi_i)\Delta x_i\right| = +\infty$，$f(x)$ 不是 R-可积的. □

例 1　有界不一定可积的典型例子是狄利克雷（Dirichlet）函数，即在 $[0,1]$ 上，定义

$$D(x) = \begin{cases} 1, & x\text{ 为有理数}, \\ 0, & x\text{ 为无理数}, \end{cases}$$

对任何一个划分 $T: 0 = x_0 < x_1 < \cdots < x_n = 1$，在每个小区间 $[x_{i-1},x_i]$ 上，ξ_i 全取为有理数，则 $f(\xi_i)=1$. $\sum\limits_{i=1}^{n} f(\xi_i)\Delta x_i = \sum\limits_{i=1}^{n}\Delta x_i = 1$. 若 ξ_i 全取为无理数，则 $f(\xi_i)=0$，$\sum\limits_{i=1}^{n} f(\xi_i)\Delta x_i = 0$. 所以 $\lim\limits_{\|T\|\to 0}\left|\sum\limits_{i=1}^{n} f(\xi_i)\Delta x_i\right|$ 不存在.

对任何一个固定 η，$0<\eta<1$，还可以对 ξ_i 这样取：当 $x_i<\eta$ 时，在 $[x_{i-1},x_i]$ 上 ξ_i 取为有理数；当 $\eta\leqslant x_i$ 时，在 $[x_{i-1},x_i]$ 上 ξ_i 取为无理数，于是

$$\sum_{i=1}^{n} f(\xi_i)\Delta x_i = \sum_{i=1}^{n} \Delta x_i + \sum_{i=1}^{n} 0\Delta x_i < \eta.$$

对这种特定取法，当 $\|T\| \to 0$ 时，$\sum_{i=1}^{n} f(\xi_i)\Delta x_i \to \eta$. 由于 η 是任取的，所以 $\lim_{\|T\|\to 0}\sum_{i=1}^{n} f(\xi_i)\Delta x_i$ 不存在，即 $D(x)$ 虽有界，但不是 R-可积的.

如果定义：x 是有理数时，$f(x)=x^2$；x 是无理数时，$f(x)=0$. $f(x)$ 在 $[0,1]$ 上不可积.

下面再介绍 $f(x)$ 可积的充分必要条件. 对一个划分 $T: a = x_0 < x_1 < \cdots < x_n = b$. 记

$$M_i = \sup_{x\in[x_{i-1},x_i]} f(x), \quad m_i = \inf_{x\in[x_{i-1},x_i]} f(x),$$

称 $W_i = M_i - m_i$ 为 $f(x)$ 在 $[x_{i-1},x_i]$ 上的振幅.

定理 2 $f(x)$ 在 $[a,b]$ 上可积的充分必要条件是 $\lim_{\|T\|\to 0}\sum_{i=1}^{n} W_i\Delta x_i = 0$.

上面的狄利克雷函数，对每个小区间 $[x_{i-1},x_i]$，$M_i \equiv 1$，$m_i \equiv 0$，$W_i = M_i - m_i \equiv 1$. 于是 $\sum_{i=1}^{n} W_i\Delta x_i \equiv \sum_{i=1}^{n}\Delta x_i \equiv 1$，所以不是 R-可积的.

定理 3 定义在闭区间 $[a,b]$ 上的单调函数 $f(x)$ 是 R-可积的.

证明 可设 $f(x)$ 单调增加，$\forall \varepsilon > 0$，$\delta = \dfrac{\varepsilon}{f(b)-f(a)+1}$. 对任意划分

$$T: a = x_0 < x_1 < \cdots < x_n = b,$$

当 $\|T\| < \delta$ 时，在任意一个小区间 $[x_{i-1},x_i]$ 上，最大值为 M_i，最小值为 m_i，

$$M_i \leqslant f(x_i) \leqslant f(b),\ m_i \geqslant f(x_{i-1}) \geqslant f(a);\quad M_i - m_i \leqslant f(x_i) - f(x_{i-1}) \leqslant f(b) - f(a).$$

于是

$$\sum_{i=1}^{n} W_i\Delta x_i \leqslant (f(b)-f(a))\|T\| < (f(b)-f(a))\delta < \varepsilon.$$

所以 $f(x)$ 在 $[a,b]$ 上是 R-可积的. □

定理 4 在 $[a,b]$ 上只有有限个间断点的有界函数 $f(x)$ 是 R-可积的.

证明 以 $f(x)$ 只有一个间断点为例，说明证明方法.

设 $x=c$ 是间断点，又 $\exists M>0, |f(x)| \leqslant M$. 分下面几步叙述.

第一步：$\forall \varepsilon > 0$，取 $a_1 = c - \dfrac{\varepsilon}{16M}, b_1 = c + \dfrac{\varepsilon}{16M}$. 于是 $b_1 - a_1 = \dfrac{\varepsilon}{8M}$.

第二步：取 $\delta_1 = \dfrac{\varepsilon}{8M}$，对 $[a,b]$ 作任意划分

$$T: a = x_0 < \cdots < x_{i_0-1} < x_{i_0} < \cdots < x_{j_0} < x_{j_0+1} < \cdots < x_n = b,$$

使得 $\|T\| < \delta_1$.

第三步：把小区间 $[x_{i-1},x_i]$ 分为两类.

一类是与 $[a_1,b_1]$ 有交点的小区间，$a_1 \in [x_{i_0-1}, x_{i_0}]$，如 $b_1 = x_{j_0}$，$[a_1,b_1]$ 与 $[x_{j_0-1}, x_{j_0}]$ 有交

点 b_1，还有小区间 $[x_{i-1},x_i]$ 完全在 $[x_{i_0},x_{j_0}]$ 内.

把这类小区间记为 $\Delta x_i'$，它们会在区间 $[x_{i_0-1},x_{j_0+1}]$ 内，长度之和为

$$\begin{aligned}x_{j_0+1}-x_{i_0-1}&<b_1-a_1+(x_{i_0}-x_{i_0-1})+(x_{j_0+1}-x_{j_0})\\&<b_1-a_1+2\delta_1=\frac{\varepsilon}{8M}+2\frac{\varepsilon}{16M}=\frac{\varepsilon}{4M}.\end{aligned}$$

由于 $|f(x)|\leqslant M$，所以 $f(x)$ 在这些小区间内的振幅 $W_i'\leqslant 2M$.

第四步：与 $[a_1,b_1]$ 无交点的小区间称为第二类小区间，记为 $\Delta x_i''$，它们会在区间 $[a,x_{i_0-1}]$ 与 $[x_{j_0+1},b]$ 中. 由于 $f(x)$ 只有一个不连续点 $x=c$，则 $f(x)$ 在 $[a,a_1]$ 及 $[b_1,b]$ 上连续，因而也一致连续. 所以 $\exists\delta_2>0$，当 $x',x''\in[a,a_1]$ 时，或 $x',x''\in[b_1,b]$ 且 $|x'-x''|<\delta_2$ 时，$|f(x'')-f(x')|<\dfrac{\varepsilon}{2(b-a)}$. 于是 $f(x)$ 在这类小区间上的振幅 $W_i''\leqslant\dfrac{\varepsilon}{2(b-a)}$. 这类小区间长度之和自然是 $<b-a$.

第五步：取 $\delta=\min(\delta_1,\delta_2)$. 在第一步中已把 a_1,b_1 固定了，与 δ 无关，所以对任意划分 $T:a=x_0<x_1<\cdots<x_n=b$，a_1 和 b_1 都可能是分点，如果有 $x_i=a$，把 $[x_{i-1},x_i]$ 计入第一类小区间；又有 $x_j=b$，把 $[x_j,x_{j+1}]$ 计入第一类小区间. 由于 $\delta<\delta_1$，所以第三步中的估计式成立. 再由 $\delta<\delta_2$，所以第四步中的估计式成立.

于是当 $\|T\|<\delta$ 时，

$$\sum_{i=1}^{n}W_i\Delta x_i=\sum_{i=1}^{n}W_i'\Delta x_i'+\sum_{i=1}^{n}W_i''\Delta x_i''<2M\frac{\varepsilon}{4M}+\frac{\varepsilon}{2(b-a)}(b-a)=\varepsilon.$$

根据 R-可积的充要条件，即可证明 $f(x)$ 是可积的.

如果有 k 个间断点：$a<c_1<c_2<\cdots<c_k<b$，则 $f(x)$ 在 $\left[a,\dfrac{c_1+c_2}{2}\right]$ 上只有一个间断点 c_1. 同样在 $\left[\dfrac{c_1+c_2}{2},\dfrac{c_2+c_3}{2}\right],\cdots,\left[\dfrac{c_{k-1}+c_k}{2},b\right]$ 上也只有一个间断点. 利用上面的方法知 $f(x)$ 在这些小区间上是可积的，于是在 $[a,b]$ 上也可积. □

例 2　若 $f(x)$ 在 $[a,b]$ 上 R-可积，则 $f(x)$ 在 $[a,b]$ 上至少有一个连续点.

证明　对 $[a,b]$ 的任意划分 $T:a=x_0<x_1<\cdots<x_n=b$，在小区间 $[x_{i-1},x_i]$ 上，

$$M_i=\sup_{x\in[x_{i-1},x_i]}f(x),\quad m_i=\inf_{x\in[x_{i-1},x_i]}f(x),\qquad W_i=M_i-m_i.$$

显然，当 $x,y\in[x_{i-1},x_i]$ 时，$|f(x)-f(y)|\leqslant M_i-m_i=W_i$.

取 $\varepsilon_m=\dfrac{1}{2^m}$. 当 $m=1$ 时，因为 $f(x)$ 可积，所以 $\lim\limits_{\|T\|\to0}\sum\limits_{i=1}^{n}f(\xi_i)\Delta x_i=0$. 一定存在划分 T，使得 $\sum\limits_{i=1}^{n}W_i\Delta x_i<\dfrac{1}{3}(b-a)$. 对这个划分，一定存在一个 $[x_{i-1},x_i]$ 满足 $W_i<\dfrac{1}{2}$.

否则，若每个 $W_i \geqslant \frac{1}{2}$，则 $\sum_{i=1}^{n} W_i \Delta x_i \geqslant \frac{1}{2}\sum_{i=1}^{n}\Delta x_i = \frac{1}{2}(b-a)$ 与 $\sum_{i=1}^{n} W_i \Delta x_i < \frac{1}{3}(b-a)$ 矛盾. 当 $x', x'' \in [x_{i-1}, x_i]$ 时，$|f(x') - f(x'')| < \frac{1}{2}$.

对上面满足 $W_i < \frac{1}{2}$ 的 $[x_{i-1}, x_i]$，取 $a_1 = x_{i-1} + \frac{1}{3}(x_i - x_{i-1})$，$b_1 = x_i - \frac{1}{3}(x_i - x_{i-1})$.

因 $f(x)$ 在 $[a,b]$ 上可积，故也在 $[a_1, b_1]$ 上也可积.

当 $k=2$ 时，对 $[a_1, b_1]$ 的划分

$$T: a_1 = x_0 < x_1 < \cdots < x_n = b_1, \qquad \lim_{\|T\|\to 0}\sum_{i=1}^{n} f(\xi_i)\Delta x_i = 0 .$$

存在一个划分 T，使得 $\sum_{i=1}^{n} W_i \Delta x_i < \frac{1}{3}(b_1 - a_1)$，满足 $W_i < \frac{1}{2^2}$.

对这个 $[x_{i-1}, x_i]$，取 $a_2 = x_{i-1} + \frac{1}{3}(x_i - x_{i-1})$，$b_2 = x_i - \frac{1}{3}(x_i - x_{i-1})$. 显然，

（1）$[a_1, b_1] \supset [a_2, b_2]$；

（2）$a_2 - a_1 \geqslant b_2 - a_2$，$b_1 - b_2 \geqslant b_2 - a_2$；

（3）当 $x \in [a_k, b_k]$ 时（$k = 1, 2, \cdots$），取 $\delta_k = b_k - a_k$，则

$$x - \delta \geqslant x_{i-1}, \quad x + \delta \leqslant x_i, \quad (x-\delta, x+\delta) \subset [x_{i-1}, x_i] \subset [a_1, b_1].$$

当 $x', x'' \in (x-\delta, x+\delta) \subset [x_{i-1}, x_i]$ 时，$|f(x') - f(x'')| \leqslant W_i < \frac{1}{2^2}$.

假设当 $k = m$ 时，得到小区间 $[a_m, b_m]$ 满足上面三个条件:

（1）′ $[a_{m-1}, b_{m-1}] \supset [a_m, b_m]$；

（2）′ $a_m - a_{m-1} \geqslant b_m - a_m$，$b_{m-1} - b_m \geqslant b_m - a_m$；

（3）′ 当 $x \in [a_m, b_m]$ 时，取 $\delta_m = b_m - a_m$，则 $(x - \delta_m, x + \delta_m) \subset [a_{k-1}, b_{k-1}]$.

当 $x', x'' \in (x - \delta_m, x + \delta_m)$ 时，$|f(x') - f(x'')| < \frac{1}{2^m}$.

当 $k = m+1$ 时，因 $f(x)$ 在 $[a_m, b_m]$ 上可积，对 $[a_m, b_m]$ 的划分

$$T: a_m = x_0 < x_1 < \cdots < x_n = b_m, \quad \lim_{\|T\|\to 0}\sum_{i=1}^{n} f(\xi_i)\Delta x_i = 0 .$$

于是存在一个划分 T，使得

$$\sum_{i=1}^{n} W_i \Delta x_i < \frac{b_m - a_m}{3^{m+1}}.$$

一定有一个小区间 $[x_{i-1}, x_i]$，满足 $W_i < \frac{1}{2^{m+1}}$.

对这个小区间 $[x_{i-1}, x_i]$，取 $a_{m+1} = x_{i-1} + \frac{1}{3}(x_i - x_{i-1})$，$b_{m+1} = x_i - \frac{1}{3}(x_i - x_{i-1})$. 显然，

（1）″ $[a_m, b_m] \supset [a_{m+1}, b_{m+1}]$；

（2）″ $a_{m+1} - a_m \geqslant b_{m+1} - a_{m+1}$，$b_m - b_{m+1} \geqslant b_{m+1} - a_{m+1}$；

(3)″ 当 $x\in[a_{m+1},b_{m+1}]$ 时，取 $\delta_{m+1}=b_{m+1}-a_{m+1}$，则

$$(x-\delta_{m+1},x+\delta_{m+1})\subset[x_{i-1},x_i]\subset[a_m,b_m].$$

当 $x',x''\in(x-\delta_{m+1},x+\delta_{m+1})$ 时，$|f(x')-f(x'')|<\frac{1}{2^{m+1}}$.

这样就构造了区间套序列

$$[a,b]\supset[a_1,b_1]\supset\cdots\supset[a_k,b_k]\supset[a_{k+1},b_{k+1}]\supset\cdots.$$

上面区间序列的左端点 a_k 单调增加，记 $x^*=\lim\limits_{k\to\infty}a_k$；右端点 b_k 单调减少，记 $x^{**}=\lim\limits_{k\to\infty}b_k$. 由(3)′知，若 $x^*=x^{**}$，则 $f(x)$ 在 x^* 处连续；若 $x^*<x^{**}$，则 $f(x)$ 在 $[x^*,x^{**}]$ 上每一处连续. □

例 3 设 $f(x)$ 定义在 $[a,b]$ 上是 R-可积的，$\forall x\in[a,b], f(x)>0$. 证明 $\int_a^b f(x)\,\mathrm{d}x>0$.

证明 利用例 2 可证. □

例 4 在闭区间 $[0,2]$ 上是否存在满足下列条件的函数，函数 $f(x)$ 在 $[0,2]$ 上可微，并且 $f(0)=f(2)=1$, $|f'(x)|\leqslant1$, $\left|\int_0^2 f(x)\mathrm{d}x\right|\leqslant1$.

解 不存在. 用反证法，若 $f(x)$ 满足所设条件，$\int_0^2 f(x)\mathrm{d}x=\int_0^1 f(x)\mathrm{d}x+\int_1^2 f(x)\mathrm{d}x$.

对 $x\in[0,1]$，在 $x=0$ 处展开，由所设 $f(0)=1$，$|f'(x)|\leqslant1$，得

$$f(x)=1+f'(\xi)(x-0)\geqslant1-x\quad(0<\xi<x).$$

对 $x\in[1,2]$，在 $x=2$ 处展开，得

$$f(x)=1+f'(\xi)(x-2)=1-f'(\xi)(2-x)\geqslant1-(2-x)=x-1\quad(x<\xi<2).$$

于是 $\int_0^2 f(x)\mathrm{d}x=\int_0^1 f(x)\mathrm{d}x+\int_1^2 f(x)\mathrm{d}x\geqslant\frac{1}{2}+\frac{1}{2}=1$.

又从已知 $\left|\int_0^2 f(x)\mathrm{d}x\right|\leqslant1$，只能是 $\int_0^2 f(x)\mathrm{d}x=1$.

由上面所证，在 $[0,1]$ 上，$f(x)\geqslant1-x\geqslant0$；在 $[1,2]$ 上，$f(x)\geqslant x-1\geqslant0$，只能是

$$f(x)=\begin{cases}1-x, & 0\leqslant x\leqslant1,\\ x-1, & 1<x\leqslant2.\end{cases}$$

若是这样，则 $f(x)$ 在 $x=1$ 处不可导，与已知矛盾. 所以满足所设条件的函数不存在. □

“阶梯函数”顾名思义，它的图形像楼梯一样的台阶式，是在一个小区间上取常数的函数，它是实变函数中“简单函数”中的最简单的一类.

例 5 若 $f(x)$ 在 $[a,b]$ 上 R-可积，则

(1) $\forall\varepsilon>0$，$\exists$ 阶梯函数 $g(x)$，满足 $\left|\int_a^b f(x)\mathrm{d}x-\int_a^b g(x)\mathrm{d}x\right|<\varepsilon$；

(2) $\forall\varepsilon>0$，$\exists$ 连续函数 $\varphi(x)$，满足 $\left|\int_a^b f(x)\mathrm{d}x-\int_a^b \varphi(x)\mathrm{d}x\right|<\varepsilon$；

(3) $\forall\varepsilon>0$，$\exists$ 连续可导的函数 $\psi(x)$，满足 $\left|\int_a^b f(x)\mathrm{d}x-\int_a^b \psi(x)\mathrm{d}x\right|<\varepsilon$.

证明 (1) 因为 $f(x)$ 可积，所以 $\forall\varepsilon>0$，存在 $[a,b]$ 的一个划分

$$T: a=x_0<x_1<\cdots<x_n=b,$$

在小区间$[x_{i-1},x_i]$上任取ξ_i，满足

$$\left|\sum_{i=1}^{n} f(\xi_i)\Delta x_i - \int_a^b f(x)\mathrm{d}x\right| < \varepsilon.$$

在$[x_{i-1},x_i]$上，定义$g(x)=f(\xi_i)$，那么

$$f(\xi_i)\Delta x_i = f(\xi_i)\int_{x_{i-1}}^{x_i} 1\mathrm{d}x = \int_{x_{i-1}}^{x_i} f(\xi_i)\mathrm{d}x = \int_{x_{i-1}}^{x_i} g(x)\mathrm{d}x.$$

于是

$$\sum_{i=1}^{n} f(\xi_i)\Delta x_i = \sum_{i=1}^{n}\int_{x_{i-1}}^{x_i} g(x)\mathrm{d}x = \int_a^b g(x)\mathrm{d}x,$$

$$\left|\int_a^b g(x)\mathrm{d}x - \int_a^b f(x)\mathrm{d}x\right| = \left|\sum_{i=1}^{n} f(\xi_i)\Delta x_i - \int_a^b f(x)\mathrm{d}x\right| < \varepsilon.$$

可定义$g(a)=f(\xi_1)$，$g(x)$就是$[a,b]$上的阶梯函数.

（2）$\forall\varepsilon>0$，如上面所说的阶梯函数$g(x)$，满足$\left|\int_a^b g(x)\mathrm{d}x - \int_a^b f(x)\mathrm{d}x\right| < \frac{\varepsilon}{2}$.

下面把$g(x)$修改为连续函数$\varphi(x)$. 如果$f(\xi_i)<f(\xi_{i+1})$，在$[x_{i-1},x_i]$上定义$\varphi(x)$:

$$\varphi(x)=\begin{cases} f(\xi_i), & x\in\left[x_{i-1}, x_i-\dfrac{\varepsilon}{n(f(\xi_{i+1})-f(\xi_i))}\right], \\ \dfrac{n(f(\xi_{i+1})-f(\xi_i))^2}{\varepsilon}\left[x-\dfrac{\varepsilon}{n(f(\xi_{i+1})-f(\xi_i))}\right]+f(\xi_i), & x\in\left[x_i-\dfrac{\varepsilon}{n(f(\xi_{i+1})-f(\xi_i))}, x_i\right]. \end{cases}$$

于是

$$\begin{aligned}\int_{x_{i-1}}^{x_i}[g(x)-\varphi(x)]\,\mathrm{d}x &= \int_{x_i-\frac{\varepsilon}{n(f(\xi_{i+1})-f(\xi_i))}}^{x_i}[g(x)-\varphi(x)]\,\mathrm{d}x \\ &= \frac{n(f(\xi_{i+1})-f(\xi_i))^2}{\varepsilon}\int_{x_i-\frac{\varepsilon}{n(f(\xi_{i+1})-f(\xi_i))}}^{x_i}\left[x-\frac{\varepsilon}{n(f(\xi_{i+1})-f(\xi_i))}\right]\mathrm{d}x = \frac{\varepsilon}{2n}.\end{aligned}$$

则

$$\left|\int_a^b g(x)\mathrm{d}x - \int_a^b \varphi(x)\mathrm{d}x\right| = \sum_{i=1}^{n}\int_{x_{i-1}}^{x_i}[g(x)-\varphi(x)]\,\mathrm{d}x = \sum_{i=1}^{n}\frac{\varepsilon}{2n} = \frac{\varepsilon}{2}.$$

故可得到

$$\left|\int_a^b f(x)\mathrm{d}x - \int_a^b \varphi(x)\mathrm{d}x\right| < \left|\int_a^b f(x)\mathrm{d}x - \int_a^b g(x)\mathrm{d}x\right| + \left|\int_a^b g(x)\mathrm{d}x - \int_a^b \varphi(x)\mathrm{d}x\right| < \varepsilon.$$

（3）由于（2）中定义的函数$\varphi(x)$在每一段区间$[x_{i-1},x_i]$上的线性函数的两个端点上不可导，因此为了把$\varphi(x)$改成可导的$\psi(x)$，只需把其中的线性函数用正弦函数代替，并保证导函数在这些区间的端点处连续.

注意到$\left(\sin\pi\left(x-\frac{1}{2}\right)\right)'=\pi\cos\left(\pi\left(x-\frac{1}{2}\right)\right)$，当$x=0$或$x=1$时，$\cos\left(\pi\left(x-\frac{1}{2}\right)\right)=0$ (即与常数函数导数值相等).

在$[x_{i-1},x_i]$上，定义

$$\psi(x)=\begin{cases} f(\xi_i), & x\in\left[x_{i-1},x_i-\dfrac{\varepsilon}{n(f(\xi_{i+1})-f(\xi_i))}\right], \\ \dfrac{f(\xi_{i+1})-f(\xi_i)}{2}\sin\left(\pi\dfrac{x-\dfrac{x_{i-1}+x_i}{2}}{x_i-x_{i-1}}\right)+\dfrac{f(\xi_{i+1})+f(\xi_i)}{2}, & x\in\left[x_i-\dfrac{\varepsilon}{n(f(\xi_{i+1})-f(\xi_i))},x_i\right]. \end{cases}$$

这样，$\psi(x)$ 在区间两个端点 x_{i-1},x_i 处就可导了. 此外也满足

$$\left|\int_a^b g(x)\mathrm{d}x-\int_a^b\psi(x)\mathrm{d}x\right|\leqslant\frac{\varepsilon}{2}.$$

事实上, 用与（2）中类似的计算, 结合积分换元法等技巧可知

$$\begin{aligned}\int_{x_{i-1}}^{x_i}[g(x)-\psi(x)]\,\mathrm{d}x&=\int_{x_i-\frac{\varepsilon}{n(f(\xi_{i+1})-f(\xi_i))}}^{x_i}[g(x)-\psi(x)]\,\mathrm{d}x\\&=\int_{x_i-\frac{\varepsilon}{n(f(\xi_{i+1})-f(\xi_i))}}^{x_i}\frac{f(\xi_{i+1})-f(\xi_i)}{2}\left[\sin\left(\pi\frac{x-\dfrac{x_{i-1}+x_i}{2}}{x_i-x_{i-1}}\right)+1\right]\mathrm{d}x\\&=\frac{[f(\xi_{i+1})-f(\xi_i)](x_i-x_{i-1})}{2}\int_{-\frac{1}{2}}^{\frac{1}{2}}\sin(\pi t)\,\mathrm{d}t\\&\quad+\frac{f(\xi_{i+1})-f(\xi_i)}{2}\int_{x_i-\frac{\varepsilon}{n(f(\xi_{i+1})-f(\xi_i))}}^{x_i}1\,\mathrm{d}x\\&=\frac{\varepsilon}{2n}.\end{aligned}$$

则

$$\left|\int_a^b g(x)\mathrm{d}x-\int_a^b\psi(x)\mathrm{d}x\right|=\sum_{i=1}^{n}\int_{x_{i-1}}^{x_i}[g(x)-\psi(x)]\,\mathrm{d}x=\sum_{i=1}^{n}\frac{\varepsilon}{2n}=\frac{\varepsilon}{2}.$$

从而也可得,

$$\left|\int_a^b f(x)\mathrm{d}x-\int_a^b\varphi(x)\mathrm{d}x\right|<\left|\int_a^b f(x)\mathrm{d}x-\int_a^b g(x)\mathrm{d}x\right|+\left|\int_a^b g(x)\mathrm{d}x-\int_a^b\varphi(x)\mathrm{d}x\right|<\varepsilon.$$ □

例 6　意大利数学家沃尔泰拉在 1881 年构造了一个函数 $f(x)$，$f'(x)$ 处处存在，$f'(x)$ 有界，但不是 R-可积的. 也就是说 $f'(x)$ 有界，$f'(x)$ 有原函数，但不是 R-可积的.

本例的叙述取自于参考文献(汪林，1990)，我们说得详细一些，希望对学习数学分析及后续课程实变函数、理解康托尔集都有所帮助，分几步叙述.

第一步：先构造一个闭区间 E. 从闭区间 $[0,1]$ 中去掉其中长度为 $\dfrac{1}{4}$ 的区间 $\left(\dfrac{3}{8},\dfrac{5}{8}\right)$，剩下两个闭区间 $\left[0,\dfrac{3}{8}\right]$，$\left[\dfrac{5}{8},1\right]$. 再从这两个闭区间中各去掉其中长度为 $\dfrac{1}{4^2}$ 的开区间. 从第 n 步剩下的 2^{n-1} 个闭区间中各去掉其中长度 $\dfrac{1}{4^n}$ 的开区间，无限地继续这个过程. 从 $[0,1]$ 中去掉总长度为

$$\frac{1}{4}+2\frac{1}{4^2}+\cdots+2^{n-1}\frac{1}{4^n}+\cdots=\frac{1}{2}$$

的无穷个开区间.剩下的点形成闭集E，也可以说E是永远没有去掉的点组成的集.

第二步：分析E的性质，从上面可看出，从$[0,1]$中已去掉总长度$\frac{1}{2}$的开区间，还有$\frac{1}{2}$的长度没有去掉，也可以说E的长度(实变函数中叫作测度)为$\frac{1}{2}$.

E不包含在任何闭区间.实际上，在第一步已看到，每次都是把闭区间按3:2:3分，去掉中间部分开区间，以下用(α,β)表示去掉的开区间.如第一次$\alpha=\frac{3}{8}$，$\beta=\frac{5}{8}$，所以E不包含任何闭区间.

如果$x_0\in E,\forall\delta>0$，在$(x_0-\delta,x_0+\delta)$中总会有形如(α,β)的开区间.因为第一次剩下的是两个长度为$\frac{3}{8}$的闭区间.当$\left(\frac{3}{8}\right)^n<\delta$时，因为$x_0\in E$，必属于第$n+1$次剩下的某个长度为$\left(\frac{3}{8}\right)^{n+1}$的小闭区间.

因$x_0\in[a,b]$，故$[a,b]\subset(x_0-\delta,x_0+\delta)$.第$n+2$次把$[a,b]$按3:2:3分，去掉中间的$(\alpha,\beta)$，所以$(\alpha,\beta)\subset(x_0-\delta,x_0+\delta)$.

第三步：定义$f(x)$，对$x\in E$，令$f(x)=0$，$f\left(\frac{3}{8}\right)=f\left(\frac{5}{8}\right)=0$.在$\alpha=\frac{3}{8}$的右边定义

$$f(x)=(x-\alpha)^2\sin\frac{1}{x-\alpha}. \tag{3.1}$$

因为$x_n=x+\dfrac{1}{2n\pi\pm\dfrac{\pi}{2}}$时，$\sin\dfrac{1}{x_n-\alpha}=\pm1$，当$n\to\infty,x_n\to\alpha$时，图形是无穷次振荡.选取$\bar{\alpha}$，满足$\bar{\alpha}>\alpha,\bar{\alpha}<\dfrac{\alpha+\beta}{2}$，且$\bar{\alpha}$是$f(x)$的一个极大值点，于是$f'(\bar{\alpha})=0$.

在$\beta=\frac{5}{8}$的左边定义$f(x)=(\beta-x)^2\sin\dfrac{1}{\beta-x}$.根据对称性，选取$\bar{\beta}$，满足

$$\beta-\bar{\beta}=\bar{\alpha}-\alpha,$$

且$f(\bar{\beta})$是$f(x)$的一个极大值点，$f(\bar{\alpha})=f(\bar{\beta})$，$f'(\bar{\beta})=0$.

在$[\bar{\alpha},\bar{\beta}]$上定义$f(x)=f(\bar{\alpha})=f(\bar{\beta})$.由于$f'(\bar{\alpha})=f'(\bar{\beta})=0$，所以在$[\bar{\alpha},\bar{\beta}]$上$f'(x)\equiv0$，且在$(\alpha,\beta)$上处处可导.

第四步：证明$f(x)$处处可导，即f'存在.

首先，在$[\bar{\alpha},\bar{\beta}]$上$f'(x)\equiv0$，在$(\alpha,\bar{\alpha}),(\beta,\bar{\beta})$内分别为

$$\begin{cases}f'(x)=2(x-\alpha)\sin\dfrac{1}{x-\alpha}-\cos\dfrac{1}{x-\alpha},\\ f'(x)=2(x-\beta)\sin\dfrac{1}{\beta-x}+\cos\dfrac{1}{\beta-x}.\end{cases} \tag{3.2}$$

再证 $x_0\in E$，$f(x_0)=0$. 当 $x\in E$ 时，由上面定义，$f(x)=f(x_0)=0$.

当 $x>x_0$ 时，$x\in(\alpha,\beta)$，$|f(x)|=(x-\alpha)^2\leqslant(x-x_0)^2$，$\left|\dfrac{f(x)-f(x_0)}{x-x_0}\right|\leqslant|x-x_0|$.

当 $x<x_0$ 时，$x\in(\alpha,\beta)$，$|f(x)|=(\beta-x)^2\leqslant(x-x_0)^2$.

由于 $f(x_0)=0$，由上面推导可知 $f'(x)\equiv0$. 这样就证明了 $f(x)$ 处处可导.

第五步：证明 $f'(x)$ 不连续. 以 $\alpha=\dfrac{3}{8}$ 为例，$f\left(\dfrac{3}{8}\right)=0$，$\alpha\in E$，$f'(\alpha)\equiv0$.

再由式（3.2），当 $x_n=\alpha+\dfrac{1}{n\pi}$ 时，$\sin\dfrac{1}{x_n-\alpha}=0,\cos\dfrac{1}{x_n-\alpha}=\pm1$. 当 $n\to\infty,x_n\to\alpha$ 时，$f'(x)$ 在 α 处不连续，振幅为 2.

第六步：证明 $f'(x)$ 不是 R-可积的. 为此，只要证明 $\|T\|\to0$，$\sum\limits_{i=1}^{n}W_i\Delta x_i$ 不趋于 0 即可. 对任意划分 $T:0=x_0<x_1<\cdots<x_n=1$. E 上的 x 点属于某个 $[x_{i-1},x_i]$，有 $(\alpha,\beta)\subset[x_{i-1},x_i]$.

从第四步、第五步可知，$f'(x)$ 在 (α,β) 上振幅为 2，即在 $[x_{i-1},x_i]$ 上 $W_i=2$. 与 E 相交的小区间 Δx_i 的长度之和大于或等于 E 的“长度”，于是

$$\sum_{i=1}^{n}W_i\Delta x_i\geqslant\sum_{E\cap[x_{i-1},x_i]\neq\varnothing}2\Delta x_i\geqslant2\times(E\text{ 的长度})=2\times\frac{1}{2}=1.$$

这就证明了 $f'(x)$ 不可积. □

例 7　求证 $\lim\limits_{n\to\infty}\int_0^{\frac{\pi}{2}}(\sin x)^n\mathrm{d}x=0$.

证明　$\forall\varepsilon>0$，把 $\int_0^{\frac{\pi}{2}}(\sin x)^n\mathrm{d}x$ 分为 $\int_0^{\frac{\pi}{2}-\frac{\varepsilon}{2}}(\sin x)^n\mathrm{d}x+\int_{\frac{\pi}{2}-\frac{\varepsilon}{2}}^{\frac{\pi}{2}}(\sin x)^n\mathrm{d}x$，则

$$0\leqslant\int_0^{\frac{\pi}{2}}(\sin x)^n\mathrm{d}x=\int_0^{\frac{\pi}{2}-\frac{\varepsilon}{2}}(\sin x)^n\mathrm{d}x+\int_{\frac{\pi}{2}-\frac{\varepsilon}{2}}^{\frac{\pi}{2}}(\sin x)^n\mathrm{d}x$$
$$\leqslant\left(\sin\left(\frac{\pi}{2}-\frac{\varepsilon}{2}\right)\right)^n\frac{\pi}{2}+\frac{\varepsilon}{2}.$$

记 $\delta=\sin\left(\dfrac{\pi}{2}-\dfrac{\varepsilon}{2}\right)<1$. 因为 $\lim\limits_{n\to\infty}\delta^n=0$，所以当 $n>N$ 时，

$$0\leqslant\int_0^{\frac{\pi}{2}}(\sin x)^n\mathrm{d}x<\frac{\varepsilon}{2}+\frac{\varepsilon}{2}=\varepsilon.$$

由两边夹定理得

$$\lim_{n\to\infty}\int_0^{\frac{\pi}{2}}(\sin x)^n\mathrm{d}x=0.$$
□

例 8　在 $[a,b]$ 上，$f(x)>0$ 连续，求 $\lim\limits_{n\to\infty}\left(\int_a^b(f(x))^n\mathrm{d}x\right)^{\frac{1}{n}}$.

解　因 $f(x)$ 连续，设 $M=f(x_0)=\max\limits_{a\leqslant x\leqslant b}f(x)$，记 $a_n=\left(\int_a^b(f(x))^n\mathrm{d}x\right)^{\frac{1}{n}}$，故

$$a_n=\left(\int_a^b(f(x))^n\mathrm{d}x\right)^{\frac{1}{n}}\leqslant M\left(\int_a^b1\,\mathrm{d}x\right)^{\frac{1}{n}}=M(b-a)^{\frac{1}{n}}.$$

因为 $\lim\limits_{n\to\infty}(b-a)^{\frac{1}{n}}=1$，所以 $\lim\limits_{n\to\infty}a_n\leqslant M$. 对 $\forall\varepsilon>0\,(\varepsilon<M)$，当 $|x-x_0|<\delta$ 时，$|f(x)-f(x_0)|<\varepsilon$. 于是当 $x\in(x_0-\delta,x_0+\delta)$ (或 $[a,a+\delta],[b-\delta,b]$)时，

$$f(x)>f(x_0)-\varepsilon=M-\varepsilon.$$

从而

$$a_n>\left(\int_{x_0-\delta}^{x_0+\delta}(f(x))^n\mathrm{d}x\right)^{\frac{1}{n}}>(M-\varepsilon)(2\delta)^{\frac{1}{n}}.$$

因为 $\lim\limits_{n\to\infty}(2\delta)^{\frac{1}{n}}=1$，所以 $\lim\limits_{n\to\infty}a_n\geqslant M-\varepsilon$. 由 ε 的任意性，所以 $\lim\limits_{n\to\infty}a_n\geqslant M$.
综合以上，即 $\lim\limits_{n\to\infty}a_n=M$. □

例 9 在 $[a,b]$ 上，$f(x)>0$ 连续，$g(x)>0$ 可积，求 $\lim\limits_{n\to\infty}\left(\int_a^b g(x)(f(x))^n\mathrm{d}x\right)^{\frac{1}{n}}$.

解 设 $M=f(x_0)=\max\limits_{a\leqslant x\leqslant b}f(x)$. 如同例 8，一方面，

$$\left(\int_a^b g(x)(f(x))^n\mathrm{d}x\right)^{\frac{1}{n}}\leqslant M\left(\int_a^b g(x)\mathrm{d}x\right)^{\frac{1}{n}}\to M\quad(n\to\infty).$$

另一方面，$\forall\varepsilon>0$，$\exists\delta>0$，当 $|x-x_0|<\delta$ 时，$|f(x)-f(x_0)|<\varepsilon$. 从而

$$f(x)>f(x_0)-\varepsilon=M-\varepsilon.$$

因此可得

$$\begin{aligned}\left(\int_a^b g(x)(f(x))^n\mathrm{d}x\right)^{\frac{1}{n}}&\geqslant\left(\int_{x_0-\delta}^{x_0+\delta}g(x)(f(x))^n\mathrm{d}x\right)^{\frac{1}{n}}\\&>(M-\varepsilon)\left(\int_{x_0-\delta}^{x_0+\delta}g(x)\mathrm{d}x\right)^{\frac{1}{n}}\to M-\varepsilon\quad(n\to\infty).\end{aligned}$$

综上所得

$$\left(\int_a^b g(x)(f(x))^n\mathrm{d}x\right)^{\frac{1}{n}}=f(x_0)=\max_{a\leqslant x\leqslant b}f(x).$$ □

例 10 求证 $\lim\limits_{n\to\infty}\int_0^1\mathrm{e}^{x^n}\mathrm{d}x=1$.

证明 **证法一** 利用泰勒展开式

$$\mathrm{e}^{x^n}=1+x^n+\frac{1}{2}\mathrm{e}^{\xi}(x^n)^2\quad(0<\xi<x^n<1)$$

可得

$$\begin{aligned}1\leqslant\int_0^1\mathrm{e}^{x^n}\mathrm{d}x&=\int_0^1\left(1+x^n+\frac{1}{2}\mathrm{e}^{\xi}x^{2n}\right)\mathrm{d}x\\&\leqslant\int_0^1\left(1+x^n+\frac{1}{2}\mathrm{e}x^{2n}\right)\mathrm{d}x=1+\frac{1}{n+1}+\frac{\mathrm{e}}{2(2n+1)}.\end{aligned}$$

令 $n\to\infty$，利用两边夹定理得证.

证法二　$\forall\varepsilon>0$，取 $\delta=\dfrac{1}{2\mathrm{e}}\varepsilon$，积分 $\int_0^1\mathrm{e}^{x^n}\mathrm{d}x=\int_0^{1-\delta}\mathrm{e}^{x^n}\mathrm{d}x+\int_{1-\delta}^1\mathrm{e}^{x^n}\mathrm{d}x$. 对第二项，显然，

$$\int_{1-\delta}^1\mathrm{e}^{x^n}\mathrm{d}x\leqslant\int_{1-\delta}^1\mathrm{e}\mathrm{d}x=\mathrm{e}\delta=\frac{\varepsilon}{2}.$$

对第一项，

$$\int_0^{1-\delta}\mathrm{e}^{x^n}\mathrm{d}x\leqslant\mathrm{e}^{(1-\delta)^n}.$$

由于 $1-\delta<0$，当 $n\to\infty$ 时，$(1-\delta)^n$ 单调减少趋于 0，$\mathrm{e}^{(1-\delta)^n}$ 单调减少趋于 1. 所以 $\exists N$，当 $n>N$ 时，$\mathrm{c}^{(1-\delta)^n}<1+\dfrac{\varepsilon}{2}$.

于是当 $n>N$ 时，$1<\int_0^1\mathrm{e}^{x^n}\mathrm{d}x<1+\dfrac{\varepsilon}{2}+\dfrac{\varepsilon}{2}=1+\varepsilon$. 得证. □

例 11　设 $f(x)$ 在 $[0,1]$ 上连续，求证：$\lim\limits_{h\to0^+}\int_0^1\dfrac{h}{h^2+x^2}f(x)\mathrm{d}x=\dfrac{\pi}{2}f(0)$.

证明　对固定的 h，把积分变成

$$\int_0^1\frac{h}{h^2+x^2}f(x)\mathrm{d}x=\left(\int_0^1\frac{h}{h^2+x^2}(f(x)-f(0))\,\mathrm{d}x\right)+\int_0^1 f(0)\frac{h}{h^2+x^2}\,\mathrm{d}x.$$

当 $h\to0^+$ 时，如果右端两个极限都存在，则左端极限也存在，且

$$\begin{aligned}&\lim_{h\to0^+}\int_0^1\frac{h}{h^2+x^2}f(x)\,\mathrm{d}x\\&=\lim_{h\to0^+}\left(\int_0^1\frac{h}{h^2+x^2}(f(x)-f(0))\,\mathrm{d}x\right)+\lim_{h\to0^+}\int_0^1 f(0)\frac{h}{h^2+x^2}\mathrm{d}x.\end{aligned}$$

对第二项，显然

$$\lim_{h\to0^+}\int_0^1 f(0)\frac{h}{h^2+x^2}\,\mathrm{d}x=\lim_{h\to0^+}\left(f(0)\arctan\frac{x}{h}\Big|_0^1\right)=\lim_{h\to0^+}f(0)\arctan\frac{1}{h}=\frac{\pi}{2}f(0).$$

下证第一项极限为 0. 由于函数 $f(x)$ 在 $[0,1]$ 上连续，$\exists M>0$，$\forall x\in[0,1]$，

$$|f(x)|\leqslant M,\qquad |f(x)-f(0)|\leqslant 2M.$$

$\forall\varepsilon>0$，$\exists\delta_1>0$，当 $|x-0|<\delta_1$ 时，$|f(x)-f(0)|<\dfrac{1}{\pi}\varepsilon$.

再把 $\int_0^1\dfrac{h}{h^2+x^2}(f(x)-f(0))\mathrm{d}x$ 分为 $\int_0^{\delta_1}\dfrac{h}{h^2+x^2}(f(x)-f(0))\mathrm{d}x+\int_{\delta_1}^1\dfrac{h}{h^2+x^2}(f(x)-f(0))\mathrm{d}x$，于是有

$$\begin{aligned}\left|\int_0^{\delta_1}\frac{h}{h^2+x^2}(f(x)-f(0))\mathrm{d}x\right|&\leqslant\int_0^{\delta_1}\frac{h}{h^2+x^2}|f(x)-f(0)|\mathrm{d}x\\&\leqslant\frac{\varepsilon}{\pi}\int_0^{\delta_1}\frac{h}{h^2+x^2}\mathrm{d}x=\frac{\varepsilon}{\pi}\arctan\frac{x}{h}\Big|_0^{\delta_1}<\frac{\varepsilon}{\pi}\cdot\frac{\pi}{2}=\frac{\varepsilon}{2}\end{aligned}$$

和

$$\left|\int_{\delta_1}^1\frac{h}{h^2+x^2}(f(x)-f(0))\mathrm{d}x\right|\leqslant\int_{\delta_1}^1\frac{h}{h^2+x^2}|f(x)-f(0)|\mathrm{d}x$$

$$\leqslant 2M\int_{\delta_1}^{1}\frac{h}{h^2+x^2}\mathrm{d}x=2M\arctan\frac{x}{h}\bigg|_{\delta_1}^{1}$$

$$=2M\left(\arctan\frac{1}{h}-\arctan\frac{\delta_1}{h}\right).$$

对上面的 δ_1，$\lim\limits_{h\to 0^+}\arctan\dfrac{\delta_1}{h}=\dfrac{\pi}{2}$，$\lim\limits_{h\to 0^+}\arctan\dfrac{1}{h}=\dfrac{\pi}{2}$. 于是 $\exists\delta>0$，当 $h<\delta$ 时，

$$\arctan\frac{1}{h}-\arctan\frac{\delta_1}{h}<\frac{\varepsilon}{4M},$$

$$\left|\int_{\delta_1}^{1}\frac{h}{h^2+x^2}(f(x)-f(0))\mathrm{d}x\right|\leqslant 2M\left(\arctan\frac{1}{h}-\arctan\frac{\delta_1}{h}\right)<2M\frac{\varepsilon}{4M}=\frac{\varepsilon}{2}.$$

综上，当 $0<h<\delta$ 时，

$$\int_0^1\frac{h}{h^2+x^2}(f(x)-f(0))\mathrm{d}x$$

$$\leqslant\int_0^{\delta_1}\frac{h}{h^2+x^2}|f(x)-f(0)|\mathrm{d}x+\int_{\delta_1}^{1}\frac{h}{h^2+x^2}|f(x)-f(0)|\mathrm{d}x<\frac{\varepsilon}{2}+\frac{\varepsilon}{2}=\varepsilon.$$

这就证明了

$$\lim_{h\to 0^+}\int_0^1\frac{h}{h^2+x^2}(f(x)-f(0))\mathrm{d}x=0,$$

也就证明了 $\lim\limits_{h\to 0^+}\displaystyle\int_0^1\frac{h}{h^2+x^2}f(x)\,\mathrm{d}x=\frac{\pi}{2}f(0)$. □

例 12 设函数列 $\{\varphi_n(x)\}$ 满足如下条件:

（1）$\varphi_n(x)\geqslant 0$ 连续，且 $\lim\limits_{n\to\infty}\displaystyle\int_{-1}^{1}\varphi_n(x)\mathrm{d}x=1$；

（2）对任何 $0<c<1$，$\{\varphi_n(x)\}$ 在 $[-1,-c]$ 及 $[c,1]$ 上一致收敛于零.

证明：对在 $[-1,1]$ 上的连续函数 $f(x)$，有 $\lim\limits_{n\to\infty}\displaystyle\int_{-1}^{1}f(x)\varphi_n(x)\mathrm{d}x=f(0)$.

证明 由（1）知存在 M_1，$\displaystyle\int_{-1}^{1}\varphi_n(x)\,\mathrm{d}x\leqslant M_1\ (n=1,2,\cdots)$. 又因 $f(x)$ 在 $[-1,1]$ 上连续，存在 M_2，当 $|x|<1$ 时，$|f(x)|<M_2$. 对 $\forall\varepsilon>0$，$\exists\delta>0\ (\delta<1)$，当 $|x|<\delta$ 时，

$$|f(x)-f(0)|<\frac{1}{2M_1}\varepsilon.$$

由于 $\{\varphi_n(x)\}$ 在 $[-1,-\delta],[\delta,1]$ 上一致收敛于 0，$\exists N$，当 $n>N$ 且 $x\in[-1,-\delta]\cup[\delta,1]$ 时，

$$0<\varphi_n(x)<\frac{1}{8M_2}\varepsilon.$$

于是当 $n>N$ 时，

$$\left|\int_{-1}^{1}f(x)\varphi_n(x)\mathrm{d}x-\int_{-1}^{1}f(0)\varphi_n(x)\mathrm{d}x\right|$$

$$\leqslant\left|\int_{-1}^{-\delta}\varphi_n(x)(f(x)-f(0))\mathrm{d}x\right|+\left|\int_{-\delta}^{\delta}\varphi_n(x)(f(x)-f(0))\mathrm{d}x\right|+\left|\int_{\delta}^{1}\varphi_n(x)(f(x)-f(0))\mathrm{d}x\right|$$

$$\leqslant\int_{-1}^{-\delta}\varphi_n(x)|f(x)-f(0)|\mathrm{d}x+\int_{-\delta}^{\delta}\varphi_n(x)|f(x)-f(0)|\mathrm{d}x+\int_{\delta}^{1}\varphi_n(x)|f(x)-f(0)|\mathrm{d}x$$

$$\leqslant 2M_2\int_{-1}^{-\delta}\varphi_n(x)\mathrm{d}x+\frac{1}{2M_1}\varepsilon\int_{-\delta}^{\delta}\varphi_n(x)\mathrm{d}x+2M_2\int_{\delta}^{1}\varphi_n(x)\mathrm{d}x$$

$$<2M_2\left(\frac{1}{8M_2}\varepsilon\right)+\frac{1}{2M_1}\varepsilon\int_{-1}^{1}\varphi_n(x)\mathrm{d}x+2M_2\left(\frac{1}{8M_2}\varepsilon\right)<\varepsilon.$$

所以 $\lim\limits_{n\to\infty}\int_{-1}^{1}f(x)\varphi_n(x)\mathrm{d}x=\lim\limits_{n\to\infty}\int_{-1}^{1}f(0)\varphi_n(x)\mathrm{d}x=f(0)\lim\limits_{n\to\infty}\int_{-1}^{1}\varphi_n(x)\mathrm{d}x=f(0).$ □

例 13 设 $f(x)$ 在 $[0,1]$ 上连续. 证明 $\int_0^{\pi}xf(\sin x)\mathrm{d}x=\frac{\pi}{2}\int_0^{\pi}f(\sin x)\mathrm{d}x.$

证明 设 $x=\pi-t$，则 $\mathrm{d}x=-\mathrm{d}t$，且当 $x=0$ 时，$t=\pi$；当 $x=\pi$ 时，$t=0$. 于是

$$\int_0^{\pi}xf(\sin x)\mathrm{d}x=-\int_{\pi}^{0}(\pi-t)f(\sin(\pi-t))\mathrm{d}t=\int_0^{\pi}(\pi-t)f(\sin t)\mathrm{d}t$$

$$=\int_0^{\pi}\pi f(\sin t)\mathrm{d}t-\int_0^{\pi}tf(\sin t)\mathrm{d}t=\pi\int_0^{\pi}f(\sin x)\mathrm{d}x-\int_0^{\pi}xf(\sin x)\mathrm{d}x.$$

所以 $\int_0^{\pi}xf(\sin x)\mathrm{d}x=\frac{\pi}{2}\int_0^{\pi}f(\sin x)\mathrm{d}x.$ □

例 14 设 $f(x)$ 在 $[0,1]$ 上二阶连续可导，$f(0)=f(1)=0$，且当 $x\in(0,1)$ 时，$f(x)\neq 0$. 证明 $\int_0^1\left|\frac{f''(x)}{f(x)}\right|\mathrm{d}x\geqslant 4.$

证明 **证法一** 因为在 $(0,1)$ 上，$f(x)\neq 0$，$f(x)$ 连续，所以在 $(0,1)$ 中不变号.

可设 $f(x)>0, x\in(0,1)$. 由 $f(0)=f(1)=0$，知 $f(x)$ 的最大值在 $(0,1)$ 内某点 x_0 处取到. 由拉格朗日中值定理，$\exists\xi_1\in(0,x_0)$，$\xi_2\in(x_0,1)$，使得

$$\frac{f(x_0)}{x_0}=\frac{f(x_0)-f(0)}{x_0-0}=f'(\xi_1),$$

$$\frac{f(x_0)}{x_0-1}=\frac{f(x_0)-f(1)}{x_0-1}=f'(\xi_2).$$

于是

$$\int_0^1\left|\frac{f''(x)}{f(x)}\right|\mathrm{d}x=\int_0^1\frac{|f''(x)|}{f(x)}\mathrm{d}x\geqslant\int_{\xi_1}^{\xi_2}\frac{|f''(x)|}{f(x)}\mathrm{d}x\geqslant\frac{1}{f(x_0)}\int_{\xi_1}^{\xi_2}|f''(x)|\mathrm{d}x$$

$$\geqslant\frac{1}{f(x_0)}\left|\int_{\xi_1}^{\xi_2}f''(x)\mathrm{d}x\right|=\frac{1}{f(x_0)}\left|\frac{f(x_0)}{x_0}-\frac{f(x_0)}{x_0-1}\right|$$

$$=\left|\frac{1}{x_0(x_0-1)}\right|\geqslant\left(\frac{2}{x_0+1-x_0}\right)^2=4.$$

证法二 由 $f(0)=f(1)=0$ 及罗尔中值定理，$\exists x_0\in(0,1)$，使得 $f'(x_0)=0$. 当 $x\in[0,x_0]$ 时，有

$$f'(x)=f'(x_0)+\int_{x_0}^{x}f''(t)\mathrm{d}t=-\int_{x}^{x_0}f''(t)\mathrm{d}t,$$

$$|f'(x)|\leqslant\int_{x_0}^{x}|f''(t)|\mathrm{d}t\leqslant\int_0^{x_0}|f''(t)|\mathrm{d}t,$$

$$|f(x)|=\left|f(0)+\int_0^{x}f'(u)\mathrm{d}u\right|=\left|\int_0^{x}f'(u)\mathrm{d}u\right|\leqslant\int_0^{x_0}|f'(u)|\mathrm{d}u.$$

由积分第一中值定理，$\exists\xi\in[0,x_0]$，使得

$$|f(x)|\leqslant\left|\int_0^{x_0}f'(u)\mathrm{d}u\right|=|f'(\xi)|x_0\leqslant x_0\int_0^{x_0}|f''(t)|\mathrm{d}t.$$

类似地，当 $x\in[x_0,1]$ 时，有

$$|f'(x)|=\left|f'(x_0)+\int_{x_0}^x f''(t)\mathrm{d}t\right|\leqslant\left|\int_{x_0}^x f''(t)\mathrm{d}t\right|\leqslant\int_{x_0}^1|f''(t)|\mathrm{d}t,$$

$$|f(x)|=\left|-\int_{x_0}^1 f'(u)\mathrm{d}u\right|\leqslant\int_{x_0}^1|f'(u)|\mathrm{d}u\leqslant(1-x_0)\int_{x_0}^1|f''(t)|\mathrm{d}t.$$

于是

$$\begin{aligned}\int_0^1\left|\frac{f''(x)}{f(x)}\right|\mathrm{d}x&=\int_0^{x_0}\frac{|f''(x)|}{f(x)}\mathrm{d}x+\int_{x_0}^1\frac{|f''(x)|}{f(x)}\mathrm{d}x\\&\geqslant\int_0^{x_0}\frac{|f''(x)|}{\left(x_0\int_0^{x_0}|f''(t)|\mathrm{d}t\right)}\mathrm{d}x+\int_{x_0}^1\frac{|f''(x)|}{\left((1-x_0)\int_{x_0}^1|f''(t)|\mathrm{d}t\right)}\mathrm{d}x\\&=\frac{1}{x_0}+\frac{1}{1-x_0}=\frac{1}{x_0(1-x_0)}\geqslant 4.\end{aligned}$$

□

例 15 计算（1）$\int_0^{+\infty}\frac{1}{1+x^3}\mathrm{d}x$；（2）$\int_0^{+\infty}\frac{1}{1+x^4}\mathrm{d}x$；（3）$\int_0^{+\infty}\frac{x^2}{1+x^4}\mathrm{d}x$.

解 (1)首先，$\int_0^{+\infty}\frac{1}{1+x^3}\mathrm{d}x=\int_0^1\frac{1}{1+x^3}\mathrm{d}x+\int_1^{+\infty}\frac{1}{1+x^3}\mathrm{d}x$. 对第二项，令 $x=\frac{1}{t}$，则 $\mathrm{d}x=-\frac{1}{t^2}\mathrm{d}t$，

$$\int_1^{+\infty}\frac{1}{1+x^3}\mathrm{d}x=\int_0^1\frac{1}{1+\left(\frac{1}{t}\right)^3}\frac{1}{t^2}\mathrm{d}t=\int_0^1\frac{t}{1+t^3}\mathrm{d}t.$$

于是

$$\begin{aligned}\int_0^{+\infty}\frac{1}{1+x^3}\mathrm{d}x&=\int_0^1\frac{x+1}{1+x^3}\mathrm{d}x=\int_0^1\frac{1}{x^2-x+1}\mathrm{d}x=\int_0^1\frac{1}{\left(x-\frac{1}{2}\right)^2+\left(\frac{\sqrt{3}}{2}\right)^2}\mathrm{d}x\\&=\frac{1}{\frac{\sqrt{3}}{2}}\arctan\left(\frac{x-\frac{1}{2}}{\frac{\sqrt{3}}{2}}\right)\Bigg|_0^1=\frac{2}{\sqrt{3}}\left(\arctan\frac{1}{\sqrt{3}}-\arctan\left(-\frac{1}{\sqrt{3}}\right)\right)\\&=\frac{2}{\sqrt{3}}\left(\frac{\pi}{6}+\frac{\pi}{6}\right)=\frac{2}{3\sqrt{3}}\pi.\end{aligned}$$

（2）$\int_0^{+\infty}\frac{1}{1+x^4}\mathrm{d}x=\int_0^1\frac{1}{1+x^4}\mathrm{d}x+\int_1^{+\infty}\frac{1}{1+x^4}\mathrm{d}x$. 对第一项，令 $x=\frac{1}{t}$，则

$$\int_0^1\frac{1}{1+x^4}\mathrm{d}x=\int_1^{+\infty}\frac{1}{1+\left(\frac{1}{t}\right)^4}\frac{1}{t^2}\mathrm{d}t=\int_1^{+\infty}\frac{t^2}{t^4+1}\mathrm{d}t=\int_1^{+\infty}\frac{x^2}{x^4+1}\mathrm{d}x.$$

于是

$$\int_0^{+\infty}\frac{1}{1+x^4}\mathrm{d}x=\int_1^{+\infty}\frac{x^2+1}{x^4+1}\mathrm{d}x=\int_1^{+\infty}\frac{1}{x^2+\frac{1}{x^2}}\left(1+\frac{1}{x^2}\right)\mathrm{d}x$$

$$=\int_1^{+\infty}\frac{1}{\left(x-\frac{1}{x}\right)^2+2}\mathrm{d}\left(x-\frac{1}{x}\right)=\frac{1}{\sqrt{2}}\arctan\left(\frac{x-\frac{1}{x}}{\sqrt{2}}\right)\Bigg|_1^{+\infty}=\frac{1}{2\sqrt{2}}\pi.$$

（3） $\int_0^{+\infty}\frac{x^2}{1+x^4}\mathrm{d}x=\int_0^1\frac{x^2}{1+x^4}\mathrm{d}x+\int_1^{+\infty}\frac{x^2}{1+x^4}\mathrm{d}x$. 对第一项，令 $x=\frac{1}{t}$，则

$$\int_0^1\frac{x^2}{1+x^4}\mathrm{d}x=\int_1^{+\infty}\frac{\left(\frac{1}{t}\right)^2}{1+\left(\frac{1}{t}\right)^4}\frac{1}{t^2}\mathrm{d}t=\int_1^{+\infty}\frac{1}{t^4+1}\mathrm{d}t=\int_1^{+\infty}\frac{1}{x^4+1}\mathrm{d}x.$$

于是

$$\int_0^{+\infty}\frac{x^2}{1+x^4}\mathrm{d}x=\int_1^{+\infty}\frac{1}{x^4+1}\mathrm{d}x+\int_1^{+\infty}\frac{x^2}{x^4+1}\mathrm{d}x=\int_1^{+\infty}\frac{1+x^2}{x^4+1}\mathrm{d}x=\frac{1}{2\sqrt{2}}\pi.$$ □

例 16　证明 $\lim\limits_{n\to\infty}\int_1^{+\infty}\mathrm{e}^{-x^n}\mathrm{d}x=0$.

证明　由泰勒展开式，当 $x\geqslant 1, n\geqslant 2$ 时，有

$$\mathrm{e}^{-x^n}=\frac{1}{\mathrm{e}^{x^n}}=\frac{1}{1+x^n+\frac{1}{2}(x^n)^2+\cdots}<\frac{1}{x^n}.$$

于是

$$0<\int_1^{+\infty}\mathrm{e}^{-x^n}\mathrm{d}x<\int_1^{+\infty}\frac{1}{x^n}\mathrm{d}x=\frac{1}{-n+1}x^{-n+1}\Big|_1^{+\infty}=\frac{1}{n-1}\to 0\quad(n\to\infty).$$

由两边夹定理，可得

$$\lim_{n\to\infty}\int_1^{+\infty}\mathrm{e}^{-x^n}\mathrm{d}x=0.$$ □

例 17　设 $f(x)$ 在 $[a,b]$ 上非负、连续、严格单调增加的函数，由积分中值定理对每个 n，有 x_n，$a\leqslant x_n\leqslant b$，满足 $(f(x_n))^n=\frac{1}{b-a}\int_a^b f^n(t)\mathrm{d}t$，求 $\lim\limits_{n\to\infty}x_n$.

解　由于 $f(x)$ 是严格单调增加，所以若 $t<t'$，则 $f(t)<f(t')$. 对每个 n，x_n 是唯一的. $\forall\varepsilon>0\left(\varepsilon<\frac{b-a}{2}\right)$，因 $f(x)$ 是严格增加的，故 $\frac{f(b-\varepsilon)}{f(b-2\varepsilon)}>1$. 于是 $\exists N$，当 $n>N$ 时，有

$$\left(\frac{f(b-\varepsilon)}{f(b-2\varepsilon)}\right)^n>\frac{b-a}{\varepsilon}.$$

上式变为

$$\frac{\varepsilon}{b-a}(f(b-\varepsilon))^n>(f(b-2\varepsilon))^n.$$

又有

$$\int_a^b f^n(t)\mathrm{d}t > \int_{b-\varepsilon}^b f^n(t)\mathrm{d}t > \int_{b-\varepsilon}^b f^n(b-\varepsilon)\mathrm{d}t = \varepsilon f^n(b-\varepsilon),$$

$$\frac{1}{b-a}\int_a^b f^n(t)\mathrm{d}t > \frac{\varepsilon}{b-a} f^n(b-\varepsilon) > (f(b-2\varepsilon))^n.$$

如果 x_n 满足

$$(f(x_n))^n = \frac{1}{b-a}\int_a^b f^n(t)\mathrm{d}t > (f(b-2\varepsilon))^n,$$

那么必须是 $x_n > b-2\varepsilon$，即当 $n>N$ 时，$x_n > b-2\varepsilon$．所以 $\lim\limits_{n\to\infty} x_n = b$. □

例 18 在 $[0,1]$ 上 $f(x)$ 连续、严格单调减少，$f(1)=0$，$f(0)=1$，证明 $\forall \delta\in(0,1)$，有

（1）$\lim\limits_{n\to\infty}\dfrac{\int_\delta^1 (f(x))^n \mathrm{d}x}{\int_0^\delta (f(x))^n \mathrm{d}x}=0$；　　（2）$\lim\limits_{n\to\infty}\dfrac{\int_0^\delta (f(x))^n \mathrm{d}x}{\int_\delta^1 (f(x))^n \mathrm{d}x}=1$.

证明 （1）对固定的 δ，因 $f(x)$ 单调减少趋于 0，故

$$0 < f(\delta) < f\left(\frac{\delta}{2}\right),\quad \frac{f(\delta)}{f\left(\frac{\delta}{2}\right)} < 1.$$

于是 $\exists N$，当 $n>N$ 时，$\left(\dfrac{f(\delta)}{f\left(\frac{\delta}{2}\right)}\right)^n\left(\dfrac{1-\delta}{\frac{\delta}{2}}\right) < \varepsilon$. 因此

$$0 \leqslant \frac{\int_\delta^1 (f(x))^n \mathrm{d}x}{\int_0^\delta (f(x))^n \mathrm{d}x} < \frac{\int_\delta^1 (f(x))^n \mathrm{d}x}{\int_0^{\frac{\delta}{2}} (f(x))^n \mathrm{d}x} < \frac{\int_\delta^1 (f(\delta))^n \mathrm{d}x}{\int_0^{\frac{\delta}{2}} \left(f\left(\frac{\delta}{2}\right)\right)^n \mathrm{d}x} = \frac{(f(\delta))^n(1-\delta)}{\left(f\left(\frac{\delta}{2}\right)\right)^n \frac{\delta}{2}} < \varepsilon.$$

这就证明了（1）.

（2）由已知 $f(x)$ 单调减少，$f(1)=0, f(0)=1$，则 $0<f(x)<1$．又由连续性知，$\forall\varepsilon>0\,(\varepsilon<1)$，$\exists\delta_1$，$0\leqslant\delta_1<\delta$，当 $0\leqslant f(x)<\delta_1$ 时，$f(x)>1-\varepsilon^2$．于是

$$1 = \frac{\int_0^1 (f(x))^n \mathrm{d}x}{\int_0^1 (f(x))^n \mathrm{d}x} \geqslant \frac{\int_0^1 (f(x))^{n+1} \mathrm{d}x}{\int_0^1 (f(x))^n \mathrm{d}x} \geqslant \frac{\int_0^\delta (f(x))^{n+1} \mathrm{d}x}{\int_0^1 (f(x))^n \mathrm{d}x} \geqslant \frac{\int_0^{\delta_1} f(x)(f(x))^n \mathrm{d}x}{\int_0^1 (f(x))^n \mathrm{d}x}$$

$$> (1-\varepsilon^2)\frac{\int_0^{\delta_1} (f(x))^n \mathrm{d}x}{\int_0^1 (f(x))^n \mathrm{d}x} = (1-\varepsilon^2)\frac{\int_0^{\delta_1} (f(x))^n \mathrm{d}x}{\int_0^{\delta_1} (f(x))^n \mathrm{d}x + \int_{\delta_1}^1 (f(x))^n \mathrm{d}x}$$

$$= (1-\varepsilon^2)\frac{1}{1+\dfrac{\int_{\delta_1}^1 (f(x))^n \mathrm{d}x}{\int_0^{\delta_1} (f(x))^n \mathrm{d}x}}.$$

对 $\delta_1>0$，利用（1）的结论，$\exists N$，当 $n>N$ 时，$\dfrac{\int_{\delta_1}^{1}(f(x))^n\mathrm{d}x}{\int_0^{\delta_1}(f(x))^n\mathrm{d}x}<\varepsilon$．于是当 $n>N$ 时，有

$$1\geqslant\frac{\int_0^{\delta}(f(x))^{n+1}\mathrm{d}x}{\int_0^1(f(x))^n\mathrm{d}x}>(1-\varepsilon^2)\frac{1}{1+\varepsilon}=1-\varepsilon.$$

由两边夹定理知（2）成立. □

例 19　设 $f(x)$ 在 $[0,+\infty)$ 连续，且对一切 x 满足 $\int_0^x f(u)\mathrm{d}u\geqslant f(x)\geqslant 0$．证明 $f(x)\equiv 0$．

证明　**证法一**　令 $F(x)=\mathrm{e}^{-x}\int_0^x f(u)\mathrm{d}u$，则 $F(0)=0, F(x)\geqslant 0$．求导后

$$F'(x)=-\mathrm{e}^{-x}\int_0^x f(u)\mathrm{d}u+\mathrm{e}^{-x}f(x)=\left(-\int_0^x f(u)\mathrm{d}u+f(x)\right)\mathrm{e}^{-x}\leqslant 0.$$

可见 $F(x)$ 单调减少．由于 $F(0)=0$，所以 $F(x)\leqslant 0$．

于是得 $F(x)\equiv 0$，$\int_0^x f(u)\mathrm{d}u\equiv 0$．所以 $f(x)\equiv 0$．

证法二　在 $\left[0,\frac{1}{2}\right]$ 上，记 $f(x)$ 的最大值 $M=\max\limits_{0\leqslant x\leqslant\frac{1}{2}}f(x)=f(x_0)$，则

$$\int_0^{x_0}f(u)\mathrm{d}u\geqslant f(x_0)\geqslant 0.$$

由于 $0\leqslant x\leqslant\frac{1}{2}$，$f(u)\leqslant M$，所以有

$$\frac{1}{2}M\geqslant\int_0^{x_0}f(u)\mathrm{d}u\geqslant M\geqslant 0,$$

可见 $M=0$，即在 $\left[0,\frac{1}{2}\right]$ 上，$f(x)\equiv 0$．在 $\left[\frac{1}{2},1\right]$ 上重复上面的做法，又得在 $\left[\frac{1}{2},1\right]$ 上 $f(x)=0$．在 $\left[1,\frac{3}{2}\right],\left[\frac{3}{2},2\right],\cdots$ 上重复做下去，可得在 $[0,+\infty)$ 上，$f(x)\equiv 0$．

证法三　先证在 $[0,1]$，$f(x)\equiv 0$．固定 $x<1$．设 $f(x)\leqslant M$，反复利用积分中值定理，$\exists\xi_1$，$0\leqslant\xi_1<x$，有

$$\begin{aligned}0\leqslant f(x)&\leqslant\int_0^x f(u)\mathrm{d}u=f(\xi_1)x\leqslant\left(\int_0^{\xi_1}f(u)\mathrm{d}u\right)x=f(\xi_2)\xi_1 x\\&\leqslant\left(\int_0^{\xi_2}f(u)\mathrm{d}u\right)x^2=f(\xi_3)\xi_2 x^2\leqslant\left(\int_0^{\xi_3}f(u)\mathrm{d}u\right)x^3\leqslant\cdots\leqslant Mx^n\to 0\quad(n\to\infty).\end{aligned}$$

所以在 $[0,1]$ 上，$f(x)\equiv 0$．由连续性，知 $f(1)=0$．下面证在 $[1,2]$ 上恒为 0．当 $1<x<2$ 时，

$$0\leqslant f(x)\leqslant\int_0^x f(u)\mathrm{d}u=\int_1^x f(u)\mathrm{d}u=f(\xi_1)(x-1)$$

$$\leqslant \left(\int_1^{\xi_1} f(u)\mathrm{d}u \right)(x-1) = f(\xi_2)(\xi_1-1)(x-1)$$
$$\leqslant \left(\int_0^{\xi_2} f(u)\mathrm{d}u \right)(x-1)^2 \leqslant \cdots.$$

继续前面的做法, 不再重复叙述了. □

例 20 已知 $\int_0^{+\infty} \mathrm{e}^{-x^2}\mathrm{d}x = \frac{\sqrt{\pi}}{2}$, 函数 $f(x)$ 在 $[0,1]$ 上连续. 证明

$$\lim_{t\to+\infty} \int_0^1 t\mathrm{e}^{-t^2x^2} f(x)\mathrm{d}x = \frac{\sqrt{\pi}}{2} f(0).$$

证明 化为分段估计, 先变形为

$$\int_0^1 t\mathrm{e}^{-t^2x^2} f(x)\mathrm{d}x = f(0)\int_0^1 t\mathrm{e}^{-t^2x^2}\mathrm{d}x + \int_0^1 t\mathrm{e}^{-t^2x^2}(f(x)-f(0))\mathrm{d}x.$$

于是有

$$\begin{aligned}
&\int_0^1 t\mathrm{e}^{-t^2x^2} f(x)\mathrm{d}x - \frac{\sqrt{\pi}}{2}f(0)\\
&= f(0)\int_0^1 t\mathrm{e}^{-t^2x^2}\mathrm{d}x - f(0)\int_0^{+\infty}\mathrm{e}^{-u^2}\mathrm{d}u + \int_0^1 t\mathrm{e}^{-t^2x^2}(f(x)-f(0))\mathrm{d}x\\
&= f(0)\left(\int_0^1 t\mathrm{e}^{-t^2x^2}\mathrm{d}x - \int_0^{+\infty}\mathrm{e}^{-u^2}\mathrm{d}u \right) + \int_0^{\delta} t\mathrm{e}^{-t^2x^2}(f(x)-f(0))\mathrm{d}x\\
&\quad + \int_{\delta}^1 t\mathrm{e}^{-t^2x^2}(f(x)-f(0))\mathrm{d}x.
\end{aligned}$$

$\forall \varepsilon>0$, 因为 $\lim\limits_{t\to\infty}\int_t^{+\infty}\mathrm{e}^{-u^2}\mathrm{d}u = 0$, 所以 $\exists T_1$, 当 $t>T_1$ 时, 有

$$\int_t^{+\infty}\mathrm{e}^{-u^2}\mathrm{d}u < \frac{\varepsilon}{3(|f(0)|+1)}.$$

于是上面第一项, 有

$$\begin{aligned}
&\left| f(0)\left(\int_0^1 t\mathrm{e}^{-t^2x^2}\mathrm{d}x - \int_0^{+\infty}\mathrm{e}^{-u^2}\mathrm{d}u \right) \right|\\
&= \left| f(0)\left(\int_0^t \mathrm{e}^{-u^2}\mathrm{d}u - \int_0^{+\infty}\mathrm{e}^{-u^2}\mathrm{d}u \right) \right| \leqslant |f(0)|\int_t^{+\infty}\mathrm{e}^{-u^2}\mathrm{d}u < \frac{\varepsilon}{3}.
\end{aligned}$$

再看第二项. 因 $f(x)$ 连续, $\exists\delta>0$, 当 $|x-0|<\delta$ 时, $|f(x)-f(0)|\leqslant \frac{\varepsilon}{3}\frac{2}{\sqrt{\pi}}$, 这里的 δ 就是上面的 δ. 于是

$$\begin{aligned}
&\left| \int_0^{\delta} t\mathrm{e}^{-t^2x^2}(f(x)-f(0))\mathrm{d}x \right| \leqslant \int_0^{\delta} t\mathrm{e}^{-t^2x^2}|f(x)-f(0)|\mathrm{d}x\\
&\leqslant \frac{\varepsilon}{3}\frac{2}{\sqrt{\pi}}\int_0^{\delta}\mathrm{e}^{-t^2x^2}\mathrm{d}(tx) = \frac{\varepsilon}{3}\frac{2}{\sqrt{\pi}}\int_0^{t\delta}\mathrm{e}^{-u^2}\mathrm{d}u < \frac{\varepsilon}{3}\frac{2}{\sqrt{\pi}}\int_0^{+\infty}\mathrm{e}^{-u^2}\mathrm{d}u = \frac{\varepsilon}{3}.
\end{aligned}$$

再看第三项. 因 $f(x)$ 连续, $\exists M>0$, 当 $x\in[0,1]$ 时, $|f(x)|\leqslant M$. 于是

$$|f(x)-f(0)|\leqslant 2M.$$

对上面的 δ, 有

$$\int_\delta^1 t\mathrm{e}^{-t^2x^2}\mathrm{d}x=\int_\delta^1\frac{t}{\mathrm{e}^{t^2x^2}}\mathrm{d}x\leqslant\int_\delta^1\frac{t}{\mathrm{e}^{\delta^2t^2}}\mathrm{d}x=\frac{t}{\mathrm{e}^{\delta^2t^2}}(1-\delta).$$

对于固定的 δ，$\lim\limits_{t\to+\infty}\frac{t}{\mathrm{e}^{\delta^2t^2}}=0$，则 $\exists T_2$，当 $t>T_2$ 时，$\frac{t}{\mathrm{e}^{\delta^2t^2}}<\frac{\varepsilon}{3}\frac{1}{2M}$. 于是

$$\left|\int_\delta^1 t\mathrm{e}^{-t^2x^2}(f(x)-f(0))\mathrm{d}x\right|\leqslant\int_\delta^1 t\mathrm{e}^{-t^2x^2}\left|f(x)-f(0)\right|\mathrm{d}t$$

$$\leqslant 2M\int_\delta^1 t\mathrm{e}^{-t^2x^2}\mathrm{d}x<\frac{\varepsilon}{3}\cdot\frac{1}{2M}\cdot 2M=\frac{\varepsilon}{3}.$$

最后取 $T=\max\{T_1,T_2\}$，当 $t>T$ 时，有

$$\left|\int_0^1 t\mathrm{e}^{-t^2x^2}f(x)\mathrm{d}x-\frac{\sqrt{\pi}}{2}f(0)\right|<\varepsilon.$$

所以 $\lim\limits_{t\to+\infty}\int_0^1 t\mathrm{e}^{-t^2x^2}f(x)\mathrm{d}x=\frac{\sqrt{\pi}}{2}f(0)$. □

例 21　若 $\int_{-\infty}^{+\infty}|f(x)|\mathrm{d}x$ 存在，$g(u)=\int_{-\infty}^{+\infty}f(x)\cos(ux)\mathrm{d}x$，证明 $g(u)$ 一致连续.

证明　记 $\int_{-\infty}^{+\infty}|f(x)|\mathrm{d}x=A$，$\forall\varepsilon>0$，取 $M>0$，满足

$$\int_{-\infty}^{-M}|f(x)|\mathrm{d}x<\frac{\varepsilon}{6},\qquad\int_M^{+\infty}|f(x)|\mathrm{d}x<\frac{\varepsilon}{6}.$$

于是

$$\begin{aligned}
&|g(u')-g(u'')|\\
&=\left|\int_{-\infty}^{-M}f(x)(\cos u'x-\cos u''x)\mathrm{d}x+\int_{-M}^{M}f(x)(\cos u'x-\cos u''x)\mathrm{d}x+\int_M^{+\infty}f(x)(\cos u'x-\cos u''x)\mathrm{d}x\right|\\
&\leqslant 2\int_{-\infty}^{-M}|f(x)|\mathrm{d}x+2\int_{-M}^{M}|f(x)|\left|\sin\frac{u'+u''}{2}x\right|\left|\sin\frac{u'-u''}{2}x\right|\mathrm{d}x+2\int_M^{+\infty}|f(x)|\mathrm{d}x\\
&<\frac{2\varepsilon}{3}+\int_{-M}^{M}|f(x)||u'-u''||x|\mathrm{d}x\\
&=\frac{2\varepsilon}{3}+|u'-u''|\int_{-M}^{M}|f(x)||x|\mathrm{d}x<\frac{2\varepsilon}{3}+|u'-u''|M\int_{-M}^{M}|f(x)|\mathrm{d}x\\
&\leqslant\frac{2\varepsilon}{3}+|u'-u''|M\int_{-\infty}^{+\infty}|f(x)|\mathrm{d}x<\frac{2\varepsilon}{3}+|u'-u''|MA.
\end{aligned}$$

显然，只要取 $\delta=\frac{\varepsilon}{3MA}$，就有 $|g(u')-g(u'')|<\varepsilon$. 所以 $g(u)$ 一致连续. □

例 22　证明：$\int_0^{\frac{\pi}{2}}t\left|\frac{\sin nt}{\sin t}\right|^4\mathrm{d}t<\frac{\pi^2n^2}{4}$.

证明　先做两点准备.

（a）当 $0<x\leqslant\frac{\pi}{2}$ 时，$\frac{\sin x}{x}$ 递减，$1>\frac{\sin x}{x}\geqslant\frac{2}{\pi}$.

（b）当 $0<x\leqslant\frac{\pi}{2n}$ 时，用归纳法证明 $\sin nx\leqslant n\sin x$. 因为

$$\sin 2x = 2\sin x \cdot \cos x \leqslant 2\sin x,$$

当 $k \leqslant n-1$ 及 $0 < x \leqslant \dfrac{\pi}{2n}$ 时，$\sin kx \geqslant 0$，$\cos kx \geqslant 0$, 所以

$$\sin(k+1)x = \sin kx \cdot \cos x + \cos kx \sin x \leqslant k\sin x + \sin x = (k+1)\sin x.$$

当 $k=2$ 时，不等式成立，当 $k+1$ 时，不等式也成立.

再转向原题，首先

$$\int_0^{\frac{\pi}{2}} t\left|\frac{\sin nt}{\sin t}\right|^4 \mathrm{d}t = \int_0^{\frac{\pi}{2n}} t\left|\frac{\sin nt}{\sin t}\right|^4 \mathrm{d}t + \int_{\frac{\pi}{2n}}^{\frac{\pi}{2}} t\left|\frac{\sin nt}{\sin t}\right|^4 \mathrm{d}t = I_1 + I_2.$$

$$I_1 = \int_0^{\frac{\pi}{2n}} t\left|\frac{\sin nt}{\sin t}\right|^4 \mathrm{d}t = \int_0^{\frac{\pi}{2n}} t\left(\frac{\sin nt}{\sin t}\right)^4 \mathrm{d}t \leqslant \int_0^{\frac{\pi}{2n}} t\left(\frac{n\sin t}{\sin t}\right)^4 \mathrm{d}t = n^4\int_0^{\frac{\pi}{2n}} t\mathrm{d}t$$

$$= n^4 \frac{1}{2}\left(\frac{\pi}{2n}\right)^2 = \frac{1}{2}\left(\frac{\pi^2 n^2}{4}\right),$$

$$I_2 = \int_{\frac{\pi}{2n}}^{\frac{\pi}{2}} t\frac{|\sin nt|^4}{t^4\left(\dfrac{\sin t}{t}\right)^4}\mathrm{d}t \leqslant \int_{\frac{\pi}{2n}}^{\frac{\pi}{2}} t\frac{1}{t^4\left(\dfrac{2}{\pi}\right)^4}\mathrm{d}t = \left(\frac{\pi}{2}\right)^4 \int_{\frac{\pi}{2n}}^{\frac{\pi}{2}} \frac{1}{t^3}\mathrm{d}t = \left(\frac{\pi}{2}\right)^4\left(-\frac{1}{2t^2}\right)\Bigg|_{\frac{\pi}{2n}}^{\frac{\pi}{2}}$$

$$= \left(\frac{\pi}{2}\right)^4\left[\frac{1}{2}\left(\frac{2n}{\pi}\right)^2 - \frac{1}{2}\left(\frac{2}{\pi}\right)^2\right] < \left(\frac{\pi}{2}\right)^4 \cdot 2n^2 \cdot \frac{1}{\pi^2} = \frac{1}{2}\left(\frac{\pi^2}{4}\frac{\pi}{2n}\right).$$

于是 $I_1 + I_2 < \dfrac{\pi^2 n^2}{4}$. □

例 23 对 $n \geqslant 2$，证明 $\dfrac{1}{\pi}\displaystyle\int_0^{\frac{\pi}{2}}\left|\frac{\sin(2n+1)t}{\sin t}\right|\mathrm{d}t < \frac{2+\ln n}{2}$.

证明 记 $I = \displaystyle\int_0^{\frac{\pi}{2}} t\left|\frac{\sin nt}{\sin t}\right|^4 \mathrm{d}t = \int_0^{\frac{\pi}{2\cdot(2n+1)}} t\left|\frac{\sin nt}{\sin t}\right|^4 \mathrm{d}t + \int_{\frac{\pi}{2\cdot(2n+1)}}^{\frac{\pi}{2}} t\left|\frac{\sin nt}{\sin t}\right|^4 \mathrm{d}t = I_1 + I_2$. 用上例的不等式，可得

$$I_1 = \int_0^{\frac{\pi}{2\cdot(2n+1)}}\left|\frac{\sin(2n+1)t}{\sin t}\right|\mathrm{d}t = \int_0^{\frac{\pi}{2\cdot(2n+1)}}\frac{(2n+1)\sin t}{\sin t}\mathrm{d}t = \frac{\pi}{2},$$

$$I_2 = \int_{\frac{\pi}{2\cdot(2n+1)}}^{\frac{\pi}{2}}\frac{|\sin(2n+1)t|}{t\dfrac{\sin t}{t}}\mathrm{d}t \leqslant \frac{\pi}{2}\int_{\frac{\pi}{2\cdot(2n+1)}}^{\frac{\pi}{2}}\frac{1}{t}\mathrm{d}t = \frac{\pi}{2}\ln t\Bigg|_{\frac{\pi}{2\cdot(2n+1)}}^{\frac{\pi}{2}} = \frac{\pi}{2}\left(\ln\frac{\pi}{2} - \ln\left(\frac{\pi}{2}\cdot\frac{1}{2n+1}\right)\right)$$

$$= \frac{\pi}{2}\ln(2n+1) = \frac{\pi}{2}\left(\ln 2n + \ln\left(1+\frac{1}{2n}\right)\right) < \frac{\pi}{2}\left(\ln 2n + \frac{1}{2n}\right).$$

于是

$$I_1 + I_2 < \frac{\pi}{2}\left(1 + \ln n + \ln 2 + \frac{1}{2n}\right).$$

又 $\ln 2 = 0.6931$. 当 $n=2$ 时，$\ln 2 + \dfrac{1}{2n} = 0.6931 + \dfrac{1}{4} = 0.6931 + 0.25 < 1$. 当 $n \geqslant 3$ 时，$\ln 2 + \dfrac{1}{2n} < 1$. 所以 $I_1 + I_2 < \dfrac{\pi}{2}(1+\ln n+1) < \dfrac{\pi}{2}(2+\ln n)$. □

例 24　设 $f(x)$ 在 $[0,+\infty)$ 中非负单调不减，且 $\forall A>0$，$f(x)$ 在 $[0,A]$ 上可积. 证明：$\lim\limits_{x\to+\infty}\dfrac{1}{x}\int_0^x f(t)\mathrm{d}t=C$ 的充要条件是 $\lim\limits_{x\to+\infty}f(x)=C$ (其中 C 为有限或无穷).

证明　(1)设 $C<+\infty$. 先证 $\forall\varepsilon>0$，$\exists A>0$，当 $x>A$ 时，$f(x)>C-\dfrac{\varepsilon}{2}$. 于是当 $x>A$ 时，有

$$C\geqslant\frac{1}{x}\int_0^x f(t)\mathrm{d}t=\frac{1}{x}\int_0^A f(t)\mathrm{d}t+\frac{1}{x}\int_A^x f(t)\mathrm{d}t\geqslant\frac{1}{x}\int_A^x f(t)\mathrm{d}t>\left(C-\frac{\varepsilon}{2}\right)\left(1-\frac{A}{x}\right)$$
$$=\left(C-\frac{\varepsilon}{2}\right)-\left(C-\frac{\varepsilon}{2}\right)\frac{A}{x}=C-\frac{\varepsilon}{2}-\frac{AC}{x}+\frac{\varepsilon}{2}\frac{A}{x}>C-\frac{\varepsilon}{2}-\frac{AC}{x}.$$

显然，取 X，满足 $\dfrac{AC}{X}<\dfrac{\varepsilon}{2}$. 当 $x>X$ 时，$\dfrac{1}{x}\int_0^x f(t)\mathrm{d}t>C-\varepsilon$. 所以 $\lim\limits_{x\to+\infty}\dfrac{1}{x}\int_0^x f(t)\mathrm{d}t=C$.

由于 $f(x)$ 单调递增，则 $f(x)\geqslant\dfrac{1}{x}\int_0^x f(t)\mathrm{d}t$. 所以 $\lim\limits_{x\to+\infty}f(x)\geqslant\lim\limits_{x\to+\infty}\dfrac{1}{x}\int_0^x f(t)\mathrm{d}t=C$.

再用反证法证 $\lim\limits_{x\to+\infty}f(x)\leqslant C$.

设 $\lim\limits_{x\to+\infty}f(x)=C+3\varepsilon_0$，于是 $\exists A$，当 $x>A$ 时，$f(x)>C+2\varepsilon_0$. 因此，有

$$\frac{1}{x}\int_0^x f(t)\mathrm{d}t=\frac{1}{x}\int_0^A f(t)\mathrm{d}t+\frac{1}{x}\int_A^x f(t)\mathrm{d}t\geqslant\frac{1}{x}\int_A^x f(t)\mathrm{d}t+(C+2\varepsilon_0)\frac{x-A}{x}$$
$$=\frac{1}{x}\int_A^x f(t)\mathrm{d}t+(C+2\varepsilon_0)\left(1-\frac{A}{x}\right)\geqslant C+2\varepsilon_0-(C+2\varepsilon_0)\frac{A}{x}.$$

选取 X，使当 $x>X$ 时，$\dfrac{1}{x}A(C+2\varepsilon_0)<\varepsilon_0$. 于是，当 $x>X$ 时，

$$\frac{1}{x}\int_0^x f(t)\mathrm{d}t\geqslant C+2\varepsilon_0-\varepsilon_0=C+\varepsilon_0.$$

这与 $\lim\limits_{x\to+\infty}\dfrac{1}{x}\int_0^x f(t)\mathrm{d}t=C$ 矛盾，所以 $\lim\limits_{x\to+\infty}f(x)\leqslant C$. 这就证明了 $\lim\limits_{x\to+\infty}f(x)=C$.

(2) 设 $C=+\infty$. 先证 $\forall G>0$，$\exists X$，当 $x>X$ 时，$f(x)\geqslant 2G$. 于是当 $x>2X$ 时，$\dfrac{X}{x}<\dfrac{1}{2}$，且有

$$\frac{1}{x}\int_0^x f(t)\mathrm{d}t=\frac{1}{x}\int_0^X f(t)\mathrm{d}t+\frac{1}{x}\int_X^x f(t)\mathrm{d}t\geqslant\frac{1}{x}\int_X^x f(t)\mathrm{d}t$$
$$\geqslant\frac{2G}{x}\int_X^x 1\mathrm{d}t=2G\frac{x-X}{x}>2G\cdot\frac{1}{2}=G.$$

所以 $\lim\limits_{x\to+\infty}\dfrac{1}{x}\int_0^x f(t)\mathrm{d}t=+\infty$.

再证：因为 $f(x)$ 单调不减，所以 $\lim\limits_{x\to+\infty}f(x)=M<+\infty$，或 $\lim\limits_{x\to+\infty}f(x)=+\infty$.

若 $\lim\limits_{x\to+\infty}f(x)=M<+\infty$，则 $f(x)\leqslant M$. 于是

$$\frac{1}{x}\int_0^x f(t)\mathrm{d}t\leqslant M<+\infty.$$

这与 $\lim_{x\to+\infty}\frac{1}{x}\int_0^x f(t)\mathrm{d}t=+\infty$ 矛盾. 所以 $\lim_{x\to+\infty}f(x)=+\infty$. □

例 25 设函数在任何有限区间上可积, 且 $\lim_{x\to+\infty}f(x)=l\ (|l|<+\infty)$. 证明

$$\lim_{x\to+\infty}\frac{1}{x}\int_0^x f(t)\mathrm{d}t=l.$$

证明 $\forall\varepsilon>0$, 因 $\lim_{x\to+\infty}f(x)=l$, 故 $\exists X_1$, 当 $x>X_1$ 时, $|f(x)-l|<\frac{\varepsilon}{2}$.

再记 $A=\left|\int_0^{X_1}f(x)\mathrm{d}x\right|+X_1|l|$, 又 $\exists X_2$, 当 $x>X_2$ 时, $\frac{A}{x}=\frac{1}{x}\left(\left|\int_0^{X_1}f(x)\mathrm{d}x\right|+X_1|l|\right)<\frac{\varepsilon}{2}$.
取 $X=\max\{X_1,X_2\}$, 当 $x>X$ 时, 有

$$\left|\frac{1}{x}\int_0^x f(t)\mathrm{d}t-l\right|=\left|\frac{1}{x}\int_0^x f(t)\mathrm{d}t+\frac{1}{x}\int_0^x l\mathrm{d}t\right|=\left|\frac{1}{x}\left(\int_0^{X_1}f(t)\mathrm{d}t-lX_1\right)+\frac{1}{x}\int_{X_1}^x(f(t)-l)\mathrm{d}t\right|$$

$$\leqslant\frac{1}{x}\left|\int_0^{X_1}f(t)\mathrm{d}t-lX_1\right|+\frac{1}{x}\left|\int_{X_1}^x(f(t)-l)\mathrm{d}t\right|\leqslant\frac{1}{x}\left(\left|\int_0^{X_1}f(t)\mathrm{d}t\right|+X_1|l|\right)+\frac{1}{x}\int_{X_1}^x|f(t)-l|\mathrm{d}t$$

$$<\frac{1}{x}A+\frac{\varepsilon}{2}\frac{x-X_1}{x}<\frac{\varepsilon}{2}+\frac{\varepsilon}{2}=\varepsilon.$$

这就证明 $\lim_{x\to+\infty}\frac{1}{x}\int_0^x f(t)\mathrm{d}t=l$. □

例 26 假定函数 $f(x)$ 当 $x>0$ 时连续并且非负, 对任意正数 M, 定义

$$f_M(x)=\min\{f(x),M\}.$$

证明: 如果 $\lim_{0<\eta\to0}\lim_{M\to+\infty}\int_0^\eta f_M(x)\mathrm{d}x$ 存在, 那么 $\lim_{0<\eta\to0}\lim_{M\to+\infty}\int_0^\eta f_M(x)\mathrm{d}x=0$.

证明 分三步. 第一步: 因为 $\lim_{0<\eta\to0}\left[\lim_{M\to+\infty}\int_0^\eta f_M(x)\mathrm{d}x\right]$ 存在及 $f_M(x)\geqslant0$, 所以 $\exists\eta_0$ 及 $A>0$, 满足

$$\lim_{M\to+\infty}\int_0^{\eta_0}f_M(x)\mathrm{d}x\leqslant A.$$

由于 η_0 是固定的, 又 $\exists M_0$, 当 $M>M_0$ 时,

$$\int_0^{\eta_0}f_M(x)\mathrm{d}x\leqslant A+1. \tag{3.3}$$

第二步: 证明 $\int_0^{\eta_0}f_M(x)\mathrm{d}x$ 收敛. 当 $0<\eta<\eta_0$ 时, 记

$$\varphi(\eta)=\int_\eta^{\eta_0}f(x)\mathrm{d}x,$$

那么 $\int_0^{\eta_0}f(x)\mathrm{d}x$ 收敛等价于 $\lim_{\eta\to0}\varphi(\eta)$ 存在. 由于 $x>0$, 所以当 $\eta\to0$ 时, $\varphi(\eta)$ 单调不减.

所以要证 $\lim_{\eta\to0}\phi(\eta)$ 存在, 只要证明了 $\forall\eta>0$, $\eta<\eta_0$, $\varphi(\eta)$ 有上界就可以了. 下证 $\varphi(\eta)$ 有上界.

在 $[\eta,\eta_0]$ 上, 由于 $f(x)$ 连续, 则 $\forall B>0$, $\forall x\in[\eta,\eta_0]$, $f(x)\leqslant B$. 当 $M>B$ 时, 有

$$f_M(x)=\min\{f(x),M\}=f(x).$$

取 $M_1=\max\{M_0,B\}$，当 $M>M_1$ 时，$\int_\eta^{\eta_0} f(x)\mathrm{d}x=\int_\eta^{\eta_0} f_M(x)\mathrm{d}x.$

又由（3.3）式得

$$\varphi(\eta)=\int_\eta^{\eta_0} f(x)\mathrm{d}x=\int_\eta^{\eta_0} f_M(x)\mathrm{d}x<\int_0^{\eta_0} f_M(x)\mathrm{d}x\leqslant A+1,$$

所以 $\varphi(\eta)$ 有上界.这就证明了 $\int_0^{\eta_0} f(x)\mathrm{d}x$ 收敛.

第三步：再证 $\lim\limits_{0<\eta\to 0}\lim\limits_{M\to+\infty}\int_0^{\eta} f_M(x)\mathrm{d}x=0$.

由于 $\int_0^{\eta_0} f(x)\mathrm{d}x$ 收敛，则 $\forall\varepsilon>0$，$\exists\delta>0$ 有 $\int_0^{\delta} f(x)\mathrm{d}x<\varepsilon$.

由于 $f_M(x)\leqslant f(x)$，所以当 $0<\eta<\delta$ 时，有

$$\int_0^{\eta} f_M(x)\mathrm{d}x\leqslant\int_0^{\eta} f(x)\mathrm{d}x<\int_0^{\delta} f(x)\mathrm{d}x<\varepsilon.$$

于是 $\lim\limits_{M\to+\infty}\int_0^{\eta} f_M(x)\mathrm{d}x<\int_0^{\delta} f_M(x)\mathrm{d}x<\varepsilon$.所以 $\lim\limits_{\eta\to 0}\lim\limits_{M\to+\infty}\int_0^{\eta} f_M(x)\mathrm{d}x<\int_0^{\delta} f_M(x)\mathrm{d}x<\varepsilon.$

这就完成了证明. □

例 27　设 $0<a<b$，$f(x)$ 在 $[a,b]$ 上连续.证明 $\lim\limits_{n\to\infty}\int_a^b f(x)|\sin nx|\mathrm{d}x=\frac{2}{\pi}\int_a^b f(x)\mathrm{d}x.$

证明　由于 $f(x)$ 在 $[a,b]$ 上连续，则 $\exists M>0$，$|f(x)|\leqslant M$. 因为 $f(x)$ 可积，所以 $\forall\varepsilon>0$，$\exists\delta>0$，对 $[a,b]$ 的划分

$$T:a=x_0<x_1<\cdots<x_{j-1}<x_j=b.$$

当 $\max\{\Delta x_i\}<\delta$ 时，任取 $\xi_i\in[x_{i-1},x_i]$，

$$\frac{2}{\pi}\left|\sum_{i=0}^{j-1} f(\xi_i)\Delta x_i-\int_a^b f(x)\mathrm{d}x\right|<\frac{\varepsilon}{3}.$$

取 N 很大，满足 $\frac{\pi}{N}<\delta$ 及 $\frac{2M\pi}{N}<\frac{\varepsilon}{3}$.当 $n>N$ 时，在 $[0,b]$ 上插入分点

$$0<\frac{1}{n}\pi<\frac{2}{n}\pi<\cdots<\frac{k-1}{n}\pi\leqslant a<\frac{k}{n}\pi<\frac{k+1}{n}\pi<\cdots<\frac{m}{n}\pi<b\leqslant\frac{m+1}{n}\pi,$$

其中 k,m 为正整数.

$$\begin{aligned}&\int_a^b f(x)|\sin nx|\mathrm{d}x\\&=\int_a^{\frac{k}{n}\pi} f(x)|\sin nx|\mathrm{d}x+\sum_{i=1}^{m-k-1}\int_{\frac{k+i-1}{n}\pi}^{\frac{k+i}{n}\pi} f(x)|\sin nx|\mathrm{d}x+\int_{\frac{m}{n}\pi}^{b} f(x)|\sin nx|\mathrm{d}x.\end{aligned}$$

对中间和式每项作代换 $x=\frac{(k+i-1)\pi+u}{n}$，并利用积分中值定理得

$$\int_{\frac{k+i-1}{n}\pi}^{\frac{k+i}{n}\pi} f(x)|\sin nx|\mathrm{d}x=\frac{1}{n}\int_0^{\pi} f\left(\frac{(k+i-1)\pi+u}{n}\right)|\sin u|\mathrm{d}u$$
$$=\frac{1}{n}f(\xi_i)\int_0^{\pi}\sin u\mathrm{d}u=\frac{2}{n}f(\xi_i)=\frac{2}{\pi}f(\xi_i)\frac{\pi}{n}.$$

在 $\sum_{i=0}^{j-1}f(\xi_i)\Delta x_i$ 中，令 $\left[a,\frac{k}{n}\pi\right]$ 中的 ξ_0 取为 a，令 $\left[\frac{m}{n}\pi,b\right]$ 中的 ξ_{j-1} 取为 b，则

$$\left|\int_a^{\frac{k}{n}\pi} f(x)|\sin nx|\mathrm{d}x-\frac{2}{\pi}f(a)\left(\frac{k\pi}{n}-a\right)\right|$$
$$\leqslant \int_a^{\frac{k}{n}\pi}|f(x)|\mathrm{d}x-\frac{2}{\pi}|f(a)|\left(\frac{k\pi}{n}-a\right)<\left(1+\frac{2}{\pi}\right)M\left(\frac{k\pi}{n}-a\right)$$
$$\leqslant 2M\frac{\pi}{n}<\frac{\varepsilon}{3},$$
$$\left|\int_{\frac{m}{n}\pi}^{b} f(x)|\sin nx|\mathrm{d}x-\frac{2}{\pi}f(b)\left(b-\frac{m\pi}{n}\right)\right|\leqslant\left(1+\frac{2}{\pi}\right)M\left(b-\frac{m\pi}{n}\right)<\frac{\varepsilon}{3}.$$

于是当 $n>N$ 时，有

$$\int_a^b f(x)|\sin nx|\mathrm{d}x-\frac{2}{\pi}\int_a^b f(x)\mathrm{d}x$$
$$=\int_a^{\frac{k}{n}\pi} f(x)|\sin nx|\mathrm{d}x+\sum_{i=1}^{m-k}\int_{\frac{k+i-1}{n}\pi}^{\frac{k+i}{n}\pi} f(x)|\sin nx|\mathrm{d}x+\int_{\frac{m}{n}\pi}^{b} f(x)|\sin nx|\mathrm{d}x-\frac{2}{\pi}\int_a^b f(x)\mathrm{d}x$$
$$=\int_a^{\frac{k}{n}\pi} f(x)|\sin nx|\mathrm{d}x-\frac{2}{\pi}f(a)\left(\frac{k}{n}\pi-a\right)+\frac{2}{\pi}f(a)\left(\frac{k}{n}\pi-a\right)+\frac{2}{\pi}\sum_{i=0}^{j-1}f(\xi_i)\frac{\pi}{n}$$
$$+\frac{2}{\pi}f(b)\left(b-\frac{m\pi}{n}\right)-\frac{2}{\pi}\int_a^b f(x)\mathrm{d}x+\int_{\frac{m}{n}\pi}^{b} f(x)|\sin nx|\mathrm{d}x-\frac{2}{\pi}f(b)\left(b-\frac{m\pi}{n}\right)$$
$$=\int_a^{\frac{k}{n}\pi} f(x)|\sin nx|\mathrm{d}x-\frac{2}{\pi}f(a)\left(\frac{k}{n}\pi-a\right)+\frac{2}{\pi}\left|\sum_{i=0}^{j-1}f(\xi_i)\Delta x_i-\int_a^b f(x)\mathrm{d}x\right|$$
$$+\int_{\frac{m}{n}\pi}^{b} f(x)|\sin nx|\mathrm{d}x-\frac{2}{\pi}f(b)\left(b-\frac{m\pi}{n}\right),$$
$$\int_a^b f(x)|\sin nx|\mathrm{d}x-\frac{2}{\pi}\int_a^b f(x)\mathrm{d}x<\frac{\varepsilon}{3}+\frac{2}{\pi}\left|\sum_{i=0}^{j-1}f(\xi_i)\Delta x_i-\int_a^b f(x)\mathrm{d}x\right|+\frac{\varepsilon}{3}<\varepsilon.$$

所以 $\lim\limits_{n\to\infty}\int_a^b f(x)|\sin nx|\mathrm{d}x=\frac{2}{\pi}\int_a^b f(x)\mathrm{d}x.$ □

例 28 设 $f(x)$ 在 $[0,+\infty)$ 上连续，且 $\int_0^{+\infty}|f(x)|\mathrm{d}x$ 收敛. 证明

$$\lim_{n\to\infty}\int_0^{+\infty} f(x)|\sin nx|\mathrm{d}x=\frac{2}{\pi}\int_0^{+\infty} f(x)\mathrm{d}x.$$

证明 $\forall\varepsilon>0$，$\exists b>0$，满足 $\int_b^{+\infty}|f(x)|\mathrm{d}x<\frac{\varepsilon}{3}$，于是 $\left|\int_b^{+\infty}|f(x)|\mathrm{d}x\right|<\int_b^{+\infty}|f(x)|\mathrm{d}x<\frac{\varepsilon}{3}$.

再由例 27，$\exists N$，当 $n>N$ 时，有

$$\left|\int_0^b f(x)|\sin nx|\mathrm{d}x-\frac{2}{\pi}\int_0^b f(x)\mathrm{d}x\right|<\frac{\varepsilon}{3},$$

可得

$$\begin{aligned}&\left|\int_0^{+\infty} f(x)|\sin nx|\mathrm{d}x-\frac{2}{\pi}\int_0^{+\infty} f(x)\mathrm{d}x\right|\\<&\left|\int_0^b f(x)|\sin nx|\mathrm{d}x-\frac{2}{\pi}\int_0^b f(x)\mathrm{d}x\right|\\&+\int_b^{+\infty} f(x)|\sin nx|\mathrm{d}x+\frac{2}{\pi}\int_b^{+\infty} f(x)\mathrm{d}x<\varepsilon.\end{aligned}$$

□

例 29　设 $0<a<b$，$f(x)$ 在 $[a,b]$ 上连续. 证明 $\lim\limits_{n\to\infty}\int_a^b f(x)\sin nx\mathrm{d}x=0$.

证明　因为 $f(x)$ 在闭区间 $[a,b]$ 上连续，所以 $\exists M>0$，$|f(x)|\leqslant M$.

对 $\forall\varepsilon>0$，因 $f(x)$ 一致连续，$\exists\delta>0$，使当 $x,y\in[a,b]$，$|x-y|<\delta$ 时，有

$$|f(x)-f(y)|<\frac{\varepsilon}{3(b-a)}.$$

取 N，使 $\frac{2\pi}{N}M<\frac{\varepsilon}{3}$，且 $\frac{2\pi}{N}<\frac{\varepsilon}{3}$，当 $n>N$ 时，在 $[a,b]$ 内插入分点

$$\frac{2k-2}{n}\pi\leqslant a<\frac{2k}{n}\pi<\frac{2k+2}{n}\pi<\frac{2k+4}{n}\pi<\cdots<\frac{2m}{n}\pi<b\leqslant\frac{2m+2}{n}\pi,$$

其中 n,m 为整数. 于是

$$\begin{aligned}\int_a^b f(x)\sin nx\mathrm{d}x=&\int_a^{\frac{2k}{n}\pi} f(x)\sin nx\mathrm{d}x+\int_{\frac{2k}{n}\pi}^{\frac{2k+2}{n}\pi} f(x)\sin nx\mathrm{d}x+\int_{\frac{2k+2}{n}\pi}^{\frac{2k+4}{n}\pi} f(x)\sin nx\mathrm{d}x+\cdots\\&+\int_{\frac{2m-2}{n}\pi}^{\frac{2m}{n}\pi} f(x)\sin nx\mathrm{d}x+\int_{\frac{2m}{n}\pi}^{b} f(x)\sin nx\mathrm{d}x\\=&\int_a^{\frac{2k}{n}\pi} f(x)\sin nx\mathrm{d}x+\sum_{i=0}^{m-k-1}\int_{\frac{2k+2i}{n}\pi}^{\frac{2k+2i+2}{n}\pi} f(x)\sin nx\mathrm{d}x+\int_{\frac{2m}{n}\pi}^{b} f(x)\sin nx\mathrm{d}x.\end{aligned}$$

估计第一项

$$\left|\int_a^{\frac{2k}{n}\pi} f(x)\sin nx\mathrm{d}x\right|\leqslant\int_a^{\frac{2k}{n}\pi}|f(x)|\mathrm{d}x<M\left(\frac{2k\pi}{n}-a\right)<\frac{\varepsilon}{3}.$$

同样，估计最后一项

$$\left|\int_{\frac{2m}{n}\pi}^{b} f(x)\sin nx\mathrm{d}x\right|<\frac{\varepsilon}{3}.$$

对中间项进行估计

$$\int_{\frac{2k+2i}{n}\pi}^{\frac{2k+2i+2}{n}\pi} f(x)\sin nx\mathrm{d}x=\int_{\frac{2k+2i}{n}\pi}^{\frac{2k+2i+1}{n}\pi} f(x)\sin nx\mathrm{d}x+\int_{\frac{2k+2i+1}{n}\pi}^{\frac{2k+2i+2}{n}\pi} f(x)\sin nx\mathrm{d}x.$$

利用积分中值公式，有

$$\exists\xi_{i_1}\in\left[\frac{2k+2i}{n}\pi,\frac{2k+2i+1}{n}\pi\right],\ \exists\xi_{i_2}\in\left[\frac{2k+2i+1}{n}\pi,\frac{2k+2i+2}{n}\pi\right],$$

使得

$$\int_{\frac{2k+2i}{n}\pi}^{\frac{2k+2i+2}{n}\pi} f(x)\sin nx\mathrm{d}x = f(\xi_{i_1})\int_{\frac{2k+2i}{n}\pi}^{\frac{2k+2i+1}{n}\pi}\sin nx\mathrm{d}x + f(\xi_{i_2})\int_{\frac{2k+2i+1}{n}\pi}^{\frac{2k+2i+2}{n}\pi}\sin nx\mathrm{d}x$$

$$=\frac{2}{n}[f(\xi_{i_1})-f(\xi_{i_2})].$$

显然 $\xi_{i_1}-\xi_{i_2}\leqslant\frac{2\pi}{n}$，所以 $\left|f(\xi_{i_1})-f(\xi_{i_2})\right|<\frac{\varepsilon}{3(b-a)}$. 于是

$$\left|\sum_{i=0}^{m-k-1}\int_{\frac{2k+2i}{n}\pi}^{\frac{2k+2i+2}{n}\pi} f(x)\sin nx\mathrm{d}x\right| \leqslant \sum_{i=0}^{m-k-1}\left|\int_{\frac{2k+2i}{n}\pi}^{\frac{2k+2i+2}{n}\pi} f(x)\sin nx\mathrm{d}x\right|$$

$$\leqslant\sum_{i=0}^{m-k-1}\frac{2}{n}\frac{\varepsilon}{3(b-a)}=\frac{\varepsilon}{3(b-a)}\frac{2(m-k)}{n}<\frac{\varepsilon}{3(b-a)}\frac{(m-k)2}{n}$$

$$=\frac{\varepsilon}{3(b-a)}\left(\frac{m2}{n}-\frac{2k}{n}\right)<\frac{\varepsilon}{3(b-a)}(b-a)=\frac{\varepsilon}{3}.$$

综合以上，当 $n>N$ 时，$\left|\int_a^b f(x)\sin nx\mathrm{d}x\right|<\varepsilon$. 所以 $\lim\limits_{n\to\infty}\int_a^b f(x)\sin nx\mathrm{d}x=0$. □

例 30 设 $f(x)$ 在 $[0,1]$ 上连续，且有正数 m, M，使得 $\forall x\in[0,1]$，都有 $0<m\leqslant f(x)\leqslant M$. 证明 $\int_0^1 f(x)\mathrm{d}x\int_0^1\frac{1}{f(x)}\mathrm{d}x\leqslant\frac{(m+M)^2}{4mM}$.

证明 由题意得

$$\frac{(f(x)-m)(f(x)-M)}{f(x)}\leqslant 0,\quad \forall x\in[0,1].$$

于是 $f(x)-(M+m)+\frac{mM}{f(x)}\leqslant 0$.

两边积分有 $\int_0^1 f(x)\mathrm{d}x+mM\int_0^1\frac{1}{f(x)}\mathrm{d}x\leqslant M+m$. 令 $u=mM\int_0^1\frac{1}{f(x)}\mathrm{d}x$，则有

$$\int_0^1 f(x)\mathrm{d}x+u\leqslant M+m$$

或

$$\int_0^1 f(x)\mathrm{d}x\leqslant(M+m)-u,$$

$$u\int_0^1 f(x)\mathrm{d}x\leqslant(M+m)u-u^2=\left(\frac{M+m}{2}\right)^2-\left(u-\frac{M+m}{2}\right)^2\leqslant\left(\frac{M+m}{2}\right)^2,$$

即

$$mM\int_0^1 f(x)\mathrm{d}x\int_0^1\frac{1}{f(x)}\mathrm{d}x\leqslant\frac{1}{4}(m+M)^2,\ \text{即}\quad \int_0^1 f(x)\mathrm{d}x\int_0^1\frac{1}{f(x)}\mathrm{d}x\leqslant\frac{(m+M)^2}{4mM}.$$ □

例 31 计算 $\int_1^{+\infty}\left(\frac{1}{[x]}-\frac{1}{x}\right)\mathrm{d}x$，其中 $[x]$ 表示不超过 x 的最大整数.

解 由于

$$\int_1^{n+1}\frac{1}{[x]}dx=\sum_{k=1}^{n}\int_k^{k+1}\frac{1}{[x]}dx=\sum_{k=1}^{n}\int_k^{k+1}\frac{1}{k}dx=\sum_{k=1}^{n}\frac{1}{k},$$

则

$$\int_1^{n+1}\frac{1}{x}dx=\ln x\Big|_1^{n+1}=\ln(n+1).$$

所以

$$\begin{aligned}\int_1^{\infty}\left(\frac{1}{[x]}-\frac{1}{x}\right)dx&=\lim_{n\to+\infty}\int_1^{n+1}\left(\frac{1}{[x]}-\frac{1}{x}\right)dx\\&=\lim_{n\to+\infty}\left(\sum_{k=1}^{n}\frac{1}{k}-\ln(n+1)\right)=\lim_{n\to+\infty}\left(\sum_{k=1}^{n}\frac{1}{k}-\ln n-\ln\left(1+\frac{1}{n}\right)\right)\\&=\lim_{n\to+\infty}\left(\sum_{k=1}^{n}\frac{1}{k}-\ln n\right)-\lim_{n\to+\infty}\ln\left(1+\frac{1}{n}\right)=C\quad(C\text{是欧拉常数}).\end{aligned}$$
□

例 32　计算积分 $\int_0^1\left(\frac{1}{x}-\left[\frac{1}{x}\right]\right)dx$.

解

$$\begin{aligned}\int_0^1\left(\frac{1}{x}-\left[\frac{1}{x}\right]\right)dx&=\lim_{n\to\infty}\sum_{k=1}^{n}\int_{\frac{1}{k+1}}^{\frac{1}{k}}\left(\frac{1}{x}-\left[\frac{1}{x}\right]\right)dx\\&=\lim_{n\to\infty}\sum_{k=1}^{n}\left[\ln x\Big|_{\frac{1}{k+1}}^{\frac{1}{k}}-k\left(\frac{1}{k}-\frac{1}{k+1}\right)\right]\\&=\lim_{n\to\infty}\sum_{k=1}^{n}\left(\ln\frac{1}{k}-\ln\frac{1}{k+1}-\frac{1}{k+1}\right)\\&=\lim_{n\to\infty}\left(-\frac{1}{2}-\frac{1}{3}-\cdots-\frac{1}{n+1}-\ln\frac{1}{n+1}\right)=1-C\quad(C\text{为欧拉常数}).\end{aligned}$$
□

例 33　求 $\int_0^1\left(\left[\frac{2}{x}\right]-2\left[\frac{1}{x}\right]\right)dx$.

解　由于

$$\begin{cases}\dfrac{1}{n+\frac{1}{2}}<x\leqslant\dfrac{1}{n}\Rightarrow n\leqslant\dfrac{1}{x}<n+\dfrac{1}{2}\Rightarrow 2n\leqslant\dfrac{2}{x}<2n+1,\\[2ex]\dfrac{1}{n+1}<x\leqslant\dfrac{1}{n+\frac{1}{2}}\Rightarrow n+\dfrac{1}{2}\leqslant\dfrac{1}{x}<n+1\Rightarrow 2n+1\leqslant\dfrac{2}{x}<2n+2,\end{cases}$$

$$\left[\frac{2}{x}\right]-2\left[\frac{1}{x}\right]=\begin{cases}0, & \dfrac{1}{n+\frac{1}{2}}<x\leqslant\dfrac{1}{n},\\[2ex]1, & \dfrac{1}{n+1}<x\leqslant\dfrac{1}{n+\frac{1}{2}}.\end{cases}$$

因此

$$\int_0^1\left(\left[\frac{2}{x}\right]-2\left[\frac{1}{x}\right]\right)\mathrm{d}x=\lim_{N\to\infty}\sum_{n=1}^{N}\int_{\frac{1}{n+1}}^{\frac{1}{n+\frac{1}{2}}}1\mathrm{d}x$$

$$=\lim_{N\to\infty}\sum_{n=1}^{N}\left(\frac{1}{n+\frac{1}{2}}-\frac{1}{n+1}\right)=\lim_{N\to\infty}\sum_{n=1}^{N}\left(\frac{2}{2n+1}-\frac{2}{2n+2}\right)$$

$$=\lim_{N\to\infty}2\left[-\frac{1}{2}+\left(1-\frac{1}{2}\right)+\left(\frac{1}{3}-\frac{1}{4}\right)+\cdots+\left(\frac{1}{2N+1}-\frac{1}{2N+2}\right)\right]$$

$$=-1+2\ln 2.$$

□

例 34 设 $F(x)=\int_0^x\left(\frac{1}{t}-\left[\frac{1}{t}\right]\right)\mathrm{d}t$，证明 $F'(0)=\frac{1}{2}$.

证明 因为 $F'(0)=\lim\limits_{x\to 0}\frac{F(x)}{x}$. 需分 $x>0$ 与 $x<0$ 两种情况讨论.

对 $x>0$，分下面几步.

（1）当 $x=\frac{1}{N}$ 时，$\int_0^x\left(\frac{1}{t}-\left[\frac{1}{t}\right]\right)\mathrm{d}t=\sum\limits_{n=N}^{\infty}\int_{\frac{1}{n+1}}^{\frac{1}{n}}\left(\frac{1}{t}-\left[\frac{1}{t}\right]\right)\mathrm{d}t$. 当 $\frac{1}{n+1}<t\leqslant\frac{1}{n}$ 时，

$$n\leqslant\frac{1}{t}<n+1,\quad \left[\frac{1}{t}\right]=n.$$

（2）于是

$$\int_{\frac{1}{n+1}}^{\frac{1}{n}}\left(\frac{1}{t}-\left[\frac{1}{t}\right]\right)\mathrm{d}t=\int_{\frac{1}{n+1}}^{\frac{1}{n}}\left(\frac{1}{t}-n\right)\mathrm{d}t=\ln t\Big|_{\frac{1}{n+1}}^{\frac{1}{n}}-n\left(\frac{1}{n}-\frac{1}{n+1}\right)=\ln\frac{\frac{1}{n}}{\frac{1}{n+1}}-n\frac{1}{n(n+1)}$$

$$=\ln\frac{n+1}{n}-\frac{1}{n+1}=\ln\left(1+\frac{1}{n}\right)-\frac{1}{n+1}=\frac{1}{n}-\frac{1}{2n^2}+o\left(\frac{1}{n^3}\right)-\frac{1}{n+1}$$

$$=\frac{1}{n}-\frac{1}{n+1}-\frac{1}{2n^2}+o\left(\frac{1}{n^3}\right).$$

（3）$\sum\limits_{n=N}^{+\infty}\left(\frac{1}{n}-\frac{1}{n+1}\right)=\lim\limits_{m\to+\infty}\sum\limits_{n=N}^{m}\left(\frac{1}{n}-\frac{1}{n+1}\right)=\lim\limits_{m\to+\infty}\left(\frac{1}{N}-\frac{1}{m+1}\right)=\frac{1}{N}$.

（4）对 $\sum\limits_{n=N}^{+\infty}\frac{1}{n^2}$，因为 $\int_{n-1}^{n}\frac{1}{x^2}\mathrm{d}x>\frac{1}{n^2}>\int_{n}^{\frac{1}{n+1}}\frac{1}{x^2}\mathrm{d}x$，所以

$$\int_{N-1}^{+\infty}\frac{1}{x^2}\mathrm{d}x>\sum_{n=N}^{+\infty}\frac{1}{n^2}>\int_{N}^{\frac{1}{n+1}}\frac{1}{x^2}\mathrm{d}x,\qquad \frac{1}{N-1}>\sum_{n=N}^{+\infty}\frac{1}{n^2}>\frac{1}{N}.$$

（5）在（2）中 $\ln\left(1+\frac{1}{n}\right)-\frac{1}{n+1}=\frac{1}{n}-\frac{1}{n+1}-\frac{1}{2n^2}+o\left(\frac{1}{n^3}\right)$. 当 $n\geqslant 3$ 时，存在正常数 A，使 $\left|o\left(\frac{1}{n^3}\right)\right|\leqslant A\frac{1}{n^3}$.

（6）综合以上，当 $x=\dfrac{1}{N}$ 时，有

$$\frac{1}{x}\int_0^x\left(\frac{1}{t}-\left[\frac{1}{t}\right]\mathrm{d}t\right)=N\sum_{n=N}^{+\infty}\int_{\frac{1}{n+1}}^{\frac{1}{n}}\left(\frac{1}{t}-\left[\frac{1}{t}\right]\mathrm{d}t\right)=N\sum_{n=N}^{+\infty}\left(\frac{1}{n}-\frac{1}{n+1}\right)-\frac{1}{2}N\sum_{n=N}^{+\infty}\frac{1}{n^2}+N\cdot o\left(\sum_{n=N}^{+\infty}\frac{1}{n^3}\right)$$
$$=1-\frac{N}{2}\sum_{n=N}^{+\infty}\frac{1}{n^2}+N\cdot o\left(\sum_{n=N}^{+\infty}\frac{1}{n^3}\right).$$

由上面第二项可知

$$\frac{1}{2}N\frac{1}{N-1}>\frac{1}{2}N\sum_{n=N}^{+\infty}\frac{1}{n^2}>\frac{1}{2}N\frac{1}{N}.$$

令 $N\to+\infty$，即得 $\dfrac{1}{2}N\sum\limits_{n=N}^{+\infty}\dfrac{1}{n^2}=\dfrac{1}{2}$.

由上面第三项可得

$$N\cdot o\left(\sum_{n=N}^{+\infty}\frac{1}{n^3}\right)\leqslant N\cdot A\sum_{n=N}^{+\infty}\frac{1}{n^3}\leqslant N\cdot A\int_{N-1}^{+\infty}\frac{1}{n^3}\mathrm{d}x=\frac{1}{2}N\cdot A\frac{1}{(N-1)^2}\to 0\quad(N\to+\infty),$$

$$\lim_{N\to+\infty}N\int_0^{\frac{1}{N}}\left(\frac{1}{t}-\left[\frac{1}{t}\right]\right)\mathrm{d}t=1-\frac{1}{2}=\frac{1}{2}.$$

（7）当 $\dfrac{1}{N+1}<x<\dfrac{1}{N}$ 时，有

$$N<\frac{1}{x}<N+1,\quad \frac{1}{x}\int_0^x\left(\frac{1}{t}-\left[\frac{1}{t}\right]\right)\mathrm{d}t=\frac{1}{x}\left(\int_0^{\frac{1}{N+1}}\left(\frac{1}{t}-\left[\frac{1}{t}\right]\right)\mathrm{d}t+\int_{\frac{1}{N+1}}^x\left(\frac{1}{t}-\left[\frac{1}{t}\right]\right)\mathrm{d}t\right).$$

对第一项，有

$$N\int_0^{\frac{1}{N+1}}\left(\frac{1}{t}-\left[\frac{1}{t}\right]\right)\mathrm{d}t<\frac{1}{x}\int_0^{\frac{1}{N+1}}\left(\frac{1}{t}-\left[\frac{1}{t}\right]\right)\mathrm{d}t<(N+1)\int_0^{\frac{1}{N+1}}\left(\frac{1}{t}-\left[\frac{1}{t}\right]\right)\mathrm{d}t,$$

$$\frac{N}{N+1}(N+1)\int_0^{\frac{1}{N+1}}\left(\frac{1}{t}-\left[\frac{1}{t}\right]\right)\mathrm{d}t<\frac{1}{x}\int_0^{\frac{1}{N+1}}<\left(\frac{1}{t}-\left[\frac{1}{t}\right]\right)\mathrm{d}t<(N+1)\int_0^{\frac{1}{N+1}}\left(\frac{1}{t}-\left[\frac{1}{t}\right]\right)\mathrm{d}t,$$

$$\lim_{\substack{x\to0^+\\ \frac{1}{N+1}<x<\frac{1}{N}}}\frac{1}{x}\int_0^x\left(\frac{1}{t}-\left[\frac{1}{t}\right]\right)\mathrm{d}t=\frac{1}{2}.$$

对第二项，在 $\displaystyle\int_{\frac{1}{N+1}}^x\left(\frac{1}{t}-\left[\frac{1}{t}\right]\right)\mathrm{d}t$ 中，$\dfrac{1}{N+1}<t<x<\dfrac{1}{N}$，$N<\dfrac{1}{t}<N+1$，$\left[\dfrac{1}{t}\right]=N$，所以

由于 $0<\dfrac{1}{t}-\left[\dfrac{1}{t}\right]<1$，则有

$$\frac{1}{x}\int_{\frac{1}{N+1}}^x\left(\frac{1}{t}-\left[\frac{1}{t}\right]\right)\mathrm{d}t<(N+1)\int_{\frac{1}{N+1}}^{\frac{1}{N}}\left(\frac{1}{t}-\left[\frac{1}{t}\right]\right)\mathrm{d}t<(N+1)\left(\frac{1}{N}-\frac{1}{N+1}\right)=\frac{1}{N}\to 0\quad(N\to+\infty),$$

其中 $\dfrac{1}{N+1}<x<\dfrac{1}{N}$.

综合以上，就得 $\lim\limits_{x\to 0^+}\dfrac{1}{x}\displaystyle\int_0^x\left(\frac{1}{t}-\left[\frac{1}{t}\right]\right)\mathrm{d}t=\frac{1}{2}$.

下面再讨论 $x<0$，$x\to 0^-$ 的情况. 仍分几步.

（1）当 $x=-\dfrac{1}{N}$ 时，有

$$\int_0^x\left(\frac{1}{t}-\left[\frac{1}{t}\right]\right)\mathrm{d}t=-\int_x^0\left(\frac{1}{t}-\left[\frac{1}{t}\right]\right)\mathrm{d}t=-\sum_{n=N}^{+\infty}\int_{-\frac{1}{n}}^{-\frac{1}{n+1}}\left(\frac{1}{t}-\left[\frac{1}{t}\right]\right)\mathrm{d}t\,.$$

当 $-\dfrac{1}{n}<t\leqslant-\dfrac{1}{n+1}$ 时，$-(n+1)\leqslant\dfrac{1}{t}<-n$，$\left[\dfrac{1}{t}\right]=-(n+1)$.

（2）于是

$$\int_{-\frac{1}{n}}^{-\frac{1}{n+1}}\left(\frac{1}{t}-\left[\frac{1}{t}\right]\right)\mathrm{d}t=\left(\ln|t|\right)\Big|_{-\frac{1}{n}}^{-\frac{1}{n+1}}+(n+1)\left(-\frac{1}{n+1}+\frac{1}{n}\right)=\ln\frac{\frac{1}{n+1}}{\frac{1}{n}}+\frac{1}{n}=-\ln\frac{n+1}{n}+\frac{1}{n}$$

$$=-\ln\left(1+\frac{1}{n}\right)+\frac{1}{n}=-\left(\frac{1}{n}-\frac{1}{2n^2}+o\left(\frac{1}{n^3}\right)\right)+\frac{1}{n}=\frac{1}{2n^2}+o\left(\frac{1}{n^3}\right).$$

（3）

$$\frac{1}{x}\int_0^x\left(\frac{1}{t}-\left[\frac{1}{t}\right]\right)\mathrm{d}t=\frac{1}{x}\left(-\int_x^0\left(\frac{1}{t}-\left[\frac{1}{t}\right]\right)\mathrm{d}t\right)=-N\left(-\sum_{n=N}^{+\infty}\frac{1}{2n^2}+o\left(\sum_{n=N}^{+\infty}\frac{1}{n^3}\right)\right)$$

$$=\frac{1}{2}+N\cdot o\left(\sum_{n=N}^{+\infty}\frac{1}{n^3}\right)\to\frac{1}{2}\quad(N\to\infty).$$

（4）当 $-\dfrac{1}{N}<x\leqslant-\dfrac{1}{N+1}$ 时，$-(N+1)\leqslant\dfrac{1}{x}<-N$，有

$$\frac{1}{x}\int_0^x\left(\frac{1}{t}-\left[\frac{1}{t}\right]\right)\mathrm{d}t=-\frac{1}{x}\int_x^0\left(\frac{1}{t}-\left[\frac{1}{t}\right]\right)\mathrm{d}t=-\frac{1}{x}\left(\int_{-\frac{1}{N}}^0\left(\frac{1}{t}-\left[\frac{1}{t}\right]\right)\mathrm{d}t-\int_{-\frac{1}{N}}^x\left(\frac{1}{t}-\left[\frac{1}{t}\right]\right)\mathrm{d}t\right),$$

对第一项有如下推导.

$$-\frac{1}{x}\int_{-\frac{1}{N}}^0\left(\frac{1}{t}-\left[\frac{1}{t}\right]\right)\mathrm{d}t=-\frac{1}{x}\left(-\sum_{n=N}^{+\infty}\int_{-\frac{1}{n}}^{-\frac{1}{n+1}}\left(\frac{1}{t}-\left[\frac{1}{t}\right]\right)\mathrm{d}t\right)=-\frac{1}{x}\left(\sum_{n=N}^{+\infty}\left(\frac{1}{2n^2}+o\left(\frac{1}{n^3}\right)\right)\right).$$

因为 $N\leqslant-\dfrac{1}{x}<N+1$，所以

$$N\left(\sum_{n=N}^{+\infty}\left(\frac{1}{2n^2}+o\left(\frac{1}{n^3}\right)\right)\right)<-\frac{1}{x}\left(\sum_{n=N}^{+\infty}\frac{1}{2n^2}+o\left(\frac{1}{n^3}\right)\right)<(N+1)\left(\sum_{n=N}^{+\infty}\left(\frac{1}{2n^2}+o\left(\frac{1}{n^3}\right)\right)\right).$$

在前面的（4）中已有估计式

$$\frac{1}{N}<\sum_{n=N}^{+\infty}\frac{1}{n^2}<\frac{1}{N-1}=\frac{1}{N+1}\frac{N+1}{N-1}.$$

可得 $\lim\limits_{N\to+\infty}N\left(\displaystyle\sum_{n=N}^{+\infty}\left(\frac{1}{2n^2}+o\left(\frac{1}{n^3}\right)\right)\right)=\lim\limits_{N\to+\infty}(N+1)\left(\displaystyle\sum_{n=N}^{+\infty}\left(\frac{1}{2n^2}+o\left(\frac{1}{n^3}\right)\right)\right)=\dfrac{1}{2}$.

对第二项有如下推导. 积分变量 t 位于 x 与 $-\dfrac{1}{N}$ 之间，而 $-\dfrac{1}{N}<t<x\leqslant-\dfrac{1}{N+1}$. 于是

$$\frac{1}{N+1}<|x|<|t|<\frac{1}{N},\quad N<\frac{1}{|t|}<\frac{1}{|x|}<N+1.$$

$$-(N+1)<\frac{1}{x}<\frac{1}{t}<-N,\quad \left[\frac{1}{t}\right]=-(N+1),\quad \frac{1}{t}-\left[\frac{1}{t}\right]<1 \quad ([x]\text{永远在 } x \text{ 的左侧}).$$

所以可得

$$\int_{-\frac{1}{N}}^{x}\left(\frac{1}{t}-\left[\frac{1}{t}\right]\right)\mathrm{d}t<x-\left(-\frac{1}{N}\right)<-\frac{1}{N+1}+\frac{1}{N}=\frac{1}{N(N+1)},$$

$$\left|\frac{1}{x}\left(-\int_{-\frac{1}{x}}^{x}\left(\frac{1}{t}-\left[\frac{1}{t}\right]\right)\mathrm{d}t\right)\right|<(N+1)\frac{1}{N(N+1)}\to 0 \quad (N\to+\infty).$$

这就证明了 $\lim\limits_{x\to0^-}\frac{1}{x}\int_0^x\left(\frac{1}{t}-\left[\frac{1}{t}\right]\right)\mathrm{d}t=\frac{1}{2}$，即 $\lim\limits_{x\to0}\frac{1}{x}\int_0^x\left(\frac{1}{t}-\left[\frac{1}{t}\right]\right)\mathrm{d}t=0$, 即 $F'(0)=\frac{1}{2}$. □

例 35　计算 $\int_0^{\frac{\pi}{2}}\frac{1}{\sqrt{x}}f(x)\mathrm{d}x$，其中 $f(x)=\int_{\sqrt{\frac{\pi}{2}}}^{\sqrt{x}}\frac{\mathrm{d}u}{1+(\tan u^2)^{\sqrt{2}}}$.

解　记 $I=\int_0^{\frac{\pi}{2}}\frac{1}{\sqrt{x}}f(x)\mathrm{d}x$. 于是

$$I=2\int_0^{\frac{\pi}{2}}f(x)\mathrm{d}\sqrt{x}=2f(x)\sqrt{x}\Big|_0^{\frac{\pi}{2}}-2\int_0^{\frac{\pi}{2}}\sqrt{x}f'(x)\mathrm{d}x$$

$$=-2\int_0^{\frac{\pi}{2}}\sqrt{x}\frac{1}{1+[\tan(\sqrt{x})^2]^{\sqrt{2}}}\cdot\frac{1}{2}\cdot\frac{1}{\sqrt{x}}\mathrm{d}x=-\int_0^{\frac{\pi}{2}}\frac{1}{1+(\tan x)^{\sqrt{2}}}\mathrm{d}x.$$

令 $x=\frac{\pi}{2}-t$，则

$$I=-\int_{\frac{\pi}{2}}^{0}\frac{-\mathrm{d}t}{1+(\cot t)^{\sqrt{2}}}=-\int_0^{\frac{\pi}{2}}\frac{(\tan t)^{\sqrt{2}}}{1+(\tan t)^{\sqrt{2}}}\mathrm{d}t=-\left[\int_0^{\frac{\pi}{2}}\mathrm{d}t-\int_0^{\frac{\pi}{2}}\frac{\mathrm{d}t}{1+(\tan t)^{\sqrt{2}}}\right]=-\left(\frac{\pi}{2}+I\right).$$

故 $2I=-\frac{\pi}{2}$，$I=-\frac{\pi}{4}$. □

例 36　（1）设 $f'(x)$ 在 $[a,b]$ 上连续，记 $\Delta_n=\int_a^b f(x)\mathrm{d}x-\frac{b-a}{n}\sum\limits_{k=1}^{n}f\left(a+k\cdot\frac{b-a}{n}\right)$. 证明 $\lim\limits_{n\to\infty}n\Delta_n=-\frac{b-a}{2}[f(b)-f(a)]$.

（2）设 $u_n=\frac{1}{n+1}+\frac{1}{n+2}+\cdots+\frac{1}{2n}$，求证：$\lim\limits_{n\to\infty}n(\ln 2-u_n)=\frac{1}{4}$.

证明　（1）显然，

$$\Delta_n=\sum_{k=1}^{n}\int_{a+(k-1)\frac{b-a}{n}}^{a+k\frac{b-a}{n}}f(x)\mathrm{d}x-\sum_{k=1}^{n}f\left(a+k\cdot\frac{b-a}{n}\right)\int_{a+(k-1)\frac{b-a}{n}}^{a+k\frac{b-a}{n}}\mathrm{d}x$$

$$=\sum_{k=1}^{n}\int_{a+(k-1)\frac{b-a}{n}}^{a+k\frac{b-a}{n}}\left[f(x)-f\left(a+k\cdot\frac{b-a}{n}\right)\right]\mathrm{d}x$$

$$=-\sum_{k=1}^{n}\int_{a+(k-1)\frac{b-a}{n}}^{a+k\frac{b-a}{n}}\left(\int_{x}^{a+k\frac{b-a}{n}}f'(t)\mathrm{d}t\right)\mathrm{d}x.$$

交换积分次序后，得

$$\begin{aligned}\varDelta_n&=\sum_{k=1}^{n}\int_{a+(k-1)\frac{b-a}{n}}^{a+k\frac{b-a}{n}}f(x)\mathrm{d}x-\sum_{k=1}^{n}f\left(a+k\cdot\frac{b-a}{n}\right)\int_{a+(k-1)\frac{b-a}{n}}^{a+k\frac{b-a}{n}}\mathrm{d}x\\&=\sum_{k=1}^{n}\int_{a+(k-1)\frac{b-a}{n}}^{a+k\frac{b-a}{n}}\left[f(x)-f\left(a+k\cdot\frac{b-a}{n}\right)\right]\mathrm{d}x\\&=-\sum_{k=1}^{n}\int_{a+(k-1)\frac{b-a}{n}}^{a+k\frac{b-a}{n}}\left(\int_{a+(k-1)\frac{b-a}{n}}^{t}f'(t)\mathrm{d}x\right)\mathrm{d}t\\&=-\sum_{k=1}^{n}\int_{a+(k-1)\frac{b-a}{n}}^{a+k\frac{b-a}{n}}\left[t-\left(a+(k-1)\frac{b-a}{n}\right)\right]f'(t)\mathrm{d}t.\end{aligned}$$

因为$t-\left(a+(k-1)\dfrac{b-a}{n}\right)\geqslant 0$，$f'(t)$连续，由积分中值定理，所以

$$\exists\xi_k\in\left[a+(k-1)\frac{b-a}{n},a+k\frac{b-a}{n}\right],$$

使

$$\begin{aligned}&\int_{a+(k-1)\frac{b-a}{n}}^{a+k\frac{b-a}{n}}\left[t-\left(a+(k-1)\frac{b-a}{n}\right)\right]f'(t)\mathrm{d}t\\&=f'(\xi_k)\int_{a+(k-1)\frac{b-a}{n}}^{a+k\frac{b-a}{n}}\left[t-\left(a+(k-1)\frac{b-a}{n}\right)\right]\mathrm{d}t\\&=\frac{1}{2}\frac{(b-a)^2}{n^2}f'(\xi_k).\end{aligned}$$

于是

$$n\varDelta_n=-\frac{1}{2}(b-a)\sum_{k=1}^{n}f'(\xi_k)\frac{b-a}{n},$$

$$\lim_{n\to\infty}n\varDelta_n=-\frac{1}{2}(b-a)\int_a^b f'(x)\mathrm{d}x=-\frac{1}{2}(b-a)[f(b)-f(a)].$$

（2）在$[0,1]$上，设$f(x)=\dfrac{1}{1+x}$，则$f'(x)=-\dfrac{1}{(1+x)^2}$，因为连续可积，又知

$$\varDelta_n=\int_0^1 f(x)\mathrm{d}x-\frac{1}{n}\left[f\left(\frac{1}{n}\right)+f\left(\frac{2}{n}\right)+\cdots+f\left(\frac{n}{n}\right)\right]=\ln 2-u_n.$$

由（1）知$\lim\limits_{n\to\infty}n(\ln 2-u_n)=\lim\limits_{n\to\infty}n\varDelta_n=\dfrac{1}{4}$. □

例 37 设$I_n=\int_1^{1+\frac{1}{n}}\sqrt{1+x^n}\,\mathrm{d}x$.

（1）求证：$\lim\limits_{n\to\infty}I_n=0$；（2）求$\lim\limits_{n\to\infty}nI_n$.

证明　(1) 令 $x^n=u$, $x=u^{\frac{1}{n}}$, $\mathrm{d}x=\frac{1}{n}u^{\frac{1}{n}-1}\mathrm{d}u$，则

$$I_n=\int_1^{\left(1+\frac{1}{n}\right)^n}\frac{1}{n}\frac{1}{u}\sqrt{1+u}\cdot u^{\frac{1}{n}}\mathrm{d}u,$$

$$I_n\leqslant\frac{1}{n}\int_1^{\mathrm{e}}\frac{\sqrt{1+u}}{u}u^{\frac{1}{n}}\mathrm{d}u\leqslant\frac{1}{n}\int_1^{\mathrm{e}}\sqrt{1+\mathrm{e}}\cdot\mathrm{e}\,\mathrm{d}u\to0\quad(n\to\infty).$$

解　(2) $nI_n=\int_1^{\left(1+\frac{1}{n}\right)^n}\frac{\sqrt{1+u}}{u}\cdot u^{\frac{1}{n}}\mathrm{d}u$, 下证 $\lim\limits_{n\to\infty}nI_n=\int_1^{\mathrm{e}}\frac{\sqrt{1+u}}{u}\mathrm{d}u$.

$$\left|\int_1^{\left(1+\frac{1}{n}\right)^n}\frac{\sqrt{1+u}}{u}\cdot u^{\frac{1}{n}}\mathrm{d}u-\int_1^{\mathrm{e}}\frac{\sqrt{1+u}}{u}\mathrm{d}u\right|$$

$$=\left|\int_1^{\left(1+\frac{1}{n}\right)^n}\frac{\sqrt{1+u}}{u}\cdot u^{\frac{1}{n}}\mathrm{d}u-\int_1^{\left(1+\frac{1}{n}\right)^n}\frac{\sqrt{1+u}}{u}\mathrm{d}u+\int_1^{\left(1+\frac{1}{n}\right)^n}\frac{\sqrt{1+u}}{u}\mathrm{d}u-\int_1^{\mathrm{e}}\frac{\sqrt{1+u}}{u}\mathrm{d}u\right|$$

$$\leqslant\int_1^{\left(1+\frac{1}{n}\right)^n}\frac{\sqrt{1+u}}{u}\left(u^{\frac{1}{n}}-1\right)\mathrm{d}u+\int_{\left(1+\frac{1}{n}\right)^n}^{\mathrm{e}}\frac{\sqrt{1+u}}{u}\mathrm{d}u\leqslant\int_1^{\mathrm{e}}\frac{\sqrt{1+u}}{u}\left(u^{\frac{1}{n}}-1\right)\mathrm{d}u+\int_{\left(1+\frac{1}{n}\right)^n}^{\mathrm{e}}\frac{\sqrt{1+u}}{u}\mathrm{d}u.$$

不难用 ε-N 定义证明 $nI_n\to\int_1^{\mathrm{e}}\frac{\sqrt{1+u}}{u}\mathrm{d}u\ (n\to\infty)$. 下面转向计算.

设 $1+u=t^2$，$\mathrm{d}u=2t\mathrm{d}t$，则

$$\begin{aligned}\int_1^{\mathrm{e}}\frac{\sqrt{1+u}}{u}\mathrm{d}u&=\int_{\sqrt{2}}^{\sqrt{1+\mathrm{e}}}\frac{2t^2}{t^2-1}\mathrm{d}t=\int_{\sqrt{2}}^{\sqrt{1+\mathrm{e}}}2\mathrm{d}t+\int_{\sqrt{2}}^{\sqrt{1+\mathrm{e}}}\frac{2}{t^2-1}\mathrm{d}t\\&=2(\sqrt{1+\mathrm{e}}-\sqrt{2})+\int_{\sqrt{2}}^{\sqrt{1+\mathrm{e}}}\left(\frac{1}{t-1}-\frac{1}{t+1}\right)\mathrm{d}t\\&=2(\sqrt{1+\mathrm{e}}-\sqrt{2})+\ln\frac{t-1}{t+1}\bigg|_{\sqrt{2}}^{\sqrt{1+\mathrm{e}}}\\&=2(\sqrt{1+\mathrm{e}}-\sqrt{2})+\ln\frac{\sqrt{1+\mathrm{e}}-1}{\sqrt{1+\mathrm{e}}+1}-\ln\frac{\sqrt{2}-1}{\sqrt{2}+1}\\&=2(\sqrt{1+\mathrm{e}}-\sqrt{2})+\ln\frac{\sqrt{1+\mathrm{e}}-1}{\sqrt{1+\mathrm{e}}+1}-\ln\frac{1}{(\sqrt{2}+1)^2}\\&=2(\sqrt{1+\mathrm{e}}-\sqrt{2})+\ln\frac{(\sqrt{1+\mathrm{e}}-1)(3+2\sqrt{2})}{\sqrt{1+\mathrm{e}}+1},\end{aligned}$$

即 $\lim\limits_{n\to\infty}nI_n=2(\sqrt{1+\mathrm{e}}-\sqrt{2})+\ln\frac{(\sqrt{1+\mathrm{e}}-1)(3+2\sqrt{2})}{\sqrt{1+\mathrm{e}}+1}$.　□

例 38　设 $f(x)$ 在 $(-1,1)$ 上连续，在 $x=0$ 处可导，$f'(0)\neq0$. 求证 $\forall x\in(-1,1)$ 都存在 $0<\theta<1$，使得 $\int_0^x f(t)\mathrm{d}t+\int_0^{-x}f(t)\mathrm{d}t=x[f(\theta x)-f(-\theta x)]$，并求 $\lim\limits_{x\to0^+}\theta$.

解　设 $F(x)=\int_0^x f(t)\mathrm{d}t+\int_0^{-x}f(t)\mathrm{d}t$，则 $F(0)=0$，$F'(x)$ 存在，且 $F'(x)=f(x)-f(-x)$. 又 $F(x)-F(0)=F'(\theta x)x\ (0<\theta<1)$，所以 $\int_0^x f(t)\mathrm{d}t+\int_0^{-x}f(t)\mathrm{d}t=x[f(\theta x)-f(-\theta x)]$.

综上得

$$\frac{\int_0^x f(t)\mathrm{d}t+\int_0^{-x} f(t)\mathrm{d}t}{2x^2}=\frac{f(\theta x)-f(-\theta x)}{2\theta x}\cdot\theta. \tag{3.4}$$

令 $x\to 0^+$，上式左端先用一次洛必达法则得到

$$\lim_{x\to 0^+}\frac{\int_0^x f(t)\mathrm{d}t+\int_0^{-x} f(t)\mathrm{d}t}{2x^2}=\lim_{x\to 0^+}\frac{f(x)-f(-x)}{4x}=\lim_{x\to 0^+}\frac{f(x)-f(0)-[f(-x)-f(0)]}{4x}$$

$$=\frac{1}{4}\left[\lim_{x\to 0^+}\frac{f(x)-f(0)}{x-0}+\lim_{x\to 0^+}\frac{f(-x)-f(0)}{-x-0}\right]=\frac{1}{2}f'(0).$$

又有 $\lim\limits_{x\to 0^+}\dfrac{f(\theta x)-f(-\theta x)}{2\theta x}=\dfrac{1}{2}\left[\lim\limits_{x\to 0^+}\dfrac{f(\theta x)-f(0)}{\theta x-0}+\lim\limits_{x\to 0^+}\dfrac{f(-\theta x)-f(0)}{-\theta x-0}\right]=f'(0)$. 当 $x\to 0$ 时，式（3.4）左端极限存在，所以右端极限也存在. 由上式及 $f'(0)\neq 0$ 可知 $\lim\limits_{x\to 0^+}\theta$ 存在，即有 $\dfrac{1}{2}f'(0)=\lim\limits_{x\to 0^+}\dfrac{f(\theta x)-f(-\theta x)}{2\theta x}\cdot\theta=f'(0)\lim\limits_{x\to 0^+}\theta$. 所以 $\lim\limits_{x\to 0^+}\theta=\dfrac{1}{2}$. □

注 由于题设是 $f'(0)\neq 0$，当 $x\neq 0$ 时 $f'(x)$ 是否存在，即使 $f'(x)$ 存在，也不能保证 $\lim\limits_{x\to 0^+}f'(x)=f'(0)$，所以洛必达法则只能用一次.

例 39 设 $f(x)$ 在 $[0,+\infty)$ 上单调且广义积分 $\int_0^{+\infty}f(x)\mathrm{d}x$ 收敛，证明

（1）$\lim\limits_{h\to 0^+}h\sum\limits_{n=1}^{+\infty}f(nh)=\int_0^{+\infty}f(x)\mathrm{d}x$；

（2）$\lim\limits_{y\to+\infty}\sum\limits_{n=1}^{+\infty}\dfrac{y}{y^2+n^2}=\dfrac{\pi}{2}$；

（3）$\lim\limits_{x\to+\infty}\sum\limits_{n=1}^{+\infty}\dfrac{nx}{(n^2+x)^2}=\dfrac{1}{2}$.

证明 （1）因 $f(x)$ 单调，$\int_0^{+\infty}f(x)\mathrm{d}x$ 收敛，故 $\lim\limits_{x\to+\infty}f(x)=0$，从而 $f(x)$ 不变号. 不妨设 $f(x)\geqslant 0$ 且递减. 于是有

$$\int_h^{(m+1)h}f(x)\,\mathrm{d}x=\sum_{n=1}^{m}\int_{nh}^{(n+1)h}f(x)\,\mathrm{d}x\leqslant\sum_{n=1}^{m}hf(nh),$$

$$\int_0^{mh}f(x)\,\mathrm{d}x=\sum_{n=1}^{m}\int_{(n-1)h}^{nh}f(x)\,\mathrm{d}x\geqslant\sum_{n=1}^{m}hf(nh),$$

故 $\int_h^{(m+1)h}f(x)\mathrm{d}x\leqslant\sum\limits_{n=1}^{m}hf(nh)\leqslant\int_0^{mh}f(x)\mathrm{d}x$. 令 $m\to+\infty$，得

$$\int_h^{+\infty}f(x)\mathrm{d}x\leqslant h\sum_{n=1}^{m}f(nh)\leqslant\int_0^{+\infty}f(x)\mathrm{d}x.$$

（2）原式变形为 $\lim\limits_{y\to+\infty}\dfrac{1}{y}\sum\limits_{n=1}^{+\infty}\dfrac{1}{1+\left(n\dfrac{1}{y}\right)^2}$，再设 $h=\dfrac{1}{y}$，而 $y\to+\infty$，则 $h\to 0^+$，于是

$$\lim_{y\to+\infty}\frac{1}{y}\sum_{n=1}^{+\infty}\frac{1}{1+\left(n\frac{1}{y}\right)^2}=\lim_{h\to0^+}h\sum_{n=1}^{+\infty}\frac{1}{1+(nh)^2}.$$

再设 $f(x)=\frac{1}{1+x^2}$，则当 $x>0$ 时，有

$$f'(x)=\frac{-2x}{(1+x^2)^2}<0,\qquad \int_0^{+\infty}\frac{1}{1+x^2}\mathrm{d}x=\arctan x\Big|_0^{+\infty}=\frac{\pi}{2}.$$

于是可得

$$\lim_{y\to+\infty}\sum_{n=1}^{+\infty}\frac{y}{y^2+n^2}=\lim_{h\to0}h\sum_{n=1}^{+\infty}\frac{1}{1+(nh)^2}=\int_0^{+\infty}f(x)\mathrm{d}x=\frac{\pi}{2}.$$

（3）设 $f(x)=\frac{x}{(1+x^2)^2}$，则

$$f'(x)=\frac{(1+x^2)^2-x[2(1+x^2)2x]}{(1+x^2)^4}=\frac{1+x^2-4x^2}{(1+x^2)^3}=\frac{1-3x^2}{(1+x^2)^3}.$$

因为在 $\left[0,\frac{1}{\sqrt{3}}\right)$ 上 $f'(x)>0$，不满足（1）的条件. 下设

$$g(x)=\begin{cases}f(x)-x+1, & 0\leqslant x\leqslant1,\\ f(x), & x>1.\end{cases}$$

当 $0\leqslant x\leqslant1$ 时，

$$g'(x)=\frac{1-3x^2}{(1+x^2)^3}-1=\frac{1-3x^2-(1+3x^2+3x^4+x^6)}{(1+x^2)^3}=\frac{-6x^2-3x^4-x^6}{(1+x^2)^3}<0.$$

又 $g(1)=f(1)$，于是 $g(x)$ 在 $[0,+\infty)$ 连续单调减少，$g(x)\to0(x\to+\infty)$，又

$$\int_0^{+\infty}f(x)\mathrm{d}x=\int_0^{+\infty}\frac{x}{(1+x^2)^2}\mathrm{d}x=\frac{1}{2}\int_0^{+\infty}\frac{1}{(1+x^2)^2}\mathrm{d}x^2=-\frac{1}{2}\frac{1}{1+x^2}\Big|_0^{+\infty}=\frac{1}{2},$$

这说明 $\int_0^{+\infty}g(x)\mathrm{d}x$ 收敛，符合（1）的条件. 于是

$$\lim_{h\to0^+}h\sum_{n=1}^{+\infty}g(nh)=\int_0^1(1-x)\mathrm{d}x+\int_0^{+\infty}f(x)\mathrm{d}x=-\frac{1}{2}(1-x)^2\Big|_0^1+\frac{1}{2}=\frac{1}{2}+\frac{1}{2}. \tag{3.5}$$

由上面所设 $f(x)=\frac{x}{(1+x^2)^2}$，再设 $h=\frac{1}{\sqrt{x}}$，则当 $x\to+\infty$ 时，$h\to0^+$，可得

$$f(nh)=\frac{n\frac{1}{\sqrt{x}}}{\left(1+n^2\frac{1}{x}\right)^2}=\frac{x^2n\frac{1}{\sqrt{x}}}{(n^2+x)^2},\qquad \lim_{h\to0^+}h\sum_{n=1}^{+\infty}f(nh)=\frac{1}{\sqrt{x}}\sum_{n=1}^{+\infty}\frac{x^2n\frac{1}{\sqrt{x}}}{(n^2+x)^2}=\sum_{n=1}^{+\infty}\frac{nx}{(n^2+x)^2}.$$

由于 $\lim_{h\to0^+}h\sum_{n=1}^{+\infty}g(nh)$ 存在，特别取 $h=\frac{1}{k}(k\to+\infty)$，

$$h\sum_{n=1}^{+\infty}g(nh)=\frac{1}{k}\sum_{n=1}^{k}\left(1-n\frac{1}{k}\right)+\frac{1}{k}\sum_{n=1}^{+\infty}f\left(n\frac{1}{k}\right).$$

由式（3.5）

$$\frac{1}{2}+\frac{1}{2}=\lim_{k\to+\infty}\frac{1}{k}\sum_{n=1}^{k}\left(1-n\frac{1}{k}\right)+\lim_{k\to+\infty}\frac{1}{k}\sum_{n=1}^{+\infty}f\left(n\frac{1}{k}\right)=\int_0^1(1-x)\mathrm{d}x+\lim_{k\to+\infty}\frac{1}{k}\sum_{n=1}^{+\infty}f\left(n\frac{1}{k}\right),$$

可得

$$\lim_{k\to+\infty}\sum_{n=1}^{+\infty}\frac{nx}{(n^2+x)^2}=\lim_{k\to+\infty}\frac{1}{k}\sum_{n=1}^{+\infty}f\left(n\frac{1}{k}\right)=\frac{1}{2}.$$ □

例 40 已知 $\int_0^{+\infty}\frac{\sin tu}{u}\mathrm{d}u=\frac{\pi}{2}\,(t>0)$, 证明 $\frac{2}{n\pi}\int_0^{+\infty}\frac{\sin^2\frac{n}{2}u}{u\sin\frac{u}{2}}\mathrm{d}u=1$.

证明 令 $S_n=\frac{2}{\pi}\int_0^{+\infty}\frac{\sin\left(n+\frac{1}{2}\right)u}{u}\mathrm{d}u$，则当 $n=0,1,2,\cdots$ 时，已知 $S_n=1$.

再记 $A_n=\frac{S_0+S_1+\cdots+S_{n-1}}{n}$，则 $A_n=1$. 又 $A_n=\frac{2}{n\pi}\int_0^{+\infty}\frac{\sum\limits_{m=0}^{n-1}\sin\left(m+\frac{1}{2}\right)u}{u}\mathrm{d}u=1$.

$$\begin{aligned}\sin\frac{u}{2}\sum_{m=0}^{n-1}\sin\left(m+\frac{1}{2}\right)u&=\sin^2\frac{u}{2}+\sum_{m=1}^{n-1}\sin\frac{u}{2}\sin\left(m+\frac{1}{2}\right)u\\&=\sin^2\frac{u}{2}-\frac{1}{2}\sum_{m=1}^{n-1}(\cos(m+1)u-\cos mu)\\&=\sin^2\frac{u}{2}-\frac{1}{2}(\cos nu-\cos u)\\&=\sin^2\frac{u}{2}-\frac{1}{2}\left[1-2\sin^2\frac{n}{2}u-\left(1-2\sin^2\frac{u}{2}\right)\right]=\sin^2\frac{n}{2}u.\end{aligned}$$

于是

$$1=A_n=\frac{2}{n\pi}\int_0^{+\infty}\frac{\sin\frac{u}{2}\sum\limits_{m=0}^{n-1}\sin\left(m+\frac{1}{2}\right)u}{u\sin\frac{u}{2}}\mathrm{d}u=\frac{2}{n\pi}\int_0^{+\infty}\frac{\sin^2\frac{n}{2}u}{u\sin\frac{u}{2}}\mathrm{d}u.$$ □

例 41 记 $I_n=\int_0^{\frac{\pi}{2}}\frac{(\sin nt)^2}{\sin t}\mathrm{d}t$，求 $\lim\limits_{n\to+\infty}\frac{I_n}{\ln n}$.

解 $I_1=\int_0^{\frac{\pi}{2}}\frac{(\sin t)^2}{\sin t}\mathrm{d}t=\int_0^{\frac{\pi}{2}}\sin t\mathrm{d}t=1$,

$$I_{n+1}-I_n=\int_0^{\frac{\pi}{2}}\frac{(\sin(n+1)t)^2-(\sin nt)^2}{\sin t}\mathrm{d}t=\int_0^{\frac{\pi}{2}}\frac{\frac{1}{2}(1-\cos2(n+1)t-1+\cos2nt)}{\sin t}\mathrm{d}t$$

$$=\int_0^{\frac{\pi}{2}}\frac{\sin(n+1)t\sin\frac{t}{2}}{\sin\frac{t}{2}}\mathrm{d}t=-\frac{1}{2n+1}\cos(2n+1)t\Big|_0^{\frac{\pi}{2}}=\frac{1}{2n+1}\quad(n\geqslant1).$$

于是 $I_n=(I_n-I_{n-1})+(I_{n-1}-I_{n-2})+\cdots+(I_2-I_1)+I_1=1+\dfrac{1}{3}+\dfrac{1}{5}+\cdots+\dfrac{1}{2n-1}$.

由斯托尔茨公式得

$$\lim_{n\to+\infty}\frac{I_n}{\ln n}=\lim_{n\to+\infty}\frac{I_{n+1}-I_n}{\ln(n+1)-\ln n}=\lim_{n\to+\infty}\frac{1}{(2n+1)\ln\left(1+\dfrac{1}{n}\right)}=\frac{1}{2}.$$ □

例 42　设 k 为正整数，求积分 $I(k)=\int_0^{+\infty}\dfrac{(\sin kx)(\cos x)^k}{x}\mathrm{d}x$.

解　记 $\mathrm{i}=\sqrt{-1}$，利用欧拉公式

$$(\mathrm{e}^{2x\mathrm{i}}+1)^k=\sum_{r=0}^{k}\binom{k}{r}\mathrm{e}^{2rx\mathrm{i}}=\sum_{r=0}^{k}\binom{k}{r}(\cos 2rx+\mathrm{i}\sin 2rx),$$

$$(\mathrm{e}^{2x\mathrm{i}}+1)^k=[\mathrm{e}^{x\mathrm{i}}(\mathrm{e}^{x\mathrm{i}}+\mathrm{e}^{-x\mathrm{i}})]^k=\mathrm{e}^{kx\mathrm{i}}(\mathrm{e}^{x\mathrm{i}}+\mathrm{e}^{-x\mathrm{i}})^k=(\cos kx+\mathrm{i}\sin kx)2^k(\cos x)^k.$$

比较以上两式中的虚部系数得

$$2^k\sin kx(\cos x)^k=\sum_{r=0}^{k}\binom{k}{r}\sin 2rx=\sum_{r=1}^{k}\binom{k}{r}\sin 2rx.$$

利用 $\int_0^{+\infty}\dfrac{\sin x}{x}\mathrm{d}x=\dfrac{\pi}{2}$ 得

$$I(k)=\frac{1}{2^k}\int_0^{+\infty}\sum_{r=1}^{k}\binom{k}{r}\frac{\sin 2rx}{x}\mathrm{d}x=\frac{\pi}{2^{k+1}}\sum_{r=1}^{k}\binom{k}{r}=\frac{\pi}{2^{k+1}}(2^k-1)=\frac{\pi}{2}\left(1-\frac{1}{2^k}\right).$$ □

例 43　设 k 为正整数，求积分 $I(k)=\int_0^{\pi}(\cos kx)(\cos x)^k\mathrm{d}x$.

解　利用例 42 中的公式可得

$$(\mathrm{e}^{2x\mathrm{i}}+1)^k=\sum_{r=0}^{k}\binom{k}{r}\mathrm{e}^{2rx\mathrm{i}}=\sum_{r=0}^{k}\binom{k}{r}(\cos 2rx+\mathrm{i}\sin 2rx),$$

$$(\mathrm{e}^{2x\mathrm{i}}+1)^k=[\mathrm{e}^{x\mathrm{i}}(\mathrm{e}^{x\mathrm{i}}+\mathrm{e}^{-x\mathrm{i}})]^k=\mathrm{e}^{kx\mathrm{i}}(\mathrm{e}^{x\mathrm{i}}+\mathrm{e}^{-x\mathrm{i}})^k=(\cos kx+\mathrm{i}\sin kx)2^k(\cos x)^k,$$

比较以上两式中的实部系数得

$$(\cos kx)2^k(\cos x)^k=\sum_{r=0}^{k}\binom{k}{r}\cos 2rx=1+\sum_{r=1}^{k}\binom{k}{r}\cos 2rx,$$

$$\int_0^{\pi}(\cos kx)(\cos x)^k\mathrm{d}x=\frac{1}{2^k}\int_0^{\pi}1\mathrm{d}x+\frac{1}{2^k}\sum_{r=1}^{k}\binom{k}{r}\int_0^{\pi}\cos 2rx\mathrm{d}x=\frac{\pi}{2^k}.$$ □

例 44　在 $[0,+\infty)$ 上 $f(x)$ 连续，$f(x)\geqslant 0$，$\int_0^{+\infty}f(x)\mathrm{d}x$ 收敛. 证明

$$\lim_{n\to\infty}n\int_0^{+\infty}\ln\left(1+\frac{1}{n}f(x)\right)\mathrm{d}x=\int_0^{+\infty}f(x)\mathrm{d}x.$$

证明　因为 $\ln\left(1+\dfrac{1}{n}f(x)\right)\leqslant\dfrac{1}{n}f(x)$，所以

$$\int_0^{+\infty}\ln\left(1+\frac{1}{n}f(x)\right)dx\leqslant\frac{1}{n}\int_0^{+\infty}f(x)dx,$$

$$n\int_0^{+\infty}\ln\left(1+\frac{1}{n}f(x)\right)dx\leqslant\int_0^{+\infty}f(x)dx,$$

$$\lim_{n\to\infty}n\int_0^{+\infty}\ln\left(1+\frac{1}{n}f(x)\right)dx\leqslant\int_0^{+\infty}f(x)dx.$$

下面再证 $\forall\varepsilon>0$，$\exists N$，当 $n>N$ 时，$n\int_0^{+\infty}\ln\left(1+\frac{1}{n}f(x)\right)dx>\int_0^{+\infty}f(x)dx-\varepsilon$. 因为 $\int_0^{+\infty}f(x)dx$ 收敛，所以 $\exists A>0$，使 $\int_A^{+\infty}f(x)dx<\frac{\varepsilon}{2}$，则 $\int_0^{A}f(x)dx>\int_0^{+\infty}f(x)dx-\frac{\varepsilon}{2}$. 在 $[0,A)$ 上 $f(x)$ 连续,则 $\exists M>0$，当 $0\leqslant x\leqslant A$ 时，$0\leqslant f(x)\leqslant M$，于是，$\exists N_1$，当 $n>N_1$ 时，有

$$\frac{M}{n}<\frac{1}{2},\quad \frac{f(x)}{n}<\frac{1}{2}.$$

下面再估计 $\ln\left(1+\frac{1}{n}f(x)\right)$.

当 $0<y\leqslant\frac{1}{2}$ 时，$\ln(1+y)=y+o(y^2)$，这里存在常数 B，$\left|o(y^2)\right|\leqslant By^2$. 于是

$$\ln(1+y)>y-By^2,\quad \ln\left(1+\frac{1}{n}f(x)\right)>\frac{1}{n}f(x)-B\frac{1}{n^2}f^2(x)>\frac{1}{n}f(x)-B\frac{1}{n^2}M^2,$$

$$\int_0^{A}\ln\left(1+\frac{1}{n}f(x)\right)dx>\frac{1}{n}\int_0^{A}f(x)dx-B\frac{1}{n^2}M^2A,$$

$$n\int_0^{A}\ln\left(1+\frac{1}{n}f(x)\right)dx>\int_0^{A}f(x)dx-\frac{1}{n}BAM^2.$$

又 $\exists N_2$，当 $n>N_2$ 时，$\frac{1}{n}BAM^2<\frac{\varepsilon}{2}$. 取 $N=\max\{N_1,N_2\}$，当 $n>N$ 时，$0\leqslant\frac{f(x)}{n}\leqslant\frac{1}{2}$. 于是

$$n\int_0^{A}\ln\left(1+\frac{1}{n}f(x)\right)dx>\int_0^{A}f(x)dx-\frac{\varepsilon}{2}>\int_0^{+\infty}f(x)dx-\varepsilon,$$

$$n\int_0^{+\infty}\ln\left(1+\frac{1}{n}f(x)\right)dx>n\int_0^{A}\ln\left(1+\frac{1}{n}f(x)\right)dx>\int_0^{+\infty}f(x)dx-\varepsilon.$$

所以 $\lim\limits_{n\to\infty}n\int_0^{+\infty}\ln\left(1+\frac{1}{n}f(x)\right)dx\geqslant\int_0^{+\infty}f(x)dx-\varepsilon$. 再让 $\varepsilon\to0$，有

$$\lim_{n\to\infty}n\int_0^{+\infty}\ln\left(1+\frac{1}{n}f(x)\right)dx\geqslant\int_0^{+\infty}f(x)dx.$$

综合以上内容，就证明了 $\lim\limits_{n\to\infty}n\int_0^{+\infty}\ln\left(1+\frac{1}{n}f(x)\right)dx=\int_0^{+\infty}f(x)dx$. □

补充说明：上面证明中，当 $0<y\leqslant\frac{1}{2}$ 时，$\ln(1+y)=y+o(y^2)$，$\left|o(y^2)\right|\leqslant By^2$，$B$ 可以定出来. 证明如下.

$$\varphi(y)=\ln(1+y)=\varphi(0)+\varphi'(0)y+\frac{1}{2!}\varphi''(\xi)y^2,\quad \varphi'(y)=\frac{1}{1+y},\quad \varphi''(y)=-\frac{1}{(1+y)^2}.$$

这样证, 对初学者有好处.

当 $0<y\leqslant\frac{1}{2}$ 时, $|\varphi''(y)|<1$, 显然可取 $B=\frac{1}{2}$, $\ln(1+y)>y-\frac{1}{2}y^2$.

例 45　对 $n=1,2,\cdots$, 证明 $I_n=\int_0^1(1-x^2)^n\mathrm{d}x\geqslant\frac{2}{3}\frac{1}{\sqrt{n}}$.

证明　**证法一**　先证一个不等式, 当 $0\leqslant x\leqslant 1$ 时, $\varphi(x)=(1-x^2)^n-(1-nx^2)>0$.

首先 $\varphi(0)=0$, 又

$$\varphi'(x)=-2nx(1-x^2)^{n-1}+2nx=2nx[1-(1-x^2)^{n-1}]>0\quad(0\leqslant x\leqslant 1).$$

所以 $\varphi(x)>\varphi(0)=0$. 于是

$$\int_0^1(1-x^2)^n\mathrm{d}x\geqslant\int_0^{\frac{1}{\sqrt{n}}}(1-x^2)^n\mathrm{d}x\geqslant\int_0^{\frac{1}{\sqrt{n}}}(1-nx^2)\mathrm{d}x=\left(x-\frac{n}{3}x^3\right)\Bigg|_0^{\frac{1}{\sqrt{n}}}=\frac{1}{\sqrt{n}}-\frac{1}{3\sqrt{n}}=\frac{2}{3\sqrt{n}}.$$

证法二　设 $x=\cos t,\mathrm{d}x=-\sin t\mathrm{d}t$. 于是当 $n\geqslant 1$ 时,

$$\int_0^1(1-x^2)^n\mathrm{d}x=\int_0^{\frac{\pi}{2}}(\sin t)^{2n+1}\mathrm{d}t=\frac{(2n)\cdot(2n-2)\cdot\cdots\cdot 6\cdot 4\cdot 2}{(2n+1)\cdot(2n-1)\cdot(2n-3)\cdot\cdots\cdot 7\cdot 5\cdot 3}\overset{\text{记为}}{=\!=}A_{2n+1}.$$

下面利用第 1 章例 49 的方法估计 A_{2n+1}.

因为 $\frac{2k}{2k+1}>\frac{2k-1}{2k}(k=1,2,\cdots),\frac{4}{5}>\frac{3}{4},\frac{2}{3}>\frac{1}{2}$, 所以

$$\begin{aligned}A_{2n+1}&>\frac{2n-1}{2n}\cdot\frac{2n-3}{2n-2}\cdot\cdots\cdot\frac{5}{6}\cdot\frac{3}{4}\cdot\frac{1}{2}=\frac{1}{2n}\cdot\frac{(2n-1)\cdot(2n-3)\cdot\cdots\cdot 5\cdot 3\cdot 1}{(2n-2)\cdot(2n-4)\cdot\cdots\cdot 6\cdot 4\cdot 2}\\&=\frac{1}{2n+1}\cdot\frac{1}{\frac{2n}{2n+1}\cdot\frac{2n-2}{2n-1}\cdot\cdots\cdot\frac{4}{5}\cdot\frac{2}{3}}=\frac{1}{2n+1}\cdot\frac{1}{A_{2n+1}}.\end{aligned}$$

于是 $A_{2n+1}^2>\frac{1}{2n+1}$, 得 $A_{2n+1}>\frac{1}{\sqrt{2n+1}}$.

当 $n\geqslant 4$ 时, $\frac{1}{\sqrt{2n+1}}\geqslant\frac{2}{3\sqrt{n}}$, 优于所要求证的结果. 当 $n=1$ 时, 两种方法结果相同.

当 $n=2$ 时, $\int_0^{\frac{\pi}{2}}(\sin x)^5\mathrm{d}x=\frac{4}{5}\cdot\frac{2}{3}>\frac{2}{3}\frac{1}{\sqrt{2}}$.

当 $n=3$ 时, $\int_0^{\frac{\pi}{2}}(\sin x)^7\mathrm{d}x=\frac{6}{7}\cdot\frac{4}{5}\cdot\frac{2}{3}$.

只需验证 $\frac{6}{7}\cdot\frac{4}{5}>\frac{1}{\sqrt{3}}$, 即 $24\sqrt{3}>35$, 这也是显然的.

总之

$$\int_0^{\frac{\pi}{2}}(\sin x)^{2n+1}\mathrm{d}x\begin{cases}\geqslant \dfrac{2}{3\sqrt{n}}, & n=1,2,3,\\ \geqslant \dfrac{1}{\sqrt{2n+1}}\geqslant \dfrac{2}{3\sqrt{n}}, & n\geqslant 4.\end{cases}$$ □

例 46 (Young 不等式) 设 $y=f(x)$ 是 $[0,+\infty)$ 上严格单调增加的连续函数，且 $f(0)=0$，记它的反函数为 $x=f^{-1}(y)$. 证明

$$\int_0^a f(x)\mathrm{d}x+\int_0^b f^{-1}(y)\mathrm{d}y\geqslant ab\quad (a>0,b>0).$$

证明 设 $F(a)=\int_0^a f(x)\mathrm{d}x+\int_0^b f^{-1}(y)\mathrm{d}y-ab$，则 $F'(a)=f(a)-b$.

因 $b>0, f(0)=0$，且 $f(x)$ 是 $[0,+\infty)$ 上严格单调增加的连续函数. 故存在 $\xi\in(0,+\infty)$，使 $f(\xi)=b$. 因此

$$F'(a)=f(a)-f(\xi).$$

若 $0<a<\xi$，则 $F'(a)<0$，从而 $F'(a)$ 单调减少. 若 $a>\xi$，则 $F'(a)>0$，从而 $F'(a)$ 单调增加. 因此，ξ 是 $F(a)$ 的唯一极小值点，即最小值点. 故对 $\forall a\in(0,+\infty)$，有

$$F(a)\geqslant F(\xi)=0,$$

即

$$\int_0^a f(x)\mathrm{d}x+\int_0^b f^{-1}(y)\mathrm{d}y\geqslant ab.$$ □

例 47 在 $[a,b]$ 上，$f(x)\geqslant 0, f''(x)<0$. 证明 $\forall x\in[a,b]$, $f(x)\leqslant \dfrac{2}{b-a}\int_a^b f(t)\mathrm{d}t$.

证明 先证 $f(x)$ 是(上)凸的.

设 $x_1,x_2\in[a,b], \lambda_1,\lambda_2>0, \lambda_1+\lambda_2=1$. 记 $x_0=\lambda_1x_1+\lambda_2x_2$. 利用泰勒公式及已知条件 $f''(x)<0$ 知

$$f(x_1)=f(x_0)+f'(x_0)(x_1-x_0)+\frac{1}{2!}f''(\xi_1)(x_1-x_0)^2<f(x_0)+f'(x_0)(x_1-x_0),$$

$$f(x_2)=f(x_0)+f'(x_0)(x_2-x_0)+\frac{1}{2!}f''(\xi_2)(x_2-x_0)^2<f(x_0)+f'(x_0)(x_2-x_0).$$

又由 $\lambda_1+\lambda_2=1$，可得

$$\begin{aligned}\lambda_1 f(x_1)+\lambda_2 f(x_2)&<(\lambda_1+\lambda_2)f(x_0)+f'(x_0)[(\lambda_1x_1+\lambda_2x_2)-(\lambda_1+\lambda_2)x_0]\\&=f(x_0)+f'(x_0)(x_0-x_0)=f(x_0)=f(\lambda_1x_1+\lambda_2x_2).\end{aligned}$$

对给定的 $x\in(a,b)$，当 $t\in(a,x)$ 时，$t=\dfrac{x-a}{x-a}t=\dfrac{xt-xa+xa-at}{x-a}=\dfrac{t-a}{x-a}x+\dfrac{x-t}{x-a}a$.

记 $x_1=a, x_2=x, \lambda_1=\dfrac{x-t}{x-a}, \lambda_2=\dfrac{t-a}{x-a}$，显然 $\lambda_1+\lambda_2=1$，$\lambda_1x_1+\lambda_2x_2=t$. 由上面所证及所设 $f(x)\geqslant 0$，知

$$f(t)>\frac{x-t}{x-a}f(a)+\frac{t-a}{x-a}f(x)>\frac{t-a}{x-a}f(x).$$

当 $t\in(x,b)$ 时，有

$$t=\frac{b-x}{b-x}t=\frac{bt-bx+bx-xt}{b-x}=\frac{t-x}{b-x}b+\frac{b-t}{b-x}x.$$

记 $x_1=x, x_2=b, \lambda_1=\frac{b-t}{b-x}, \lambda_2=\frac{t-x}{b-x}$. 显然 $\lambda_1+\lambda_2=1$，$\lambda_1x_1+\lambda_2x_2=t$. 所以

$$f(t)>\frac{b-t}{b-x}f(x)+\frac{t-a}{b-x}f(b)>\frac{b-t}{b-x}f(x).$$

于是

$$\begin{aligned}\int_a^b f(t)\mathrm{d}t&=\int_a^x f(t)\mathrm{d}t+\int_x^b f(t)\mathrm{d}t\\&>f(x)\int_a^x\frac{t-a}{x-a}\mathrm{d}t+f(x)\int_x^b\frac{b-t}{b-x}\mathrm{d}t\\&=f(x)\frac{1}{2}\frac{(t-a)^2}{x-a}\Big|_a^x-f(x)\frac{1}{2}\frac{(b-t)^2}{b-x}\Big|_x^b\\&=f(x)\left[\frac{1}{2}(x-a)+\frac{1}{2}(b-x)\right]=\frac{1}{2}(b-a)f(x).\end{aligned}$$

所以 $f(x)<\frac{2}{b-a}\int_a^b f(t)\mathrm{d}t$. 再利用连续性可知

$$f(a)<\frac{2}{b-a}\int_a^b f(t)\mathrm{d}t,\quad f(b)<\frac{2}{b-a}\int_a^b f(t)\mathrm{d}t.$$ □

例 48 设 $\int_a^{+\infty}f(x)\mathrm{d}x$ 收敛，$f(x)$ 在 $[a,+\infty)$ 上一致连续. 证明 $\lim\limits_{x\to+\infty}f(x)=0$.

证明 **证法一** (反证法) 如果 $\lim\limits_{x\to+\infty}f(x)\neq0$，则 $\exists\{\varepsilon_0\}$ 及一个序列 $\{x_n\},x_n\to+\infty$，$|f(x)|\geqslant\varepsilon_0$，有无穷多个 x_n，$f(x_n)$ 同为正，或同为负. 可设 $f(x)\geqslant\varepsilon_0$，对这个 ε_0，因为 $f(x)$ 一致连续，所以当 $|x'-x''|<\delta_0$ 时，$|f(x')-f(x'')|<\frac{\varepsilon_0}{2}$.

取 x' 为 x_n，x'' 在 $[x_n,x_n+\delta_0]$ 中，则 $f(x'')>f(x_n)-\frac{\varepsilon_0}{2}\geqslant\frac{\varepsilon_0}{2}$. 于是

$$\int_{x_n}^{x_n+\delta_0}f(x)\mathrm{d}x\geqslant\frac{\varepsilon_0}{2}\int_{x_n}^{x_n+\delta_0}\mathrm{d}x=\frac{\varepsilon_0}{2}\delta_0.$$

因为当 $n\to+\infty$ 时，$x_n\to+\infty$，上式与柯西收敛准则矛盾，所以 $\lim\limits_{x\to+\infty}f(x)=0$.

证法二 $\forall\varepsilon>0$，因 $f(x)$ 在 $[a,+\infty)$ 一致连续，故 $\exists\varepsilon>0$ (可设 $\delta<\varepsilon$)，当 $|x'-x''|<\delta$ 时，

$$|f(x')-f(x'')|<\frac{\varepsilon}{2}.\tag{3.6}$$

又因 $\int_a^{+\infty}f(x)\mathrm{d}x$ 收敛，故 $\exists M>a$，当 x'，$x''>M$，$x'<x''$ 时，

$$\left|\int_{x'}^{x''}f(t)\mathrm{d}t\right|<\frac{1}{2}\delta^2.\tag{3.7}$$

下面估计 $f(x)\delta$.

$$f(x)\delta=\int_x^{x+\delta}f(x)\mathrm{d}t=\int_x^{x+\delta}[f(x)-f(t)]\mathrm{d}t+\int_x^{x+\delta}f(t)\mathrm{d}t,$$

$$|f(x)\delta| \leqslant \int_x^{x+\delta}|f(x)-f(t)|\mathrm{d}t + \int_x^{x+\delta}|f(t)|\mathrm{d}t .$$

由式（3.6）和式（3.7）得

$$|f(x)|\delta \leqslant \frac{1}{2}\varepsilon\delta + \frac{1}{2}\delta^2 < \varepsilon\delta .$$

可见 $|f(x)|<\varepsilon$，即当 $x>M$ 时，$|f(x)|<\varepsilon$.所以 $\lim\limits_{x\to+\infty} f(x)=0$. □

例 49 举例说明 $f(x)$ 在 $[2,+\infty)$ 连续，$\int_2^{+\infty} f(x)\mathrm{d}x$ 收敛，但"$\lim\limits_{x\to+\infty} f(x)=0$"不成立，且 $\int_2^{\infty} f^2(x)\mathrm{d}x$ 发散.

解 设 $f(x)$ 的表达式如下

$$f(x)=\begin{cases} 0, & (n-1)+\dfrac{2}{(n-1)^3} \leqslant x \leqslant n-\dfrac{1}{n^3}, \\ n^4(x-n)+n, & n-\dfrac{1}{n^3} \leqslant x \leqslant n, \\ n, & n \leqslant x \leqslant n+\dfrac{1}{n^3}, \\ -n^4\left(x-\left(n+\dfrac{1}{n^3}\right)\right)+n, & n+\dfrac{1}{n^3} \leqslant x \leqslant n+\dfrac{2}{n^3}. \end{cases}$$

众所周知，无穷积分 $\int_2^{+\infty} f(x)\mathrm{d}x$ 等于无穷多个梯形面积之和，而每个梯形面积为 $\frac{4}{n^3}\times n \div 2 = \frac{2}{n^2}$.因为 $\sum\limits_{n=2}^{\infty}\frac{1}{n^2}$ 收敛，所以 $\int_2^{+\infty} f(x)\mathrm{d}x$ 收敛.

在 $\left[n, n+\frac{1}{n^3}\right]$ 上，$f(x)=n$ ，$\lim\limits_{n\to+\infty} f(n)=+\infty$ ；

在 $\left[n, n+\frac{1}{n^3}\right]$ 上，$f^2(x)=n^2$ ，$\int_n^{n+\frac{1}{n^3}} f^2(x)\mathrm{d}x = \frac{1}{n}$.

因此

$$\int_2^{\infty} f^2(x)\mathrm{d}x > \frac{1}{2}+\frac{1}{3}+\cdots+\frac{1}{n}+\cdots \to +\infty \quad (n\to+\infty).$$

如果 $g(x)=f(x)+\mathrm{e}^{-x}$ ，那么 $g(x)$ 处处大于0，而 $\int_0^{+\infty} g(x)\mathrm{d}x$ 收敛. □

例 50 设 $x_n=\left(\frac{2}{2^2-1}\right)^{\frac{1}{2^{n-1}}}\left(\frac{2^2}{2^3-1}\right)^{\frac{1}{2^{n-2}}}\cdots\left(\frac{2^{n-2}}{2^{n-1}-1}\right)^{\frac{1}{2^2}}\left(\frac{2^{n-1}}{2^n-1}\right)^{\frac{1}{2}}$. 求 $\lim\limits_{n\to\infty} x_n$.

解 取对数

$$\begin{aligned} \ln x_n &= \frac{1}{2^{n-1}}\ln\left(\frac{2}{2^2-1}\right)+\frac{1}{2^{n-2}}\ln\left(\frac{2^2}{2^3-1}\right)+\cdots+\frac{1}{2^2}\ln\left(\frac{2^{n-2}}{2^{n-1}-1}\right)+\frac{1}{2}\ln\left(\frac{2^{n-1}}{2^n-1}\right) \\ &= \frac{\ln\left(\frac{2}{2^2-1}\right)+2\ln\left(\frac{2^2}{2^3-1}\right)+\cdots+2^{n-3}\ln\left(\frac{2^{n-2}}{2^{n-1}-1}\right)+2^{n-2}\ln\left(\frac{2^{n-1}}{2^n-1}\right)}{2^{n-1}}, \end{aligned}$$

再利用斯托尔茨公式得

$$\lim_{n\to\infty}\ln x_n=\lim_{n\to\infty}\frac{2^{n-2}\ln\left(\dfrac{2^{n-1}}{2^n-1}\right)}{2^{n-1}-2^{n-2}}=\lim_{n\to\infty}\frac{\ln\left(\dfrac{2^{n-1}}{2^n-1}\right)}{2-1}=\lim_{n\to\infty}\ln\left(\frac{1}{2}\cdot\frac{2^n}{2^n-1}\right)$$

$$=\ln\frac{1}{2}+\lim_{n\to\infty}\ln\left(1+\frac{1}{2^n-1}\right)=\ln\frac{1}{2},$$

所以 $\lim\limits_{n\to\infty}x_n=\dfrac{1}{2}$. □

例 51　已知在 $[0,1]$ 上，$f_0(x)>0$ 可积，再定义

$$f_1(x)=\sqrt{\int_0^x f_0(u)\mathrm{d}u},\ f_2(x)=\sqrt{\int_0^x f_1(u)\mathrm{d}u},\cdots,\ f_n(x)=\sqrt{\int_0^x f_{n-1}(u)\mathrm{d}u}\ .$$

求 $\lim\limits_{n\to\infty}f_n(x)$.

解　因 $f_0(x)$ 非负可积，故 $f_0(x)$ 有界. 设 $0\leqslant f_0(x)\leqslant M$，则

$$f_1(x)\leqslant\sqrt{\int_0^x f_0(u)\mathrm{d}u}\leqslant(Mx)^{\frac{1}{2}},$$

$$f_2(x)\leqslant\sqrt{\int_0^x f_1(u)\mathrm{d}u}\leqslant\sqrt{\int_0^x(Mu)\mathrm{d}u}=\left(M^{\frac{1}{2}}\right)^{\frac{1}{2}}\frac{1}{1+\dfrac{1}{2}}x^{1+\frac{1}{2}}=M^{\frac{1}{2\times2}}\left(\frac{2}{3}x^{\frac{3}{2}}\right)^{\frac{1}{2}}$$

$$=M^{\frac{1}{2^2}}\left(\frac{2}{2^2-1}x^{\frac{2^2-1}{2}}\right)^{\frac{1}{2}}=M^{\frac{1}{2^2}}\left(\frac{2}{2^2-1}\right)^{\frac{1}{2}}x^{\frac{2^2-1}{2^2}}.$$

下面用归纳法证明

$$f_n(x)\leqslant M^{\frac{1}{2^n}}\left(\frac{2}{2^2-1}\right)^{\frac{1}{2^{n-1}}}\left(\frac{2^2}{2^3-1}\right)^{\frac{1}{2^{n-2}}}\cdots\left(\frac{2^{n-1}}{2^n-1}\right)^{\frac{1}{2}}x^{\frac{2^n-1}{2^n}}.\tag{3.8}$$

由上面可知，当 $k=2$ 时成立. 设当 $k=n$ 时，式（3.8）成立. 当 $k=n+1$ 时，

$$f_{n+1}(x)=\sqrt{\int_0^x f(u)\mathrm{d}u}\leqslant\left[M^{\frac{1}{2^n}}\left(\frac{2}{2^2-1}\right)^{\frac{1}{2^{n-1}}}\cdots\left(\frac{2^{n-1}}{2^n-1}\right)^{\frac{1}{2}}\right]^{\frac{1}{2}}\sqrt{\int_0^x u^{\frac{2^n-1}{2^n}}\mathrm{d}u}$$

$$=M^{\frac{1}{2^{n+1}}}\left(\frac{2}{2^2-1}\right)^{\frac{1}{2^n}}\cdots\left(\frac{2^{n-1}}{2^n-1}\right)^{\frac{1}{2^2}}\left(\frac{1}{1+\dfrac{2^n-1}{2^n}}x^{\frac{2^n-1}{2^n}+1}\right)^{\frac{1}{2}}$$

$$=M^{\frac{1}{2^{n+1}}}\left(\frac{2}{2^2-1}\right)^{\frac{1}{2^n}}\left(\frac{2^2}{2^3-1}\right)^{\frac{1}{2^{n-1}}}\cdots\left(\frac{2^{n-1}}{2^n-1}\right)^{\frac{1}{2^2}}\left(\frac{2^n}{2^n+2^n-1}\right)^{\frac{1}{2}}x^{\frac{2^n-1+2^n}{2^n}\times\frac{1}{2}}$$

$$= M^{\frac{1}{2^{n+1}}}\left(\frac{2}{2^2-1}\right)^{\frac{1}{2^n}}\left(\frac{2^2}{2^3-1}\right)^{\frac{1}{2^{n-1}}}\cdots\left(\frac{2^{n-1}}{2^n-1}\right)^{\frac{1}{2^2}}\left(\frac{2^n}{2^{n+1}-1}\right)^{\frac{1}{2}} x^{\frac{2^{n+1}-1}{2^{n+1}}}.$$

这就证明了当 $k=n+1$ 时成立.

让 $n\to\infty$，由例 50 知 $\lim\limits_{n\to+\infty} f_n(x)\leqslant\frac{1}{2}x$.

下面再证相反的不等式. 首先，分析函数的单调性和有界性.

因为 $f_0(x)>0$ 在 $[0,1]$ 上可积，所以 $F_1(x)=\int_0^x f_0(u)\mathrm{d}u$ 在 $[0,1]$ 上是单调递增且可导的. 由变上限积分的性质，$F_1'(x)=f_0(x)>0$，且 $F_1(0)=0$，$F_1(1)=\int_0^1 f_0(u)\mathrm{d}u>0$. 则可知 $f_1(x)=\sqrt{\int_0^x f_0(u)\mathrm{d}u}$ 在 $[0,1]$ 上单调递增，且 $f_1(0)=0$，$f_1(1)=\sqrt{\int_0^1 f_0(u)\mathrm{d}u}>0$.

一般地，设 $F_n(x)=\int_0^x f_{n-1}(u)\mathrm{d}u$，由 $f_{n-1}(x)\geqslant 0$ (可由递推关系和 $f_0(x)>0$ 推出)，根据变上限积分的性质，$F_n(x)$ 单调递增，且 $F_n(0)=0$，$F_n(1)=\int_0^1 f_{n-1}(u)\mathrm{d}u>0$ (利用数学归纳法：当 $n=1$ 时已证，假设当 $n=k$ 时成立，那么当 $n=k+1$ 时也成立). 而 $f_n(x)=\sqrt{\int_0^x f_{n-1}(u)\mathrm{d}u}$，所以 $f_n(x)$ 在 $[0,1]$ 上单调递增(且有界)，

$$f_n(0)=0,\quad f_n(1)=\sqrt{\int_0^1 f_{n-1}(u)\mathrm{d}u}>0.$$

现在固定 x_0，$\forall\varepsilon>0$，可设 $\varepsilon<x_0$. 由 $f_n(x)$ 单调增加，所以当 $u\in(\varepsilon,1)$ 时，$f_1(u)\geqslant f_0(\varepsilon)$，记 $m=f_1(\varepsilon)>0$.

于是，当 $x>\varepsilon$ 时，

$f_2(x)=\sqrt{\int_0^x f_1(u)\mathrm{d}u}>\sqrt{\int_\varepsilon^x f_1(u)\mathrm{d}u}>(m(x-\varepsilon))^{\frac{1}{2}}$，即得 $f_2(x_0)>(m(x_0-\varepsilon))^{\frac{1}{2}}$，

$$f_3(x)=\sqrt{\int_0^x f_2(u)\mathrm{d}u}>\sqrt{\int_\varepsilon^x f_2(u)\mathrm{d}u}>\sqrt{\int_\varepsilon^x (m(u-\varepsilon))^{\frac{1}{2}}\mathrm{d}u}$$

$$=\left(m^{\frac{1}{2}}\left(\frac{2}{3}(u-\varepsilon)^{\frac{3}{2}}\right)^{\frac{1}{2}}\Bigg|_\varepsilon^x\right)^{\frac{1}{2}}=(m^{\frac{1}{2}})^{\frac{1}{2}}\left(\frac{2}{3}\right)^{\frac{1}{2}}(x-\varepsilon)^{\frac{3}{4}}=m^{\frac{1}{2^2}}\left(\frac{2}{2^2-1}\right)^{\frac{1}{2}}(x-\varepsilon)^{\frac{2^2-1}{2^2}},$$

即得 $f_3(x_0)>m^{\frac{1}{2^2}}\left(\frac{2}{2^2-1}\right)^{\frac{1}{2}}(x_0-\varepsilon)^{\frac{2^2-1}{2^2}}$.

利用归纳法，可得与式（3.8）类似的估计式

$$f_n(x_0)>(f_1(\varepsilon))^{\frac{1}{2^n}}\left(\frac{2}{2^2-1}\right)^{\frac{1}{2^{n-1}}}\left(\frac{2^2}{2^3-1}\right)^{\frac{1}{2^{n-2}}}\cdots\left(\frac{2^{n-1}}{2^n-1}\right)^{\frac{1}{2}}(x_0-\varepsilon)^{\frac{2^n-1}{2^n}}.$$

由于 $f_1(\varepsilon)>0$，再利用上例可知 $\lim\limits_{n\to\infty}f_n(x_0)\geqslant\dfrac{1}{2}(x_0-\varepsilon)$． □

例 52　证明：设 $f(x)$ 在 $[0,+\infty)$ 上可导，且 $\int_0^{+\infty}f(x)\mathrm{d}x$ 收敛，则存在 $\{x_n\}$，满足 $\lim\limits_{n\to+\infty}x_n=+\infty$，且 $\lim\limits_{n\to+\infty}f'(x_n)=0$．

证明　令 $u_n=\int_n^{n+1}f(x)\,\mathrm{d}x\,(n=1,2,3,\cdots)$．由积分收敛可知 $\lim\limits_{n\to+\infty}u_n=0$．

又由积分第一中值定理知，$\exists\xi_n\in[n,n+1],\exists\xi_{n+2}\in[n+2,n+3]$，使

$$u_n=f(\xi_n),\quad u_{n+2}=f(\xi_{n+2}).$$

又由微分中值定理知，$\exists x_n\in(\xi_n,\xi_{n+2})$，使

$$\frac{f(\xi_{n+2})-f(\xi_n)}{\xi_{n+2}-\xi_n}=f'(x_n).$$

易知，$\exists x_n>\xi_n>n$，$1<\xi_{n+2}-\xi_n<3$．所以 $\lim\limits_{n\to+\infty}x_n=+\infty$，

$$\left|\frac{f(\xi_{n+2})-f(\xi_n)}{3}\right|\leqslant|f'(x_n)|\leqslant|f(\xi_{n+2})-f(\xi_n)|,$$

即 $\dfrac{1}{3}|u_{n+2}-u_n|\leqslant|f'(x_n)|\leqslant|u_{n+2}-u_n|$．由于 $\lim\limits_{n\to+\infty}u_n=0$ 知 $\lim\limits_{n\to+\infty}f'(x_n)=0$． □

例 53　计算 $\int_0^{\frac{\pi}{2}}\ln(\sin x)\,\mathrm{d}x$.

解　记 $I=\int_0^{\frac{\pi}{2}}\ln(\sin x)\,\mathrm{d}x$, 则 $I=\int_0^{\frac{\pi}{4}}\ln(\sin x)\mathrm{d}x+\int_{\frac{\pi}{4}}^{\frac{\pi}{2}}\ln(\sin x)\mathrm{d}x$. 在第二项中，令 $x=\dfrac{\pi}{2}-t$，于是

$$\begin{aligned}I&=\int_0^{\frac{\pi}{4}}\ln(\sin x)\mathrm{d}x+\int_0^{\frac{\pi}{4}}\ln(\cos t)\mathrm{d}t=\int_0^{\frac{\pi}{4}}\ln(\sin x)\mathrm{d}x+\int_0^{\frac{\pi}{4}}\ln(\cos x)\mathrm{d}x\\&=\int_0^{\frac{\pi}{4}}\ln(\sin x\cos x)\mathrm{d}x=\int_0^{\frac{\pi}{4}}\ln(\sin 2x)\mathrm{d}x-\int_0^{\frac{\pi}{4}}\ln 2\mathrm{d}x.\end{aligned}$$

再令 $2x=t$，可得

$$I=\frac{1}{2}\int_0^{\frac{\pi}{2}}\ln(\sin t)\mathrm{d}t-\frac{\pi}{4}\ln 2=\frac{1}{2}\int_0^{\frac{\pi}{2}}\ln(\sin x)\mathrm{d}x-\frac{\pi}{4}\ln 2=\frac{1}{2}I-\frac{\pi}{4}\ln 2.$$

解得 $I=-\dfrac{\pi}{2}\ln 2$. □

例 54　证明（1） $\int_0^{\frac{\pi}{2}}\cos(\cos x)\mathrm{d}x\geqslant\dfrac{3}{8}\pi$；（2） $\int_0^{\frac{\pi}{2}}\sin(\sin x)\mathrm{d}x<1$.

证明　（1）记 $\int_0^{\frac{\pi}{2}}\cos(\cos x)\mathrm{d}x=\int_0^{\frac{\pi}{4}}\cos(\cos x)\mathrm{d}x+\int_{\frac{\pi}{4}}^{\frac{\pi}{2}}\cos(\cos x)\mathrm{d}x$．对 $\int_{\frac{\pi}{4}}^{\frac{\pi}{2}}\cos(\cos x)\mathrm{d}x$，令 $x=\dfrac{\pi}{2}-t$，则

$$\int_{\frac{\pi}{4}}^{\frac{\pi}{2}}\cos(\cos x)\mathrm{d}x=\int_0^{\frac{\pi}{4}}\cos(\sin t)\mathrm{d}t=\int_0^{\frac{\pi}{4}}\cos(\sin x)\mathrm{d}x.$$

于是

$$\int_0^{\frac{\pi}{2}}\cos(\cos x)\mathrm{d}x=\int_0^{\frac{\pi}{4}}[\cos(\cos x)+\cos(\sin x)]\mathrm{d}x.$$

利用泰勒展开式估计被积函数，设 $f(x)=\cos t$，则

$$f'(x)=\cos\left(\frac{\pi}{2}+t\right),\quad f''(x)=\cos(\pi+t),\quad f'''(x)=\cos\left(\frac{3\pi}{2}+t\right),\quad f^{(4)}(x)=\cos(2\pi+t).$$

令 $t=0$，则 $f(0)=1$，$f'(0)=0$，$f''(0)=-1$，$f'''(0)=0$.于是

$$\cos t=1-\frac{1}{2!}t^2+\frac{1}{4!}(\cos\xi)t^4\quad(\xi\text{ 介于 }0\text{ 与 }t\text{ 之间}).$$

当 $t=\cos x$ 时，$0<x<\frac{\pi}{4}$，则 $0<\xi<\frac{\sqrt{2}}{2}$, $\cos\xi>0$；当 $t=\sin x$ 时，同样有 $\cos\xi>0$，就有估计式

$$\cos(\cos x)=1-\frac{1}{2!}\cos^2 x+\frac{1}{4!}(\cos\xi)(\cos x)^4>1-\frac{1}{2!}\cos^2 x,$$

$$\cos(\sin x)>1-\frac{1}{2!}\sin^2 x.$$

于是

$$\int_0^{\frac{\pi}{4}}[\cos(\cos x)+\cos(\sin x)]\mathrm{d}x\geqslant\int_0^{\frac{\pi}{4}}\left(2-\frac{1}{2}\cos^2 x-\frac{1}{2}\sin^2 x\right)\mathrm{d}x=\int_0^{\frac{\pi}{4}}\frac{3}{2}\mathrm{d}x=\frac{3}{8}\pi.$$

（2）**证法一**　$\int_{\frac{\pi}{4}}^{\frac{\pi}{2}}\sin(\sin x)\mathrm{d}x$，令 $x=\frac{\pi}{2}-t$，则

$$\int_{\frac{\pi}{4}}^{\frac{\pi}{2}}\sin(\sin x)\mathrm{d}x=\int_0^{\frac{\pi}{4}}\sin(\cos t)\mathrm{d}t=\int_0^{\frac{\pi}{4}}\sin(\cos x)\mathrm{d}x.$$

于是

$$\int_0^{\frac{\pi}{2}}\sin(\sin x)\mathrm{d}x=\int_0^{\frac{\pi}{4}}[\sin(\sin x)+\sin(\cos x)]\mathrm{d}x.$$

由于当 $t>0$ 时，$\sin t<t$，所以

$$\int_0^{\frac{\pi}{2}}\sin(\sin x)\mathrm{d}x<\int_0^{\frac{\pi}{4}}(\sin x+\cos x)\mathrm{d}x=(-\cos x+\sin x)\Big|_0^{\frac{\pi}{4}}=1.$$

证法二　令 $u=\sin x$，$x=\arcsin u$，$\mathrm{d}x=\frac{1}{\sqrt{1-u^2}}\mathrm{d}u$.于是

$$\int_0^{\frac{\pi}{2}}\sin(\sin x)\mathrm{d}x=\int_0^1\frac{\sin u}{\sqrt{1-u^2}}\mathrm{d}u<\int_0^1\frac{u}{\sqrt{1-u^2}}\mathrm{d}u=-\sqrt{1-u^2}\Big|_0^1=1.$$

类似地，有 $\int_0^{\frac{\pi}{2}}\cos(\cos x)\mathrm{d}x\overset{u=\cos x}{=\!=\!=}\int_0^1\frac{\cos u}{\sqrt{1-u^2}}\mathrm{d}x$.因为

$$\cos u>1-\frac{u^2}{2}=\frac{1}{2}(2-u^2)=\frac{1}{2}[1+(1-u^2)]\geqslant\sqrt{1-u^2}$$ (利用算术平均大于几何平均的结论)

可得

$$\int_0^1\frac{\cos u}{\sqrt{1-u^2}}\mathrm{d}x\geqslant\int_0^1 1\mathrm{d}x=1.$$ □

第4章 多元函数微分学

4.1 知识要点

1. 二元函数极限的概念、重极限、累次极限及其关系

（1）二元函数极限（重极限）的定义及主要结论.

设 f 定义在 $D\subset\mathbf{R}^2$ 上，$P_0(x_0,y_0)$ 是 D 的一个聚点.

（i）$\lim\limits_{P\to P_0}f(P)=A\Leftrightarrow$ 对 $\forall\varepsilon>0,\exists\delta>0,$ 当 $P\in\overset{\circ}{U}(P_0;\delta)\cap D$ 时，有 $|f(P)-A|<\varepsilon$，或

$$\lim_{(x,y)\to(x_0,y_0)}f(x,y)=A\Leftrightarrow\forall\varepsilon>0,\exists\delta>0,$$

当 $|x-x_0|<\delta,|y-y_0|<\delta$，且 $(x,y)\neq(x_0,y_0)$（或 $0<\sqrt{(x-x_0)^2+(y-y_0)^2}<\delta$）时，有

$$|f(x,y)-A|<\varepsilon.$$

$\lim\limits_{P\to P_0}f(P)\neq A\Leftrightarrow\exists\varepsilon_0>0$，对 $\forall\delta>0$，存在 $P_1\in\overset{\circ}{U}(P_0;\delta)\cap D$ 时，有 $|f(P_1)-A|\geqslant\varepsilon_0$，或

$$\lim_{(x,y)\to(x_0,y_0)}f(x,y)\neq A\Leftrightarrow\exists\varepsilon_0>0,$$

对 $\forall\delta>0,\exists(x_1,y_1),$ 有

$$|x_1-x_0|<\delta,\quad |y_1-y_0|<\delta,$$

且 $(x_1,y_1)\neq(x_0,y_0)$（或 $0<\sqrt{(x_1-x_0)^2+(y_1-y_0)^2}<\delta$）时，有 $|f(x_1,y_1)-A|\geqslant\varepsilon_0$.

（ii）$\lim\limits_{\substack{P\to P_0\\P\in D}}f(P)=A\Leftrightarrow$ 对 D 的任一子集 E，只要 P_0 是 E 的聚点，就有 $\lim\limits_{\substack{P\to P_0\\P\in E}}f(P)=A$.

（iii）设 $E\subset D$，P_0 是 E 的聚点，若 $\lim\limits_{\substack{P\to P_0\\P\in E}}f(P)$ 不存在，则 $\lim\limits_{\substack{P\to P_0\\P\in D}}f(P)$ 也不存在.

（iv）设 $E_1,E_2\subset D$，P_0 是它们的聚点，若存在极限 $\lim\limits_{\substack{P\to P_0\\P\in E_1}}f(P)=A_1$，$\lim\limits_{\substack{P\to P_0\\P\in E_2}}f(P)=A_2$，但 $A_1\neq A_2$，则 $\lim\limits_{\substack{P\to P_0\\P\in D}}f(P)$ 不存在.

（v）极限 $\lim\limits_{\substack{P\to P_0\\P\in D}}f(P)$ 存在 $\Leftrightarrow$ 对 D 中任一满足条件 $P_n\neq P_0$ 且 $\lim\limits_{n\to\infty}P_n=P_0$ 的点列 $\{P_n\}$，它所对应的数列 $\{f(P_n)\}$ 收敛.

（vi）柯西准则：$\lim\limits_{\substack{P\to P_0\\P\in D}}f(P)$ 存在 $\Leftrightarrow$ 对 $\forall\varepsilon>0,\exists\delta>0$，当 $P_1,P_2\in\overset{\circ}{U}(P_0;\delta)\cap D$ 时有

$$|f(P_1)-f(P_2)|<\varepsilon.$$

$\lim\limits_{\substack{P\to P_0\\P\in D}} f(P)$ 不存在 $\Leftrightarrow$ 对 $\exists\varepsilon_0>0,\forall\delta>0$，存在 $P_1,P_2\in \overset{\circ}{U}(P_0;\delta)\cap D$，但

$$|f(P_1)-f(P_2)|\geqslant\varepsilon_0.$$

（2）重极限与累次极限的关系.

（i）若重极限 $\lim\limits_{(x,y)\to(x_0,y_0)} f(x,y)$ 与累次极限 $\lim\limits_{x\to x_0}\lim\limits_{y\to y_0} f(x,y)$（或 $\lim\limits_{y\to y_0}\lim\limits_{x\to x_0} f(x,y)$）都存在，则它们必相等.

（ii）若累次极限 $\lim\limits_{x\to x_0}\lim\limits_{y\to y_0} f(x,y)$，$\lim\limits_{y\to y_0}\lim\limits_{x\to x_0} f(x,y)$ 与重极限 $\lim\limits_{(x,y)\to(x_0,y_0)} f(x,y)$ 都存在，则三者相等.

（iii）若累次极限 $\lim\limits_{x\to x_0}\lim\limits_{y\to y_0} f(x,y)$ 与 $\lim\limits_{y\to y_0}\lim\limits_{x\to x_0} f(x,y)$ 都存在，但不相等，则重极限 $\lim\limits_{(x,y)\to(x_0,y_0)} f(x,y)$ 不存在.

2. 二元函数的连续性

设 $f(x,y)$ 为定义在点集 $D\subset\mathbf{R}^2$ 上的二元函数，P_0 是 D 的聚点.

（1）二元函数连续的定义.

$$f(x,y) \text{ 在点 } P_0 \text{ 连续} \Leftrightarrow \lim_{\substack{P\to P_0\\P\in D}} f(P)=f(P_0)$$

$$\Leftrightarrow \text{对 } \forall\varepsilon>0,\exists\delta>0\text{，当 } P\in \overset{\circ}{U}(P_0;\delta)\cap D \text{ 时有}$$

$$|f(P)-f(P_0)|<\varepsilon \Leftrightarrow \lim_{(\Delta x,\Delta y)\to(0,0)}\Delta z=0,$$

其中 $\Delta z=f(x_0+\Delta x,y_0+\Delta y)-f(x_0,y_0)$.

注 若 P_0 为 D 的孤立点，则 P_0 必定是 $f(x,y)$ 关于 D 的连续点.

（2）二元连续函数的性质.

局部有界性 若 $f(x,y)$ 在点 P_0 连续，则 $f(x,y)$ 在 P_0 的某个邻域 $U(P_0)$ 内有界.

局部保号性 若 $f(x,y)$ 在点 P_0 连续，且 $f(P_0)>0$（或 <0），则对任何正数 $r<f(P_0)$（或 $r<-f(P_0)$），存在 P_0 的某个邻域 $U(P_0)$，使得对一切 $P\in U(P_0)$ 有 $f(P)>r$（或 $f(P)<-r$）.

有界性 若 $f(x,y)$ 在有界闭域 $D\subset\mathbf{R}^2$ 上连续，则 $f(x,y)$ 在 D 上有界.

最值性 若 $f(x,y)$ 在有界闭域 $D\subset\mathbf{R}^2$ 上连续，则 $f(x,y)$ 在 D 上有最大值与最小值.

介值性 设 $f(x,y)$ 在区域 $D\subset\mathbf{R}^2$ 上连续，若 P_1，P_2 为 D 中任意两点，且 $f(P_1)<f(P_2)$，则对任意满足不等式 $f(P_1)<\mu<f(P_2)$ 的实数 μ，必存在点 $P_0\in D$，使得 $f(P_0)=\mu$.

一致连续性 若 $f(x,y)$ 在有界闭域 $D\subset\mathbf{R}^2$ 上连续，则 $f(x,y)$ 在 D 上一致连续，即对 $\forall\varepsilon>0,\exists\delta=\delta(\varepsilon)>0$，对 $\forall P,Q\in D$，当 $\rho(P,Q)<\delta$ 时，有 $|f(P)-f(Q)|<\varepsilon$.

若 $\exists\varepsilon_0>0$，对 $\forall\delta>0,\exists P,Q\in D$，使得 $\rho(P,Q)<\delta$，但 $|f(P)-f(Q)|\geqslant\varepsilon_0$，则 $f(x,y)$ 在 D 上非一致连续.

3. 判断二元函数在某点的连续性，偏导数的存在性及连续性、可微性

（1）连续性: $\lim\limits_{(x,y)\to(x_0,y_0)} f(x,y)=f(x_0,y_0)$.

（2）偏导数存在性:

$$f_x(x_0,y_0)=\lim_{\Delta x\to 0}\frac{f(x_0+\Delta x,y_0)-f(x_0,y_0)}{\Delta x}=\frac{\mathrm{d}}{\mathrm{d}x}[f(x,y_0)]\Big|_{x=x_0};$$

$$f_y(x_0,y_0)=\lim_{\Delta y\to 0}\frac{f(x_0,y_0+\Delta y)-f(x_0,y_0)}{\Delta y}=\frac{\mathrm{d}}{\mathrm{d}y}[f(x_0,y)]\Big|_{y=y_0};$$

$$f_x(x,y)=\lim_{\Delta x\to 0}\frac{f(x+\Delta x,y)-f(x,y)}{\Delta x};$$

$$f_y(x,y)=\lim_{\Delta y\to 0}\frac{f(x,y+\Delta y)-f(x,y)}{\Delta y}.$$

（3）可微性:

$$\lim_{(\Delta x,\Delta y)\to(0,0)}\frac{f(x_0+\Delta x,y_0+\Delta y)-f(x_0,y_0)-f_x(x_0,y_0)\Delta x-f_y(x_0,y_0)\Delta y}{\sqrt{(\Delta x)^2+(\Delta y)^2}}=0;$$

全微分 $\mathrm{d}z\big|_{(x_0,y_0)}=f_x(x_0,y_0)\mathrm{d}x+f_y(x_0,y_0)\mathrm{d}y$,

$$\mathrm{d}z=f_x(x,y)\mathrm{d}x+f_y(x,y)\mathrm{d}y.$$

（4）连续、偏导数存在及可微的关系:

偏导数连续则函数可微，函数可微则偏导数存在，函数可微则连续且极限存在.

4. 多元函数偏导数及全微分的计算

（1）复合函数的偏导数（链式法则）：设 $z=f(u,v),u=u(x,y),v=v(x,y)$，则

$$\frac{\partial z}{\partial x}=\frac{\partial z}{\partial u}\frac{\partial u}{\partial x}+\frac{\partial z}{\partial v}\frac{\partial v}{\partial x},\quad \frac{\partial z}{\partial y}=\frac{\partial z}{\partial u}\frac{\partial u}{\partial y}+\frac{\partial z}{\partial v}\frac{\partial v}{\partial y}.$$

多元复合函数的情况比较复杂，在求导时要注意复合函数中哪些是自变量，哪些是中间变量，正确使用链式法则.

（2）一阶全微分形式不变性: 设 $z=f(u,v)$，不论 u,v 为自变量还是中间变量，都有

$$\mathrm{d}z=\frac{\partial z}{\partial u}\mathrm{d}u+\frac{\partial z}{\partial v}\mathrm{d}v.$$

（3）高阶偏导数: 以二阶偏导数为例.

$$\frac{\partial^2 z}{\partial x^2}=\frac{\partial}{\partial x}\left(\frac{\partial z}{\partial x}\right)=f_{xx}(x,y),\quad \frac{\partial^2 z}{\partial x\partial y}=\frac{\partial}{\partial y}\left(\frac{\partial z}{\partial x}\right)=f_{xy}(x,y),$$

$$\frac{\partial^2 z}{\partial y\partial x}=\frac{\partial}{\partial x}\left(\frac{\partial z}{\partial y}\right)=f_{yx}(x,y),\quad \frac{\partial^2 z}{\partial y^2}=\frac{\partial}{\partial y}\left(\frac{\partial z}{\partial y}\right)=f_{yy}(x,y).$$

若混合偏导数 $f_{xy}(x,y)$ 与 $f_{yx}(x,y)$ 连续，则 $f_{xy}(x,y)=f_{yx}(x,y)$，类似可定义更高阶偏导数.

（4）隐函数的偏导数求法:

（i）把方程（或方程组）看作恒等式，两边对自变量求导，再解出所求的导数或偏导数.

（ii）公式法: 设 $y=f(x)$ 是由方程 $F(x,y)=0$ 所确定的隐函数，且 $F_y\neq 0$，则

$$\frac{\mathrm{d}y}{\mathrm{d}x}=-\frac{F_x}{F_y};$$

设 $y=f(x_1,x_2,\cdots,x_n)$ 是由方程 $F(x_1,x_2,\cdots,x_n,y)=0$ 确定的隐函数，且 $F_y\neq 0$，则

$$\frac{\partial f}{\partial x_1}=-\frac{F_{x_1}}{F_y},\frac{\partial f}{\partial x_2}=-\frac{F_{x_2}}{F_y},\cdots,\frac{\partial f}{\partial x_n}=-\frac{F_{x_n}}{F_y};$$

设 $u=u(x,y),v=v(x,y)$ 是由方程组 $\begin{cases}F(x,y,u,v)=0,\\ G(x,y,u,v)=0\end{cases}$ 所确定的隐函数组，且 $J=\dfrac{\partial(F,G)}{\partial(u,v)}\neq 0$，则

$$\frac{\partial u}{\partial x}=-\frac{1}{J}\frac{\partial(F,G)}{\partial(x,v)},\quad \frac{\partial v}{\partial x}=-\frac{1}{J}\frac{\partial(F,G)}{\partial(u,x)},$$

$$\frac{\partial u}{\partial y}=-\frac{1}{J}\frac{\partial(F,G)}{\partial(y,v)},\quad \frac{\partial v}{\partial y}=-\frac{1}{J}\frac{\partial(F,G)}{\partial(u,y)}.$$

（iii）微分法: 利用一阶全微分形式不变性，对方程(或方程组)两边求全微分，然后利用微分给出所求的导数或偏导数.

对微分方程作自变量的变量替换，使之变为新变量的微分方程. 主要方法是由变量之间的关系，求出它们的导数或偏导数之间的关系，再代入方程.

5. 多元函数泰勒公式及微分学的应用

1）中值定理与泰勒定理

中值定理 设 $f(x,y)$ 在凸区域 $D\subset\mathbf{R}^2$ 内连续，在 D 内可微，则对 D 内任意两点 $P(x_0,y_0),Q(x_0+h,y_0+k)$，存在某个 $\theta\,(0<\theta<1)$，使得

$$f(x_0+h,y_0+k)-f(x_0,y_0)=f_x(x_0+\theta h,y_0+\theta k)h+f_y(x_0+\theta h,y_0+\theta k)k,$$

以上公式也称为凸域上的中值公式.

推论 若 $f(x,y)$ 在区域 D 上存在偏导数，且 $f_x=f_y\equiv 0$，则 $f(x,y)$ 在 D 上为常量函数.

泰勒定理 若 $f(x,y)$ 在点 $P_0(x_0,y_0)$ 的某邻域 $U(P_0)$ 内有直到 $n+1$ 阶连续偏导数，则对 $U(P_0)$ 内任一点 (x_0+h,y_0+k)，存在相应的 $\theta\in(0,1)$，使得

$$f(x_0+h,y_0+k)=f(x_0,y_0)+\left(h\frac{\partial}{\partial x}+k\frac{\partial}{\partial y}\right)f(x_0,y_0)$$
$$+\frac{1}{2!}\left(h\frac{\partial}{\partial x}+k\frac{\partial}{\partial y}\right)^2 f(x_0,y_0)+\cdots$$

$$+\frac{1}{n!}\left(h\frac{\partial}{\partial x}+k\frac{\partial}{\partial y}\right)^n f(x_0,y_0)$$

$$+\frac{1}{(n+1)!}\left(h\frac{\partial}{\partial x}+k\frac{\partial}{\partial y}\right)^{n+1} f(x_0+\theta h,y_0+\theta k),$$

其中 $\left(h\frac{\partial}{\partial x}+k\frac{\partial}{\partial y}\right)^m f(x_0,y_0)=\sum_{i=0}^{m}\mathrm{C}_m^i\frac{\partial^m}{\partial x^i\partial y^{m-i}}f(x_0,y_0)h^ik^{m-i}$.

2）多元函数的极值

极值的必要条件：若 $f(x,y)$ 在点 $P_0(x_0,y_0)$ 存在偏导数，且在 P_0 取得极值，则有

$$f_x(x_0,y_0)=0,\quad f_y(x_0,y_0)=0.$$

注　偏导数不存在的点也可能是函数的极值点.

极值的充分条件：若 $f(x,y)$ 在点 $P_0(x_0,y_0)$ 的某邻域 $U(P_0)$ 内具有二阶连续偏导数，且 P_0 是 $f(x,y)$ 的驻点，记 $A=f_{xx}(x_0,y_0),B=f_{xy}(x_0,y_0),C=f_{yy}(x_0,y_0)$，则

（i）当 $B^2-AC<0$ 时，函数 $f(x,y)$ 在点 P_0 取得极值，若 $A<0$，取极大值；若 $A>0$，取极小值.

（ii）当 $B^2-AC>0$ 时，函数 $f(x,y)$ 在点 P_0 不取得极值.

（iii）当 $B^2-AC=0$ 时，不能判断 $f(x,y)$ 在点 P_0 是否取得极值.

注　若记 $f(x,y)$ 在点 P_0 的黑塞（Hesse）矩阵为 $H_f(P_0)=\begin{pmatrix} f_{xx} & f_{xy}\\ f_{yx} & f_{yy}\end{pmatrix}$，这里 $f_{xy}=f_{yx}$，则上面的条件变为：当 $H_f(P_0)$ 是正定矩阵时，$f(x,y)$ 在点 P_0 取得极小值；当 $H_f(P_0)$ 是负定矩阵时，$f(x,y)$ 在点 P_0 取得极大值；当 $H_f(P_0)$ 是不定矩阵时，$f(x,y)$ 在点 P_0 不取得极值. 此结论可推广到一般 n 元函数的极值问题.

3）条件极值

求条件极值的方法有两种：一种是将条件极值转化为无条件极值；另一种是拉格朗日乘数法.

拉格朗日乘数法：设函数 $z=f(x_1,x_2,\cdots,x_n)$ 的约束条件是

$$\varphi_i(x_1,x_2,\cdots,x_n)=0\quad(i=1,2,\cdots,m),$$

其中 f,φ_i 均具有一阶连续偏导数，且 $\varphi_1,\varphi_2,\cdots,\varphi_m$ 关于 $x_1,x_2,\cdots,x_n$ 的雅可比矩阵的秩为 m. 求多元函数的条件极值的步骤：

（1）作拉格朗日函数

$$L(x_1,x_2,\cdots,x_n,\lambda_1,\lambda_2,\cdots,\lambda_m)=f+\lambda_1\varphi_1+\lambda_2\varphi_2+\cdots+\lambda_m\varphi_m;$$

（2）解方程组 $L_{x_1}=L_{x_2}=\cdots=L_{x_n}=L_{\lambda_1}=L_{\lambda_2}=\cdots=L_{\lambda_m}=0$，求出驻点；

（3）对驻点进行判断. 常用的方法有：①利用极值的定义判断；②利用问题的实际背景进行判断；③利用拉格朗日函数的二阶微分进行判断，若在驻点 P_0 处 $\mathrm{d}^2L(P_0)>0(<0)$，则 $f(x,y)$ 在点 P_0 取条件极小 (大) 值，其中

$$d^2L(P_0)=\left(\frac{\partial}{\partial x_1}dx_1+\frac{\partial}{\partial x_2}dx_2+\cdots+\frac{\partial}{\partial x_n}dx_n\right)^2 L(P_0)=\sum_{k,j=1}^{n}L_{x_kx_j}(P_0)dx_k dx_j,$$

$dx_i\ (i=1,2,\cdots,n)$ 应满足方程 $\sum_{i=1}^{n}\frac{\partial\varphi_j}{\partial x_i}(P_0)dx_i=0\ (j=1,2,\cdots,m)$; ④利用黑塞矩阵的正定性判断(从条件中可解出 m 个变量, 代入函数 f 中可知 f 是 $n-m$ 元函数).

4）几何应用

（1）平面曲线的切线与法线.

平面曲线 L 的方程为 $F(x,y)=0$，则 L 在点 $P_0(x_0,y_0)$ 的切线方程为

$$F_x(x_0,y_0)(x-x_0)+F_y(x_0,y_0)(y-y_0)=0;$$

法线方程为

$$\frac{x-x_0}{F_x(x_0,y_0)}=\frac{y-y_0}{F_y(x_0,y_0)}.$$

（2）空间曲线的切线与法平面.

（i）空间曲线 Γ 的方程为 $x=x(t),y=y(t),z=z(t),t\in[\alpha,\beta]$. 设 $x(t),y(t),z(t)$ 满足所需要的条件, 则曲线 Γ 在点 $P_0(x_0,y_0,z_0)$ 的切线方程为

$$\frac{x-x_0}{x'(t_0)}=\frac{y-y_0}{y'(t_0)}=\frac{z-z_0}{z'(t_0)},\quad 这里\quad x_0=x(t_0),y_0=y(t_0),z_0=z(t_0);$$

法平面方程为

$$x'(t_0)(x-x_0)+y'(t_0)(y-y_0)+z'(t_0)(z-z_0)=0.$$

（ii）空间曲线 Γ 的方程为 $F(x,y,z)=0,G(x,y,z)=0$. 设 F,G 满足所需要的条件, 则曲线 Γ 在点 $P_0(x_0,y_0,z_0)$ 的切线方程为

$$\frac{x-x_0}{\left.\frac{\partial(F,G)}{\partial(y,z)}\right|_{P_0}}=\frac{y-y_0}{\left.\frac{\partial(F,G)}{\partial(z,x)}\right|_{P_0}}=\frac{z-z_0}{\left.\frac{\partial(F,G)}{\partial(x,y)}\right|_{P_0}};$$

法平面方程为

$$\left.\frac{\partial(F,G)}{\partial(y,z)}\right|_{P_0}(x-x_0)+\left.\frac{\partial(F,G)}{\partial(z,x)}\right|_{P_0}(y-y_0)+\left.\frac{\partial(F,G)}{\partial(x,y)}\right|_{P_0}(z-z_0)=0.$$

（3）曲面的切平面与法线.

（i）曲面方程为 $F(x,y,z)=0$, $P_0(x_0,y_0,z_0)$ 为曲面上一点, F 满足所需要的条件, 则曲面在 P_0 的切平面方程为

$$F_x(x_0,y_0,z_0)(x-x_0)+F_y(x_0,y_0,z_0)(y-y_0)+F_z(x_0,y_0,z_0)(z-z_0)=0;$$

法线方程为

$$\frac{x-x_0}{F_x(x_0,y_0,z_0)}=\frac{y-y_0}{F_y(x_0,y_0,z_0)}=\frac{z-z_0}{F_z(x_0,y_0,z_0)}.$$

（ii）曲面方程为 $z=f(x,y)$, $P_0(x_0,y_0,z_0)$ 为曲面上一点, $z_0=f(x_0,y_0)$, $f(x,y)$ 满足

所需条件，则曲面在点 P_0 的切平面方程为

$$z-z_0=f_x(x_0,y_0)(x-x_0)+f_y(x_0,y_0)(y-y_0);$$

法线方程为

$$\frac{x-x_0}{f_x(x_0,y_0)}=\frac{y-y_0}{f_y(x_0,y_0)}=\frac{z-z_0}{-1}.$$

4.2 多元函数微分学典型例题分析选讲

例 1 求极限 $\lim\limits_{\substack{x\to0\\y\to0}}(x^2+y^2)^{4x^2y^2}$.

解 先求取对数后的极限

$$\lim_{\substack{x\to0\\y\to0}}4x^2y^2\ln(x^2+y^2)=\lim_{\substack{x\to0\\y\to0}}\frac{4x^2y^2}{x^2+y^2}(x^2+y^2)\ln(x^2+y^2),$$

由于 $0\leqslant\dfrac{4x^2y^2}{x^2+y^2}\leqslant\dfrac{(x^2+y^2)^2}{x^2+y^2}=x^2+y^2\to0$，又

$$\lim_{\substack{x\to0\\y\to0}}(x^2+y^2)\ln(x^2+y^2)\xrightarrow{令x^2+y^2=t}\lim_{t\to0}t\ln t=0.$$

可得原极限为 1. □

例 2 设 $f(x,y)$ 在定义域内分别关于 x 和 y 连续，且对于任意的 x_0，任意的 $\varepsilon>0$，存在 $\delta=\delta(x_0,\varepsilon)>0$ (与 y 无关)，当 $|x-x_0|<\delta$ 时，对一切 y 恒有 $|f(x,y)-f(x_0,y)|<\varepsilon$，证明 $f(x,y)$ 在定义域内连续.

证明 设 (x_0,y_0) 是定义域内的任意一点，根据已知条件且对于任意的 x_0，任意的 $\varepsilon>0$，存在 $\delta_1=\delta_1(x_0,\varepsilon)>0$ (与 y 无关)，当 $|x-x_0|<\delta_1$ 时，对一切 y 恒有

$$|f(x,y)-f(x_0,y)|<\varepsilon,$$

又 $f(x_0,y)$ 关于 y 连续，所以对上述 ε，存在 $\delta_2>0$，使得当 $|y-y_0|<\delta_2$ 时，有

$$|f(x_0,y)-f(x_0,y_0)|<\varepsilon.$$

取 $\delta=\min\{\delta_1,\delta_2\}$，则 $|x-x_0|<\delta$，$|y-y_0|<\delta$，有

$$|f(x,y)-f(x_0,y_0)|\leqslant|f(x,y)-f(x_0,y)|+|f(x_0,y)-f(x_0,y_0)|<2\varepsilon.$$

由 (x_0,y_0) 的任意性，可得 $f(x,y)$ 在定义域内连续. □

例 3 设 $f(x,y)$ 在定义域 $D=\{(x,y)\in\mathbf{R}^2\mid x\geqslant0,y\geqslant0\}$ 上连续，当 $\lim\limits_{\substack{x\to+\infty\\y\to+\infty}}f(x,y)=A$ 存在时，证明 $f(x,y)$ 在 D 上一致连续.

证明 由 $\lim\limits_{\substack{x\to+\infty\\y\to+\infty}}f(x,y)=A$，所以对 $\forall\varepsilon>0,\exists M$，当 $x>M,y>M$ 时，有

$$|f(x,y)-A|<\varepsilon.$$

从而对任意 $x_1,y_1,x_2,y_2>M$，有

$$|f(x_1,y_1)-f(x_2,y_2)|\leqslant|f(x_1,y_1)-A|+|f(x_2,y_2)-A|<2\varepsilon.$$

所以在 $D_1=\{(x,y)\in\mathbf{R}^2\mid x>M,y>M\}$ 上一致连续.

又 $f(x,y)$ 在定义域 $D_2=\{(x,y)\in\mathbf{R}^2\mid 0\leqslant x\leqslant M+1,0\leqslant y\leqslant M+1\}$ 上连续，从而一致连续. 因此对上述 $\varepsilon>0$, $\exists\delta_1>0$, 当

$$|x_1-x_2|<\delta_1,\quad |y_1-y_2|<\delta_1,\quad |f(x_1,y_1)-f(x_2,y_2)|<\varepsilon.$$

取 $\delta=\min\{\delta_1,1\}$，$\forall(x_1,y_1),(x_2,y_2)\in D$, $|x_1-x_2|<\delta,|y_1-y_2|<\delta$，有

$$|f(x_1,y_1)-f(x_2,y_2)|<2\varepsilon.$$

所以 $f(x,y)$ 在 D 上一致连续. □

例 4 设 $f(x,y)=\begin{cases}\dfrac{x^2y}{x^4+y^2}, & x^2+y^2\neq 0,\\ 0, & x^2+y^2=0.\end{cases}$ 试证：$f(x,y)$ 在原点 $(0,0)$ 处沿过此点的每一条射线 $x=t\cos\alpha$，$y=t\sin\alpha$ $(0\leqslant t<\infty)$ 连续，即存在

$$\lim_{t\to 0}f(t\cos\alpha,t\sin\alpha)=f(0,0),$$

但此函数在原点并非连续的.

证明 由于 $f(t\cos\alpha,t\sin\alpha)=\dfrac{t^3\cos^2\alpha\sin\alpha}{t^4\cos^4\alpha+t^2\sin^2\alpha}$ $(t\neq 0)$.

当 $\sin\alpha=0$，即 $\alpha=0,\pi$ 时，上式恒等于 0.

当 $\sin\alpha\neq 0$ 时，有 $f(t\cos\alpha,t\sin\alpha)\to 0$（$t\to 0$）.

已知 $f(0,0)=0$，可见 $f(x,y)$ 在 $(0,0)$ 沿着过此点的每一条射线均连续. 但是 $f(x,y)$ 经过 $(0,0)$ 的曲线族 $y=kx^2$ 的取值为 $f(x,kx^2)=\dfrac{kx^4}{x^4+k^2x^4}=\dfrac{k}{1+k^2}$ $(x\neq 0)$.

当 $k\neq 0$ 时，$f(x,kx^2)$ 不趋于 0 $(x\to 0)$. 因此该函数在原点不连续. □

例 5 若 $f_x(x,y)$ 在 (x_0,y_0) 处存在，$f_y(x,y)$ 在 (x_0,y_0) 处连续，证明 $f(x,y)$ 在 (x_0,y_0) 处可微.

证明 由于

$$\begin{aligned}
&f(x_0+\Delta x,y_0+\Delta y)-f(x_0,y_0)\\
&=f(x_0+\Delta x,y_0+\Delta y)-f(x_0+\Delta x,y_0)+f(x_0+\Delta x,y_0)-f(x_0,y_0)\\
&=f_y(x_0+\Delta x,y_0+\theta\Delta y)\Delta y+f_x(x_0,y_0)\Delta x+\varepsilon_1\Delta x\quad(0<\theta<1)\\
&=(f_y(x_0,y_0)+\varepsilon_2)\Delta y+f_x(x_0,y_0)\Delta x+\varepsilon_1\Delta x\\
&=f_y(x_0,y_0)\Delta y+f_x(x_0,y_0)\Delta x+\varepsilon_2\Delta y+\varepsilon_1\Delta x,
\end{aligned}$$

当 $\Delta x,\Delta y\to 0$ 时，$\varepsilon_1,\varepsilon_2\to 0$，故 $f(x,y)$ 在 (x_0,y_0) 处可微. □

例 6　设 $f(x,y)=\begin{cases}\dfrac{xy}{\sqrt{x^2+y^2}}, & x^2+y^2\neq 0,\\ 0, & x^2+y^2=0.\end{cases}$ 证明 $f(x,y)$ 在 $(0,0)$ 沿任意方向的方向导数存在，但是在 $(0,0)$ 处不可微.

证明　任取方向 $\boldsymbol{l}=(\cos\alpha,\sin\alpha)$，则 $f(t\cos\alpha,t\sin\alpha)=t\cos\alpha\sin\alpha$. 于是

$$\left.\frac{\partial f}{\partial \boldsymbol{l}}\right|_{(0,0)}=\left.\frac{\mathrm{d}f(t\cos\alpha,t\sin\alpha)}{\mathrm{d}t}\right|_{t=0}=\cos\alpha\sin\alpha.$$

可见在 $(0,0)$ 沿任意方向的方向导数存在.

当 $\Delta x=\Delta y\to 0$ 时，

$$\frac{f(\Delta x,\Delta y)-f(0,0)-f_x(0,0)\Delta x-f_y(0,0)\Delta y}{\sqrt{\Delta x^2+\Delta y^2}}=\frac{\Delta x\Delta y}{\Delta x^2+\Delta y^2}\neq 0.$$

可知在 $(0,0)$ 处不可微. □

例 7　设 $f(x,y)=\begin{cases}\mathrm{e}^{-\frac{1}{x^2+y^2}}, & x^2+y^2\neq 0,\\ 0, & x^2+y^2=0.\end{cases}$ 求 $f_{xy}(0,0)$.

解　当 $(x,y)\neq(0,0)$ 时，有

$$f_x(x,y)=\mathrm{e}^{-\frac{1}{x^2+y^2}}\frac{2x}{(x^2+y^2)^2},$$

$$f_x(0,0)=\lim_{x\to 0}\frac{f(x,0)-f(0,0)}{x-0}=\lim_{x\to 0}\frac{\mathrm{e}^{-\frac{1}{x^2}}-0}{x-0}=\lim_{x\to 0}\frac{\mathrm{e}^{-\frac{1}{x^2}}}{x}=0.$$

因此

$$f_{xy}(0,0)=\lim_{y\to 0}\frac{f_x(0,y)-f_x(0,0)}{y-0}=\lim_{y\to 0}\frac{0-0}{y-0}=0.$$ □

例 8　设 $x=x(y,z)$, $y=y(x,z)$, $z=z(x,y)$ 是由方程 $F(x,y,z)=0$ 定义的函数. 证明

$$\frac{\partial x}{\partial y}\cdot\frac{\partial y}{\partial z}\cdot\frac{\partial z}{\partial x}=-1.$$

证明　由 $F(x(y,z),y,z)=0$ 对 y 求偏导可以得到

$$\frac{\partial F}{\partial x}\frac{\partial x}{\partial y}+\frac{\partial F}{\partial y}=0.$$

于是有 $\dfrac{\partial x}{\partial y}=-\dfrac{\frac{\partial F}{\partial y}}{\frac{\partial F}{\partial x}}$. 同样由 $F(x,y(x,z),z)=0$ 对 z 求偏导可以得到 $\dfrac{\partial y}{\partial z}=-\dfrac{\frac{\partial F}{\partial z}}{\frac{\partial F}{\partial y}}$.

同样由 $F(x,y,z(x,y))=0$ 对 x 求偏导可以得到 $\dfrac{\partial z}{\partial x}=-\dfrac{\frac{\partial F}{\partial x}}{\frac{\partial F}{\partial z}}$. 然后将上三式相乘得到

$$\frac{\partial x}{\partial y}\cdot\frac{\partial y}{\partial z}\cdot\frac{\partial z}{\partial x}=-1.$$ □

例 9 设 $\begin{cases}x=u+v^2,\\ y=u^2-v,\\ z=2uv,\end{cases}$ 求 $\dfrac{\partial z}{\partial x},\dfrac{\partial z}{\partial y}$ 在点 $u=2,v=1$ 的值.

解 由于

$$\frac{\partial z}{\partial x}=\frac{\partial z}{\partial u}\frac{\partial u}{\partial x}+\frac{\partial z}{\partial v}\frac{\partial v}{\partial x}=2v\frac{\partial u}{\partial x}+2u\frac{\partial v}{\partial x},$$
$$\frac{\partial z}{\partial y}=\frac{\partial z}{\partial u}\frac{\partial u}{\partial y}+\frac{\partial z}{\partial v}\frac{\partial v}{\partial y}=2v\frac{\partial u}{\partial y}+2u\frac{\partial v}{\partial y},$$

下面计算 u,v 关于 x,y 的所有一阶偏导数为

$$\begin{cases}1=\dfrac{\partial u}{\partial x}+2v\dfrac{\partial v}{\partial x},\\ 0=2u\dfrac{\partial u}{\partial x}-\dfrac{\partial v}{\partial x},\end{cases}\quad \begin{cases}0=\dfrac{\partial u}{\partial y}+2v\dfrac{\partial v}{\partial y},\\ 1=2u\dfrac{\partial u}{\partial y}-\dfrac{\partial v}{\partial y}.\end{cases}$$

于是可得 $\begin{cases}\dfrac{\partial u}{\partial x}=\dfrac{1}{1+4uv},\\ \dfrac{\partial v}{\partial x}=\dfrac{2u}{1+4uv},\end{cases}\quad \begin{cases}\dfrac{\partial u}{\partial y}=\dfrac{2v}{1+4uv},\\ \dfrac{\partial v}{\partial y}=-\dfrac{1}{1+4uv}.\end{cases}$

将 $u=2,v=1$ 代入，可得 $\left.\dfrac{\partial z}{\partial x}\right|_{u=2,v=1}=2$，$\left.\dfrac{\partial z}{\partial y}\right|_{u=2,v=1}=0$. □

例 10 设函数 $u=u(x,y)$ 二阶偏导数连续且满足方程 $\dfrac{\partial^2 u}{\partial x^2}-\dfrac{\partial^2 u}{\partial y^2}=0$ 以及下列条件

$$u(x,2x)=x,\quad u_x(x,2x)=x^2.$$

求 $u_{xx}(x,2x),u_{xy}(x,2x),u_{yy}(x,2x)$.

解 已知 $u(x,2x)=x$，对 x 求导，可得 $u_x(x,2x)+2u_y(x,2x)=1$. 已知

$$u_x(x,2x)=x^2,$$

代入上式有

$$u_y(x,2x)=\frac{1-x^2}{2}.$$

对上式关于 x 求导得到

$$u_{yx}(x,2x)+2u_{yy}(x,2x)=-x.$$

对 $u_x(x,2x)=x^2$ 关于 x 求导得

$$u_{xx}(x,2x)+2u_{xy}(x,2x)=2x.$$

利用已知条件可知 $u_{xx}(x,2x)=u_{yy}(x,2x),u_{xy}(x,2x)=u_{yx}(x,2x)$.

因此解得

$$u_{xx}(x,2x)=u_{yy}(x,2x)=-\frac{4}{3}x,\quad u_{xy}(x,2x)=u_{yx}(x,2x)=\frac{5}{3}x.$$ □

例 11　设 $z=z(x,y)$ 是由方程 $z^5-xz^4+yz^3=1$ 确定的隐函数，求 $z_{xy}(0,0)$.

解　分别对方程关于 x 和 y 求偏导，得

$$5z^4z_x-z^4-4xz^3z_x+3yz^2z_x=0,\quad 5z^4z_y-4xz^3z_y+z^3+3yz^2z_y=0.$$

由于 $z(0,0)=1$，可以解得 $z_x(0,0)=\frac{1}{5}, z_y(0,0)=-\frac{1}{5}$.

再对上述第一个方程关于 y 求偏导数，得

$$20z^3z_xz_y+5z^4z_{xy}-4z^3z_y-12xz^2z_yz_x-4xz^3z_{xy}+3z^2z_x+6yzz_yz_x+3yz^2z_{xy}=0.$$

于是可得 $z_{xy}(0,0)=-\frac{3}{25}$. □

例 12　设 $z=f(x,y)$ 具有二阶连续偏导数，满足等式 $6z_{xx}-z_{xy}-z_{yy}=0$. 已知变换 $u=x-3y, v=x+ay$ 把上式简化为 $z_{uv}=0$. 求常数 a 的值.

解　由偏导数的求导法则可知

$$z_x=z_uu_x+z_vv_x=z_u+z_v,$$
$$z_y=z_uu_y+z_vv_y=-3z_u+az_v,$$
$$\begin{aligned}z_{xx}&=z_{uu}u_x+z_{uv}v_x+z_{uv}u_x+z_{vv}v_x\\&=z_{uu}+2z_{uv}+z_{vv},\\z_{xy}&=z_{uu}u_y+z_{uv}v_y+z_{uv}u_y+z_{vv}v_y\\&=-3z_{uu}+(a-3)z_{uv}+az_{vv},\\z_{yy}&=u_y(z_{uu}u_y+z_{uv}v_y)+v_y(z_{uv}u_y+z_{vv}v_y)\\&=9z_{uu}-6az_{uv}+a^2z_{vv}.\end{aligned}$$

把这些偏导数代入等式 $6z_{xx}-z_{xy}-z_{yy}=0$ 后，可得 $z_{uv}=0$.

由 $a^2+a-6=0$，解得 $a=2$ 或 $a=-3$. 又由 z_{uv} 系数不为零可知 $a\neq-3$. 所以 $a=2$. □

例 13　设 $z=z(x,y)$，且满足 $F(cx-az,cy-bz)=0$，求 $a\frac{\partial z}{\partial x}+b\frac{\partial z}{\partial y}$.

解　对 $F(cx-az,cy-bz)=0$ 关于 x 和 y 分别求偏导可得

$$F_1\left(c-a\frac{\partial z}{\partial x}\right)+F_2\left(-b\frac{\partial z}{\partial x}\right)=0,$$
$$F_1\left(-a\frac{\partial z}{\partial y}\right)+F_2\left(c-b\frac{\partial z}{\partial y}\right)=0.$$

于是有 $\frac{\partial z}{\partial x}=\frac{cF_1}{aF_1+bF_2},\frac{\partial z}{\partial y}=\frac{cF_2}{aF_1+bF_2}$. 因此

$$a\frac{\partial z}{\partial x}+b\frac{\partial z}{\partial y}=\frac{acF_1}{aF_1+bF_2}+\frac{bcF_2}{aF_1+bF_2}=c.$$ □

例 14　求 $u=\ln\sqrt{x^2+y^2}$ 的一阶和二阶微分.

解 令 $r=\sqrt{x^2+y^2}$，则 $r_x=\dfrac{x}{r}, r_y=\dfrac{y}{r}$.

于是一阶微分为 $\mathrm{d}u=u_x\mathrm{d}x+u_y\mathrm{d}y$，其中 $u_x=u_r r_x=\dfrac{x}{r^2}, u_y=u_r r_y=\dfrac{y}{r^2}$. 因此有

$$\mathrm{d}u=\frac{x\mathrm{d}x+y\mathrm{d}y}{r^2}.$$

另外，二阶微分 $\mathrm{d}^2u=u_{xx}\mathrm{d}^2x+2u_{xy}\mathrm{d}x\mathrm{d}y+u_{yy}\mathrm{d}^2y$，其中

$$u_{xx}=\frac{r^2-2x^2}{r^4},\quad u_{xy}=\frac{-2xy}{r^4},\quad u_{yy}=\frac{r^2-2y^2}{r^4}.$$

因此有 $\mathrm{d}^2u=\dfrac{y^2-x^2}{r^4}\mathrm{d}^2x-\dfrac{4xy}{r^4}\mathrm{d}x\mathrm{d}y+\dfrac{x^2-y^2}{r^4}\mathrm{d}^2y.$ □

例 15 若曲线 $y=y(x)$ 由 $\begin{cases}x=t+\cos t,\\ \mathrm{e}^y+ty+\sin t=1\end{cases}$ 确定，求此曲线在 $t=0$ 对应点处的切线方程.

解 当 $t=0$ 时，$(x,y)=(1,0)$. 为了求切向量，对 x,y 分别关于 t 求导，于是可得

$$x'(t)=1-\sin t,\quad \mathrm{e}^y y'(t)+y+ty'(t)+\cos t=0.$$

因此在 $t=0$ 时的切向量为 $(x'(t),y'(t))\big|_{t=0}=(1,-1)$，所以切线方程为

$$\frac{x-1}{1}=\frac{y-0}{-1},\quad 即\quad y=1-x.$$ □

例 16 证明：若 $f(u,v)$ 有连续的偏导数，则曲面 $S: f(nx-lz,ny-mz)=0$ 上的任意一点的切平面都平行于直线 L：$\dfrac{x}{l}=\dfrac{y}{m}=\dfrac{z}{n}$.

证明 曲面上任意一点 (x_0,y_0,z_0) 的法向量为 $\boldsymbol{n}=(nf_u,nf_v,-lf_u-mf_v)$. 于是切平面方程为 $nf_u(x-x_0)+nf_v(y-y_0)-(lf_u+mf_v)(z-z_0)=0$.

由于直线 L 的方向向量为 (l,m,n)，因此可得

$$\boldsymbol{n}\cdot(l,m,n)=l\cdot nf_u+m\cdot nf_v+n(-lf_u-mf_v)=0.$$

所以，直线与法向量垂直，故与任意一点的切平面平行. □

例 17 设曲线为 $\begin{cases}x^2+y^2+z=2,\\ x^2+xy+y^2=1,\end{cases}$ 求：

（1）该曲线在点 $(1,-1,0)$ 处的切线方程与法平面方程；

（2）该曲线到原点最近的点的坐标.

解 （1）由于曲面 $x^2+y^2+z=2$ 在点 $(1,-1,0)$ 处的法向量为 $\boldsymbol{n}_1=(2,-2,1)$. 曲面 $x^2+xy+y^2=1$ 在点 $(1,-1,0)$ 处的法向量为 $\boldsymbol{n}_2=(1,-1,0)$.

于是切线的切向量及法平面的法向量为 $\begin{vmatrix}\boldsymbol{i} & \boldsymbol{j} & \boldsymbol{k}\\ 2 & -2 & 1\\ 1 & -1 & 0\end{vmatrix}=(1,1,0).$

因此可得切线方程为 $\frac{x-1}{1}=\frac{y+1}{1}=\frac{z}{0}$，法平面方程为 $x+y=0$.

（2）设最近点的坐标为 (x,y,z)，则目标函数为 $u=x^2+y^2+z^2$. 构造拉格朗日函数为

$$F(x,y,z,\alpha,\beta)=x^2+y^2+z^2+\alpha(x^2+y^2+z-2)+\beta(x^2+xy+y^2-1),$$

则由

$$\begin{cases} F_x=2(1+\alpha+\beta)x+\beta y=0, \\ F_y=2(1+\alpha+\beta)y+\beta x=0, \\ F_z=2z+\alpha=0, \\ F_\alpha=x^2+y^2+z-2=0, \\ F_\beta=x^2+xy+y^2-1=0 \end{cases}$$

可得 $1+\alpha+\beta=-\frac{\beta}{2}$，或者 $1+\alpha+\beta=\frac{\beta}{2}$.

若 $1+\alpha+\beta=\frac{\beta}{2}$，最近点的坐标为 $(1,-1,0)$ 或者 $(-1,1,0)$，这时 $u=2$.

若 $1+\alpha+\beta=-\frac{\beta}{2}$，最近点的坐标为 $\left(\frac{\sqrt{3}}{3},\frac{\sqrt{3}}{3},\frac{4}{3}\right)$ 或者 $\left(-\frac{\sqrt{3}}{3},-\frac{\sqrt{3}}{3},\frac{4}{3}\right)$，这时

$$u=\frac{22}{9}>2.$$

综上所述，该曲线到原点的最近的点的坐标为 $(1,-1,0)$，$(-1,1,0)$. □

例 18　求函数 $f(x,y)=(x^2-4x+y^2-6y+10)e^y$ 的极值.

解　对已知函数求偏导可得

$$f_x(x,y)=2(x-2)e^y,\quad f_y(x,y)=(x^2-4x+y^2-4y+4)e^y.$$

从而得驻点为 $(2,0)$ 或者 $(2,4)$. 另外对已知函数求二阶偏导可得

$$f_{xx}(x,y)=2e^y,$$
$$f_{xy}(x,y)=2(x-2)e^y,$$
$$f_{yy}(x,y)=(x^2-4x+y^2-2y)e^y.$$

从而在驻点 $(2,0)$ 处有 $f_{xx}(2,0)f_{yy}(2,0)-f_{xy}^2(2,0)=-8<0$，因此 $(2,0)$ 不是极值点. 在驻点 $(2,4)$ 处有 $f_{xx}(2,4)f_{yy}(2,4)-f_{xy}^2(2,4)=8e^8>0$，因此 $(2,4)$ 是极小值点.

综上所述，$f(x,y)$ 的极小值为 $f(2,4)=-2e^4$. □

例 19　求 $f(x,y,z)=xyz$ 在条件

$$\frac{1}{x}+\frac{1}{y}+\frac{1}{z}=\frac{1}{r}\quad (x>0,y>0,z>0,r>0)$$

下的极小值，并证明不等式 $3\left(\frac{1}{a}+\frac{1}{b}+\frac{1}{c}\right)^{-1}\leqslant\sqrt[3]{abc}$，其中 a,b,c 为任意常数.

解　设拉格朗日函数为

$$L(x,y,z,\lambda)=xyz+\lambda\left(\frac{1}{x}+\frac{1}{y}+\frac{1}{z}-\frac{1}{r}\right).$$

于是有

$$L_x = yz - \frac{\lambda}{x^2} = 0, \quad L_y = xz - \frac{\lambda}{y^2} = 0,$$

$$L_z = xy - \frac{\lambda}{z^2} = 0, \quad L_\lambda = \frac{1}{x} + \frac{1}{y} + \frac{1}{z} - \frac{1}{r} = 0.$$

解方程组可得 $\frac{1}{x} = \frac{1}{y} = \frac{1}{z} = \frac{xyz}{\lambda} = \frac{1}{3r}$. 所以函数的极值点为

$$x = y = z = 3r, \quad \lambda = (3r)^4.$$

下面利用 $\frac{1}{x} + \frac{1}{y} + \frac{1}{z} = \frac{1}{r}$ 确定隐函数 $z = z(x,y)$ 来证明不等式. 设目标函数为

$$f(x,y,z) = xyz(x,y) = F(x,y).$$

然后利用极值充分条件判断极值点是否极小值点. 由于

$$z_x = -\frac{z^2}{x^2}, \quad z_y = -\frac{z^2}{y^2}, \quad F_x = yz - \frac{yz^2}{x}, \quad F_y = xz - \frac{xz^2}{y},$$

$$F_{xx} = \frac{2yz^3}{x^3},$$

$$F_{xy} = z - \frac{z^2}{y} - \frac{z^2}{x} + \frac{2z^3}{xy},$$

$$F_{yy} = \frac{2xz^3}{y^3}.$$

当 $x = y = z = 3r$, $F_{xx} = F_{yy} = 6r, F_{xy} = 3r$ 时, 有 $F_{xx}F_{yy} - (F_{xy})^2 = 27r^2 > 0$.

因此该点为极小值点. 于是有 $f(x,y,z) = xyz \geqslant (3r)^3$. 令

$$x = a, \quad y = b, \quad z = c,$$

可知

$$abc \geqslant \left[3\left(\frac{1}{a} + \frac{1}{b} + \frac{1}{c}\right)^{-1}\right]^3,$$

即 $3\left(\frac{1}{a} + \frac{1}{b} + \frac{1}{c}\right)^{-1} \leqslant \sqrt[3]{abc}$. □

例 20 已知函数 $f(x,y) = x + y + xy$, 曲线 $C: x^2 + y^2 + xy = 3$, 求 $f(x,y)$ 在曲线 C 上的最大方向导数.

解 由于梯度方向是使得方向导数最大, 先给出 $f(x,y)$ 的梯度

$$\boldsymbol{l} = \nabla f(x,y) = (1+y, 1+x).$$

所以最大方向导数为

$$\left.\frac{\partial f(x,y)}{\partial \boldsymbol{l}}\right|_{\max} = \sqrt{(1+y)^2 + (1+x)^2}.$$

利用拉格朗日乘数法. 设

$$F(x,y,\lambda)=(1+y)^2+(1+x)^2+\lambda(x^2+y^2+xy-3)$$

满足

$$\begin{aligned}F_x&=2(1+x)+\lambda(2x+y)=0,\\F_y&=2(1+y)+\lambda(2y+x)=0,\\F_\lambda&=x^2+y^2+xy-3=0.\end{aligned}$$

解得驻点为 $(1,1),(-1,-1),(2,-1),(-1,2)$, 可得函数值分别为 8, 0, 9, 9. 于是最大方向导数为 3. □

例 21　设二元函数 $f(x,y)$ 在平面上有连续的二阶偏导数, 令

$$g(t,\alpha)=f(t\cos\alpha,t\sin\alpha).$$

若对任何 α, 都有 $\left.\dfrac{\partial g}{\partial t}\right|_{t=0}=0$, 且 $\left.\dfrac{\partial^2 g}{\partial t^2}\right|_{t=0}>0$. 证明 $f(0,0)$ 是 $f(x,y)$ 的极小值.

证明　由于

$$\begin{aligned}\left.\frac{\partial g}{\partial t}\right|_{t=0}&=f_1(t\cos\alpha,t\sin\alpha)\cos\alpha+f_2(t\cos\alpha,t\sin\alpha)\sin\alpha\Big|_{t=0}\\&=f_1(0,0)\cos\alpha+f_2(0,0)\sin\alpha=0,\end{aligned}$$

对任意 α 成立, 因此 $f_1(0,0)=f_2(0,0)=0$. 由于

$$\begin{aligned}\left.\frac{\partial^2 g}{\partial t^2}\right|_{t=0}&=f_{11}(t\cos\alpha,t\sin\alpha)\cos^2\alpha+2f_{12}(t\cos\alpha,t\sin\alpha)\sin\alpha\cos\alpha\\&\quad\left.+f_{22}(t\cos\alpha,t\sin\alpha)\sin^2\alpha\right|_{t=0}\\&=f_{11}(0,0)\cos^2\alpha+2f_{12}(0,0)\sin\alpha\cos\alpha+f_{22}(0,0)\sin^2\alpha>0.\end{aligned}$$

任取

$$\cos\alpha=\frac{x}{\sqrt{x^2+y^2}},\quad \sin\alpha=\frac{y}{\sqrt{x^2+y^2}},$$

代入可得 $f_{11}(0,0)x^2+2f_{12}(0,0)xy+f_{22}(0,0)y^2>0$.

根据系数矩阵正定及 $f_1(0,0)=f_2(0,0)=0$, 可知 $f(0,0)$ 是 $f(x,y)$ 的极小值. □

例 22　确定 $f(x,y)=4x+xy^2+y^2$ 在圆域 $x^2+y^2\leqslant 1$ 上的最大值和最小值.

解　由于 $f_x(x,y)=4+y^2>0$, 故在圆内无极值, 最大值和最小值均在圆周 $x^2+y^2=1$ 上取到. 因此

$$f(x,y)=4x+xy^2+y^2=1+5x-x^2-x^3=\varphi(x),$$

则 $\varphi'(x)=5-2x-3x^2=(5+3x)(1-x)=0$.

由于 $x\in[-1,1]$, 且 $\varphi'(x)\geqslant 0$, 因此

$$\begin{aligned}\max f(x,y)&=f(1,0)=4,\\\min f(x,y)&=f(-1,0)=-4.\end{aligned}$$

□

例 23　证明有唯一可导的函数 $y=y(x)$ 满足方程 $\sin y+\mathrm{e}^y-\mathrm{e}^{-y}=x$, 并求出 $y'(x)$.

证明　设 $F(x,y)=\sin y+\mathrm{e}^y-\mathrm{e}^{-y}-x$, 则函数在全空间是连续的, 且

$$F_x(x,y)=-1,\quad F_y(x,y)=\cos y+\mathrm{e}^y+\mathrm{e}^{-y}$$

也是连续的. 由于 $\mathrm{e}^y+\mathrm{e}^{-y}\geqslant 2$，因此 $F_y(x,y)>0$，即 $F_y(x,y)\neq 0$.

由隐函数定理可知，存在唯一可导的函数 $y=y(x)$ 满足方程

$$\sin y+\mathrm{e}^y-\mathrm{e}^{-y}=x,$$

且

$$y'(x)=-\frac{F_x(x,y)}{F_y(x,y)}=\frac{1}{\cos y+\mathrm{e}^y+\mathrm{e}^{-y}}.$$

□

第 5 章　多元函数积分学

5.1 知识要点

1. 函数可积性的判定

（1）可积的充分条件.

（i）有界闭区域上的连续函数一定可积.

（ii）设函数在有界闭区域上有界，且其不连续点集是零面积（或零体积）集，则函数在该区域上可积.

（2）可积的充要条件.

（i）函数可积的充要条件是：对 $\forall\varepsilon>0$，存在区域的某个分割 T，使得 $S(T)-s(T)<\varepsilon$，其中 $S(T)$ 和 $s(T)$ 是函数关于分割 T 的上和与下和.

（ii）函数可积的充要条件是：对 $\forall\varepsilon>0$，存在区域的某个分割 T，使得

$$\sum_T \omega_i\Delta\sigma_i<\varepsilon \quad \left(\text{或}\sum_T \omega_i\Delta v_i<\varepsilon\right),$$

其中 ω_i 是函数在小区域上的振幅.

2. 重积分的计算

1）二重积分的计算

（1）在直角坐标系下计算二重积分.

$$\iint_D f(x,y)\mathrm{d}\sigma=\iint_D f(x,y)\mathrm{d}x\mathrm{d}y \quad (\text{这时 } \mathrm{d}\sigma=\mathrm{d}x\mathrm{d}y).$$

根据区域的类型（x 型区域或 y 型区域）将二重积分化为两次定积分.

（2）变量代换公式.

（i）设变换 $x=x(u,v), y=y(u,v)$ 将 uv 平面上的有界闭区域 D' 一对一地变成 xy 平面上的有界闭区域 D，且 $x(u,v),y(u,v)\in C^1(D)$, $\dfrac{\partial(x,y)}{\partial(u,v)}\neq 0, f(x,y)$ 在 D 上连续，则

$$\iint_D f(x,y)\mathrm{d}\sigma=\iint_{D'} f[x(u,v),y(u,v)]\left|\frac{\partial(x,y)}{\partial(u,v)}\right|\mathrm{d}u\mathrm{d}v \quad \left(\text{这时 } \mathrm{d}\sigma=\left|\frac{\partial(x,y)}{\partial(u,v)}\right|\mathrm{d}u\mathrm{d}v\right).$$

（ii）设广义极坐标变换 $x=x_0+ar\cos\theta, y=y_0+br\sin\theta$ 将 $r\theta$ 平面上的有界闭区域 D' 一对一地变成 xy 平面上的有界闭区域 D，$f(x,y)$ 在 D 上连续，则

$$\iint_D f(x,y)\mathrm{d}\sigma=\iint_{D'} f(x_0+ar\cos\theta, y_0+br\sin\theta)abr\mathrm{d}r\mathrm{d}\theta \quad (\text{这时 } \mathrm{d}\sigma=abr\mathrm{d}r\mathrm{d}\theta).$$

特例：取 $x_0=y_0=0, a=b=1$ 得极坐标系下计算公式

$$\iint_D f(x,y)\mathrm{d}\sigma=\iint_{D'} f(r\cos\theta, r\sin\theta)r\mathrm{d}r\mathrm{d}\theta \quad (\text{这时 } \mathrm{d}\sigma=r\mathrm{d}r\mathrm{d}\theta).$$

（3）若区域 D 是由两族光滑曲线 $g(x,y)=C_1, h(x,y)=C_2$ 中各取两条曲线

$$g(x,y)=a, \quad g(x,y)=b\ (a<b), \quad h(x,y)=c, \quad h(x,y)=d\ (c<d)$$

所围成的，且 $f(x,y)$ 在 D 上连续，作变换 $u=g(x,y), v=h(x,y)$，则

$$\iint_D f(x,y)\mathrm{d}\sigma=\iint_{D'} f[g^{-1}(u,v), h^{-1}(u,v)]\left|\frac{\partial(g^{-1},h^{-1})}{\partial(u,v)}\right|\mathrm{d}u\mathrm{d}v,$$

其中 $x=g^{-1}(u,v), y=h^{-1}(u,v)$ 为 $u=g(x,y), v=h(x,y)$ 的反函数组，

$$\frac{\partial(g^{-1},h^{-1})}{\partial(u,v)}=\left(\frac{\partial(g,h)}{\partial(x,y)}\right)^{-1},$$

这时 $\mathrm{d}\sigma=\left|\dfrac{\partial(g,h)}{\partial(x,y)}\right|^{-1}\mathrm{d}u\mathrm{d}v$.

2）三重积分的计算

（1）在直角坐标系下计算三重积分.

$$\iiint_\Omega f(x,y,z)\mathrm{d}V=\iiint_\Omega f(x,y,z)\mathrm{d}x\mathrm{d}y\mathrm{d}z \quad (\text{这时 } \mathrm{d}V=\mathrm{d}x\mathrm{d}y\mathrm{d}z).$$

根据区域的类型及特点将三重积分化为一个定积分和一个二重积分或一个二重积分和一个定积分，然后再化为三次定积分(投影法与截面法).

（2）变量代换公式.

（i）设变换 $x=x(u,v,w), y=y(u,v,w), z=z(u,v,w)$ 将 uvw 空间中的有界闭区域 Ω' 一对一地变成 xyz 平面上的有界闭区域 Ω，且

$$x(u,v,w), y(u,v,w), z(u,v,w)\in C^1(\Omega), \frac{\partial(x,y,z)}{\partial(u,v,w)}\neq 0, f(x,y,z) \text{ 在 } \Omega \text{ 上连续，则}$$

$$\iiint_\Omega f(x,y,z)\mathrm{d}V=\iiint_{\Omega'} f[x(u,v,w), y(u,v,w), z(u,v,w)]\left|\frac{\partial(x,y,z)}{\partial(u,v,w)}\right|\mathrm{d}u\mathrm{d}v\mathrm{d}w,$$

这时 $\mathrm{d}V=\left|\dfrac{\partial(x,y,z)}{\partial(u,v,w)}\right|\mathrm{d}u\mathrm{d}v\mathrm{d}w$.

（ii）设柱坐标变换 $x=r\cos\theta, y=r\sin\theta, z=z$ 将 $r\theta z$ 空间中的有界闭区域 Ω' 一对一地变成 xyz 平面上的有界闭区域 Ω，$f(x,y,z)$ 在 Ω 上连续，则

$$\iiint_\Omega f(x,y,z)\mathrm{d}V=\iiint_{\Omega'} f[r\cos\theta, r\sin\theta, z]r\mathrm{d}r\mathrm{d}\theta\mathrm{d}z,$$

这时 $\mathrm{d}V=r\mathrm{d}r\mathrm{d}\theta\mathrm{d}z$.

（iii）设椭球坐标变换 $x=ar\sin\varphi\cos\theta, y=br\sin\varphi\sin\theta, z=cr\cos\varphi$ 将 $r\theta\varphi$ 空间中的有界闭区域 Ω' 一对一地变成 xyz 平面上的有界闭区域 Ω，$f(x,y,z)$ 在 Ω 上连续，则

$$\iiint_{\Omega} f(x,y,z)\mathrm{d}V = \iiint_{\Omega'} f[ar\sin\varphi\cos\theta, br\sin\varphi\sin\theta, cr\cos\varphi]abcr^2\sin\varphi\mathrm{d}r\mathrm{d}\theta\mathrm{d}\varphi,$$

这时 $\mathrm{d}V = abcr^2\sin\varphi\mathrm{d}r\mathrm{d}\theta\mathrm{d}\varphi$.

特例：取 $a=b=c=1$ 的球坐标系下计算公式

$$\iiint_{\Omega} f(x,y,z)\mathrm{d}V = \iiint_{\Omega'} f[r\sin\varphi\cos\theta, r\sin\varphi\sin\theta, r\cos\varphi]r^2\sin\varphi\mathrm{d}r\mathrm{d}\theta\mathrm{d}\varphi,$$

这时 $\mathrm{d}V = r^2\sin\varphi\mathrm{d}r\mathrm{d}\theta\mathrm{d}\varphi$.

（3）若空间有界闭区域 Ω 是由三族光滑曲面

$$l(x,y,z)=C_1,\quad m(x,y,z)=C_2,\quad n(x,y,z)=C_3$$

中各取两个曲面

$$l(x,y,z)=a_1,\quad l(x,y,z)=a_2\ (a_1<a_2),\quad m(x,y,z)=b_1,\quad m(x,y,z)=b_2\ (b_1<b_2),$$
$$n(x,y,z)=d_1,\qquad n(x,y,z)=d_2\ (d_1<d_2)$$

围成的，作变换

$$u=l(x,y,z),\quad v=m(x,y,z),\quad w=n(x,y,z),$$

则 Ω 变成 $\Omega': a_1\leqslant u\leqslant a_2, b_1\leqslant v\leqslant b_2, d_1\leqslant w\leqslant d_2$，于是

$$\iiint_{\Omega} f(x,y,z)\mathrm{d}V = \iiint_{\Omega'} f[l^{-1}(u,v,w), m^{-1}(u,v,w), n^{-1}(u,v,w)]\left|\frac{\partial(l^{-1},m^{-1},n^{-1})}{\partial(u,v,w)}\right|\mathrm{d}u\mathrm{d}v\mathrm{d}w,$$

其中

$$x=l^{-1}(u,v,w),\quad y=m^{-1}(u,v,w),\quad z=n^{-1}(u,v,w)$$

为

$$u=l(x,y,z),\quad v=m(x,y,z),\quad w=n(x,y,z)$$

的反函数组，这时 $\mathrm{d}V=\left|\frac{\partial(l^{-1},m^{-1},n^{-1})}{\partial(u,v,w)}\right|\mathrm{d}u\mathrm{d}v\mathrm{d}w$.

3. 曲线积分与格林公式

1）第一型曲线积分的计算

（1）设平面光滑曲线 L 的参数方程为 $x=\varphi(t), y=\psi(t)\ (\alpha\leqslant t\leqslant\beta)$，$f(x,y)$ 在 L 上连续，则

$$\int_L f(x,y)\mathrm{d}s = \int_{\alpha}^{\beta} f[\varphi(t),\psi(t)]\sqrt{[\varphi'(t)]^2+[\psi'(t)]^2}\mathrm{d}t;$$

（2）设平面光滑曲线 L 的方程为 $y=\varphi(x)\ (a\leqslant x\leqslant b)$，则

$$\int_L f(x,y)\mathrm{d}s = \int_a^b f[x,\varphi(x)]\sqrt{1+[\varphi'(x)]^2}\mathrm{d}x;$$

（3）设平面光滑曲线 L 的方程为 $x=\psi(y)\ (c\leqslant y\leqslant d)$，则

$$\int_L f(x,y)\mathrm{d}s = \int_c^d f[\psi(y),y]\sqrt{1+[\psi'(y)]^2}\mathrm{d}y;$$

（4）设平面光滑曲线 L 的方程为 $r=r(\theta)\ (\alpha\leqslant\theta\leqslant\beta)$，则

$$\int_L f(x,y)\mathrm{d}s=\int_\alpha^\beta f[r(\theta)\sin\theta,r(\theta)\cos\theta]\sqrt{[r(\theta)]^2+[r'(\theta)]^2}\,\mathrm{d}\theta;$$

（5）设光滑曲线 Γ 的参数方程为

$$x=\varphi(t),\quad y=\psi(t),\quad z=\omega(t)\quad(\alpha\leqslant t\leqslant\beta),$$

$f(x,y,z)$ 在 Γ 上连续，则

$$\int_L f(x,y,z)\mathrm{d}s=\int_\alpha^\beta f[\varphi(t),\psi(t),\omega(t)]\sqrt{[\varphi'(t)]^2+[\psi'(t)]^2+[\omega'(t)]^2}\,\mathrm{d}t.$$

2）第二型曲线积分的计算

（1）设平面有向光滑曲线 L 的参数方程为 $x=\varphi(t),y=\psi(t)$，t 从 α 变到 β，$t=\alpha$ 对应 L 的起点，$t=\beta$ 对应 L 的终点，$P(x,y),Q(x,y)$ 在 L 上连续，则

$$\int_L P\mathrm{d}x+Q\mathrm{d}y=\int_\alpha^\beta[P(\varphi(t),\psi(t))\cdot\varphi'(t)+Q(\varphi(t),\psi(t))\cdot\psi'(t)]\mathrm{d}t;$$

（2）设平面有向光滑曲线 L 的方程为 $y=\varphi(x)$，x 从 a 变到 b，$x=a$ 对应 L 的起点，$x=b$ 对应 L 的终点，则

$$\int_L P\mathrm{d}x+Q\mathrm{d}y=\int_a^b[P(x,\varphi(x))+Q(x,\varphi(x))\cdot\varphi'(x)]\mathrm{d}x;$$

（3）设平面有向光滑曲线 L 的方程为 $x=\psi(y)$，y 从 c 变到 d，其中 $y=c$ 对应 L 的起点，$y=d$ 对应 L 的终点，则

$$\int_L P\mathrm{d}x+Q\mathrm{d}y=\int_c^d[P(\psi(y),y)\cdot\psi'(y)+Q(\psi(y),y)]\mathrm{d}y;$$

（4）设有向光滑曲线 L 的参数方程为 $x=\varphi(t),y=\psi(t),z=\omega(t)$，$t$ 从 α 变到 β，$t=\alpha$ 对应 L 的起点，$t=\beta$ 对应 L 的终点，$P(x,y,z),Q(x,y,z),R(x,y,z)$ 在 L 上连续，则

$$\int_L P\mathrm{d}x+Q\mathrm{d}y+R\mathrm{d}z=\int_\alpha^\beta[P(\varphi(t),\psi(t),\omega(t))\cdot\varphi'(t)+Q(\varphi(t),\psi(t),\omega(t))\cdot\psi'(t)$$
$$+R(\varphi(t),\psi(t),\omega(t))\cdot\omega'(t)]\mathrm{d}t.$$

3）第一型曲线积分与第二型曲线积分之间的关系

设平面有向曲线 L 上任一点的切线正向的方向角为 α,β，其中 $\alpha+\beta=\dfrac{\pi}{2}$，则

$$\int_L P\mathrm{d}x+Q\mathrm{d}y=\int_L(P\cos\alpha+Q\cos\beta)\mathrm{d}s=\int_L(P\cos\alpha+Q\sin\alpha)\mathrm{d}s;$$

设空间有向曲线 Γ 上任一点的切线正向的方向角为 α,β,γ，则

$$\int_L P\mathrm{d}x+Q\mathrm{d}y+R\mathrm{d}z=\int_L(P\cos\alpha+Q\cos\beta+R\cos\gamma)\mathrm{d}s.$$

4）格林公式及其应用

格林公式：设平面有界区域 D 的边界为 L，$P(x,y),Q(x,y)$ 在 D 及边界具有一阶连续偏导数，则

$$\oint_L P\mathrm{d}x+Q\mathrm{d}y=\iint_D\left(\frac{\partial Q}{\partial x}-\frac{\partial P}{\partial y}\right)\mathrm{d}x\mathrm{d}y,$$

其中 L 取正向.

说明　若 D 为单连通区域, 则 L 的正向为逆时针方向; 若 D 为多连通区域, 则 L 的正向是由外边界的逆时针方向和内边界的顺时针方向构成的.

曲线积分与路径无关　曲线积分与路径无关的充要条件: 设 D 为单连通区域, $P(x,y),Q(x,y)$ 在 D 内连续, 且具有一阶连续偏导数, 则以下 4 个条件等价:

(1) 沿 D 内任一段光滑闭曲线 L 有 $\oint_L P\mathrm{d}x+Q\mathrm{d}y=0$;

(2) 对 D 内任一段光滑曲线 L, $\int_L P\mathrm{d}x+Q\mathrm{d}y$ 与路径无关, 只与 L 的起点和终点有关;

(3) $P\mathrm{d}x+Q\mathrm{d}y$ 是 D 内某一函数 $u(x,y)$ 的全微分, 即在 D 内有 $\mathrm{d}u=P\mathrm{d}x+Q\mathrm{d}y$, 这时

$$u(x,y)=\int_{(x_0,y_0)}^{(x,y)}P\mathrm{d}x+Q\mathrm{d}y=\int_{x_0}^{x}P(x,y_0)\mathrm{d}x+\int_{y_0}^{y}Q(x,y)\mathrm{d}y$$

或

$$u(x,y)=\int_{x_0}^{x}P(x,y)\mathrm{d}x+\int_{y_0}^{y}Q(x_0,y)\mathrm{d}y;$$

(4) 在 D 内处处成立 $\dfrac{\partial P}{\partial y}=\dfrac{\partial Q}{\partial x}$.

4. 曲面积分与高斯公式、斯托克斯公式

1) 第一型曲面积分的计算

(1) 设 $f(x,y,z)$ 在曲面 Σ 上连续, Σ 的方程为 $z=z(x,y)$, 它在 xy 平面上的投影区域为 D_{xy}, 且 $z(x,y)$ 在 D_{xy} 上有一阶连续偏导数, 则

$$\iint_{\Sigma}f(x,y,z)\mathrm{d}S=\iint_{D_{xy}}f(x,y,z(x,y))\cdot\sqrt{1+z_x^2+z_y^2}\,\mathrm{d}x\mathrm{d}y.$$

若 Σ 的方程为 $x=x(y,z)$ 或 $y=y(x,z)$, 也有类似的公式.

(2) 设 $f(x,y,z)$ 在曲面 Σ 上连续, 曲面 Σ 用参数方程

$$x=x(u,v),\quad y=y(u,v),\quad z=z(u,v),\quad (u,v)\in D$$

表示, 并且 $\dfrac{\partial(x,y)}{\partial(u,v)},\dfrac{\partial(y,z)}{\partial(u,v)},\dfrac{\partial(x,z)}{\partial(u,v)}$ 中至少有一个不为 0, 则

$$\iint_{\Sigma}f(x,y,z)\mathrm{d}S=\iint_{D}f(x(u,v),y(u,v),z(u,v))\cdot\sqrt{EG-F^2}\,\mathrm{d}u\mathrm{d}v,$$

其中 $E=x_u^2+y_u^2+z_u^2,F=x_ux_v+y_uy_v+z_uz_v,G=x_v^2+y_v^2+z_v^2$.

2) 第二型曲面积分的计算

设 $P(x,y,z),Q(x,y,z),R(x,y,z)$ 是定义在有向光滑曲面 Σ 上的连续函数, 且 Σ 的方程为 $z=z(x,y),(x,y)\in D_{xy}$, 其中 D_{xy} 为 Σ 在 xy 平面上的投影, 则

$$\iint_{\Sigma}P(x,y,z)\mathrm{d}y\mathrm{d}z=-\iint_{D_{xy}}P(x,y,z(x,y))\cdot z_x\mathrm{d}x\mathrm{d}y,$$

$$\iint\limits_{\Sigma} Q(x,y,z)\mathrm{d}z\mathrm{d}x = -\iint\limits_{D_{xy}} P(x,y,z(x,y))\cdot z_y \mathrm{d}x\mathrm{d}y\,,$$

$$\iint\limits_{\Sigma} R(x,y,z)\mathrm{d}x\mathrm{d}y = \iint\limits_{D_{xy}} P(x,y,z(x,y))\mathrm{d}x\mathrm{d}y,$$

从而有公式

$$\begin{aligned}&\iint\limits_{\Sigma} P(x,y,z)\mathrm{d}y\mathrm{d}z + Q(x,y,z)\mathrm{d}z\mathrm{d}x + R(x,y,z)\mathrm{d}x\mathrm{d}y\\ =&\iint\limits_{D_{xy}} P(x,y,z(x,y))\cdot(-z_x)\mathrm{d}x\mathrm{d}y + P(x,y,z(x,y))\cdot(-z_y)\mathrm{d}x\mathrm{d}y + P(x,y,z(x,y))\mathrm{d}x\mathrm{d}y\,,\end{aligned}$$

其中 Σ 取上侧.

若 Σ 的方程为 $x = x(y,z)$ 或 $y = y(x,z)$，也有类似的公式.

3）第一型曲面积分与第二型曲面积分的关系

设空间有向曲面 Σ 上任一点的法线正向的方向角为 α,β,γ，则

$$\iint\limits_{\Sigma} P\mathrm{d}y\mathrm{d}z + Q\mathrm{d}z\mathrm{d}x + R\mathrm{d}x\mathrm{d}y = \iint\limits_{\Sigma}(P\cos\alpha + Q\cos\beta + R\cos\gamma)\mathrm{d}S\,.$$

4）高斯公式及其应用

高斯公式：设空间区域 Ω 由分片光滑的双侧封闭曲面 Σ 围成，若 $P(x,y,z),Q(x,y,z),$ $R(x,y,z)$ 在 Ω 上连续，且有一阶连续偏导数，则

$$\iiint\limits_{\Omega}\left(\frac{\partial P}{\partial x}+\frac{\partial Q}{\partial y}+\frac{\partial R}{\partial z}\right)\mathrm{d}x\mathrm{d}y\mathrm{d}z = \oiint\limits_{\Sigma} P\mathrm{d}y\mathrm{d}z + Q\mathrm{d}z\mathrm{d}x + R\mathrm{d}x\mathrm{d}y,$$

其中 Σ 取正侧.

说明 若 Ω 为单连通区域时，Σ 的正侧为外侧；当 Ω 为多连通区域时，Σ 的正侧是由外边界曲面的外侧和内边界曲面的内侧构成的.

5）斯托克斯公式及其应用

斯托克斯公式：设 Σ 是逐片光滑曲面，其边界为逐段光滑的曲线 Γ，曲面 Σ 的正侧与 Γ 的正向符合右手法则，如果 $P(x,y,z),Q(x,y,z),R(x,y,z)$ 在 Σ 及 Γ 上均具有一阶连续偏导数，则

$$\oint_L P\mathrm{d}x + Q\mathrm{d}y + R\mathrm{d}z = \iint\limits_{\Sigma}\begin{vmatrix}\mathrm{d}y\mathrm{d}z & \mathrm{d}z\mathrm{d}x & \mathrm{d}x\mathrm{d}y\\ \dfrac{\partial}{\partial x} & \dfrac{\partial}{\partial y} & \dfrac{\partial}{\partial z}\\ P & Q & R\end{vmatrix}.$$

5.2　多元函数积分学典型例题分析选讲

例 1　求函数 $F(y)=\int_0^1 \ln(x^2+y^2)\mathrm{d}x, y>0$ 的导数.

解　对于任意固定的 $y>0$，总存在 $\varepsilon>0$，使得 $y\in[\varepsilon,1/\varepsilon]$. 显然，被积函数 $\ln(x^2+y^2)$ 与 $\dfrac{\partial}{\partial y}\ln(x^2+y^2)=\dfrac{2y}{x^2+y^2}$ 在闭矩形区域 $(x,y)\in[0,1]\times\left[\varepsilon,\dfrac{1}{\varepsilon}\right]$ 上都连续.

根据含参变量有限积分的导数与积分交换次序定理，有

$$F'(y)=\int_0^1 \frac{\partial}{\partial y}\ln(x^2+y^2)\mathrm{d}x=\int_0^1 \frac{2y}{x^2+y^2}\mathrm{d}x$$

$$=2\int_0^1 \frac{\mathrm{d}\left(\dfrac{x}{y}\right)}{\left(\dfrac{x}{y}\right)^2+1}=2\arctan\left(\frac{x}{y}\right)\Bigg|_0^1=2\arctan\left(\frac{1}{y}\right).$$

因为 $\forall y>0$，$\exists\varepsilon>0$，使得 $y\in[\varepsilon,1/\varepsilon]$，所以 $\forall y>0$，有

$$F'(y)=2\arctan\left(\frac{1}{y}\right).$$ □

例 2　求积分 $\int_0^1 \dfrac{x^b-x^a}{\ln x}\mathrm{d}x, 0<a<b$.

解　应用积分号下微分法. 设

$$\Phi(y)=\int_0^1 \frac{x^y-x^a}{\ln x}\mathrm{d}x,\quad a\leqslant y\leqslant b.$$

根据含参变量有限积分的导数与积分交换次序定理，有

$$\Phi'(y)=\int_0^1\left(\frac{x^y-x^a}{\ln x}\right)'_y\mathrm{d}x=\int_0^1 x^y\mathrm{d}x=\frac{x^{y+1}}{y+1}\Bigg|_0^1=\frac{1}{y+1}.$$

两端求不定积分，有

$$\Phi(y)=\int\frac{\mathrm{d}y}{y+1}=\ln(y+1)+C.$$

令 $y=a$，有 $\Phi(a)=0=\ln(a+1)+C$，即 $C=-\ln(a+1)$.

令 $y=b$，有 $\Phi(b)=\int_0^1 \dfrac{x^b-x^a}{\ln x}=\ln\dfrac{b+1}{a+1}$.

注　本题也可应用积分号下积分法，即延拓原被积函数构造新的连续函数. □

例 3　求积分 $\int_0^{+\infty}\dfrac{\mathrm{e}^{-ax}-\mathrm{e}^{-bx}}{x}\mathrm{d}x, 0<a<b$.

解　将被积函数表示成积分，即

$$\frac{e^{-ax}-e^{-bx}}{x}=-\frac{e^{-bx}-e^{-ax}}{x}=-\frac{e^{-yx}}{x}\bigg|_a^b=\int_a^b\left(-\frac{e^{-yx}}{x}\right)'_y dy=\int_a^b e^{-yx}dy.$$

已知 $\forall y\in[a,b]$，有 $e^{-yx}\leqslant e^{-ax}$. 而无穷积分 $\int_0^{+\infty}e^{-ax}dx$ 收敛.

根据优函数判别法，无穷积分 $\int_0^{+\infty}e^{-yx}dx$ 在区间 $[a,b]$ 上一致收敛. 再根据含参变量积分与积分交换次序定理，有

$$\int_0^{+\infty}\frac{e^{-ax}-e^{-bx}}{x}dx=\int_0^{+\infty}\left(\int_a^b e^{-yx}dy\right)dx=\int_a^b\left(\int_0^{+\infty}e^{-yx}dx\right)dy$$
$$=\int_a^b\frac{dy}{y}=\ln b-\ln a=\ln\frac{b}{a}.$$ □

例 4　求积分 $I=\int_0^{+\infty}e^{-px}\frac{\sin bx-\sin ax}{x}dx\ (p>0, b>a)$.

解　将被积函数表示成积分，即

$$\frac{\sin bx-\sin ax}{x}=\int_a^b\cos xy dy,$$

所以

$$I=\int_0^{+\infty}e^{-px}\frac{\sin bx-\sin ax}{x}dx=\int_0^{+\infty}e^{-px}\left(\int_a^b\cos xy dy\right)dx$$
$$=\int_0^{+\infty}dx\int_a^b e^{-px}\cos xy dy.$$

下面研究含参变量反常积分 $\int_0^{+\infty}e^{-px}\cos xy dx$ 在 $y\in[a,b]$ 上一致收敛.

因为 $|e^{-px}\cos xy|\leqslant e^{-px}$，$\int_0^{+\infty}e^{-px}dx$ 收敛，根据魏尔斯特拉斯 M 判别法可得

$$\int_0^{+\infty}e^{-px}\cos xy dx$$

在 $y\in[a,b]$ 上一致收敛. 又因为 $e^{-px}\cos xy$ 在 $[0,+\infty)\times[a,b]$ 上连续，所以满足含参变量反常积分可积性条件.

$$I=\int_0^{+\infty}e^{-px}\frac{\sin bx-\sin ax}{x}dx=\int_0^{+\infty}dx\int_a^b e^{-px}\cos xy dy$$
$$=\int_a^b dy\int_0^{+\infty}e^{-px}\cos xy dx=\int_a^b\frac{p}{p^2+y^2}dy=\arctan\frac{b}{p}-\arctan\frac{a}{p}.$$ □

例 5　证明函数 $F(y)=\int_0^{+\infty}e^{-(x-y)^2}dx$ 在 $(-\infty,+\infty)$ 上连续 $\left(提示:\int_0^{+\infty}e^{-x^2}dx=\frac{\sqrt{\pi}}{2}\right)$.

证明　令 $u=x-y$，因此 $x=u+y$，$F(y)=\int_{-y}^{+\infty}e^{-u^2}du$. 因为 $\int_0^{+\infty}e^{-x^2}dx=\frac{\sqrt{\pi}}{2}$，所以

$$F(y)=\int_{-y}^{+\infty}e^{-u^2}du=\int_{-y}^{0}e^{-u^2}du+\int_0^{+\infty}e^{-u^2}du=\int_{-y}^{0}e^{-u^2}du+\frac{\sqrt{\pi}}{2}.$$

因为 $\int_{-y}^{0}e^{-u^2}du$ 在 $(-\infty,+\infty)$ 上连续，所以 $F(y)$ 在 $(-\infty,+\infty)$ 上连续. □

例 6　证明函数 $F(y)=\int_0^{+\infty}ye^{-xy^2}dx$ 在 $(0,+\infty)$ 内连续，但在 $y=0$ 处不连续.

证明　当 $y\in(0,+\infty)$，$F(y)=\int_0^{+\infty}ye^{-xy^2}dx=-\frac{1}{y}e^{-xy^2}\Big|_0^{+\infty}=\frac{1}{y}$.

显然 $F(y)$ 在 $(0,+\infty)$ 内连续，又因 $\lim\limits_{y\to0^+}F(y)=\lim\limits_{y\to0^+}\frac{1}{y}=+\infty$ 不存在，故 $F(y)$ 在 $y=0$ 处不连续. □

例 7　把二重积分 $\iint\limits_{\Gamma}f(x,y)dxdy$ 化为按不同积分次序的累次积分，其中 Γ 是由上半圆周 $y=\sqrt{2ax-x^2}$ 、抛物线 $y^2=2ax\ (y\geqslant0)$ 和直线 $x=2a\ (a>0)$ 所围成的.

解　（1）先对 y 积分后对 x 积分，有

$$\iint\limits_{\Gamma}f(x,y)dxdy=\int_0^{2a}dx\int_{\sqrt{2ax-x^2}}^{\sqrt{2ax}}f(x,y)dy.$$

（2）先对 x 积分后对 y 积分，首先将区域 Γ 分割成三个小区域，其次分别在每个小区域上将二重积分化为累次积分，即

$$\begin{aligned}\iint\limits_{\Gamma}f(x,y)dxdy&=\iint\limits_{A}f(x,y)dxdy+\iint\limits_{B}f(x,y)dxdy+\iint\limits_{C}f(x,y)dxdy\\&=\int_a^{2a}dy\int_{\frac{y^2}{2a}}^{2a}f(x,y)dx+\int_0^{a}dy\int_{\frac{y^2}{2a}}^{a-\sqrt{a^2-y^2}}f(x,y)dx+\int_0^{a}dy\int_{a+\sqrt{a^2-y^2}}^{2a}f(x,y)dx.\end{aligned}$$ □

例 8　计算 $I=\iint\limits_{\Gamma}\frac{3x}{y^2+xy^3}dxdy$，其中 Γ 是由 $xy=1$，$xy=3$，$y^2=x$ 和 $y^2=3x$ 所围成的区域.

解　作变换 $xy=u$，$\frac{y^2}{x}=v$，则此变换将 Γ 对应为 uv 平面上的区域 $\Gamma':1\leqslant u,v\leqslant3$，且

$$\frac{\partial(u,v)}{\partial(x,y)}=\begin{vmatrix}y & x\\ -\frac{y^2}{x^2} & \frac{2y}{x}\end{vmatrix}=\frac{3y^2}{x}=3v.$$

于是 $|J|=\left|\frac{\partial(x,y)}{\partial(u,v)}\right|=\frac{1}{3v}$，从而

$$I=\iint\limits_{\Gamma'}\frac{3x}{y^2(1+xy)}\cdot\frac{1}{3v}dudv=\iint\limits_{\Gamma'}\frac{3}{v^2(1+u)}dudv=\int_1^3\frac{1}{1+u}du\int_1^3\frac{1}{v^2}dv=\frac{2}{3}\ln2.$$ □

例 9　求由曲面 $z=x^2+y^2$ 和 $z=x+y$ 所围成立体的体积.

解　由 $z=x^2+y^2$ 和 $z=x+y$ 消去 z 得 $x^2+y^2=x+y$，这就是两个曲面交线在 xy 平面的投影，从而立体在 xy 平面的投影为 $D=\{(x,y)|x^2+y^2\leqslant x+y\}$，化为极坐标就是

$$D'=\left\{(r,\theta)\middle|r\leqslant\cos\theta+\sin\theta,\theta\in\left[-\frac{\pi}{4},\frac{3\pi}{4}\right]\right\}.$$

于是立体的体积为

$$\Delta=\iint_D[(x+y)-(x^2+y^2)]\mathrm{d}x\mathrm{d}y=\int_{-\frac{\pi}{4}}^{\frac{3\pi}{4}}\mathrm{d}\theta\int_0^{\cos\theta+\sin\theta}[(r\cos\theta+r\sin\theta)-r^2]r\mathrm{d}r$$

$$=\frac{1}{12}\int_{-\frac{\pi}{4}}^{\frac{3\pi}{4}}(\cos\theta+\sin\theta)^4\mathrm{d}\theta=\frac{1}{12}\int_{-\frac{\pi}{4}}^{\frac{3\pi}{4}}\left[\sqrt{2}\sin\left(\theta+\frac{\pi}{4}\right)\right]^4\mathrm{d}\theta$$

$$=\frac{1}{3}\int_0^{\pi}\sin^4u\mathrm{d}u=\frac{1}{3}\cdot2\cdot\frac{3}{4}\cdot\frac{1}{2}\cdot\frac{\pi}{2}=\frac{\pi}{8}.$$ □

例 10 计算抛物面 $x^2+y^2=az\ (a>0)$，柱面 $x^2+y^2=2ax\ (a>0)$ 与平面 $z=0$ 所围成有界体 V 的体积.

解 有界体 V 在 xy 平面上的投影是圆域 $x^2+y^2\leqslant2ax\ (a>0)$. 作柱面坐标变换，设

$$\begin{cases}x=r\cos\varphi,\\y=r\sin\varphi,\\z=z,\end{cases}$$

则

$$\frac{\partial(x,y,z)}{\partial(r,\varphi,z)}=r.$$

于是，$0\leqslant z\leqslant\dfrac{r^2}{a}$，$0\leqslant r\leqslant2a\cos\varphi$，$-\dfrac{\pi}{2}\leqslant\varphi\leqslant\dfrac{\pi}{2}$. V 的体积为

$$I=\iiint_V\mathrm{d}x\mathrm{d}y\mathrm{d}z=\int_{-\frac{\pi}{2}}^{\frac{\pi}{2}}\mathrm{d}\varphi\int_0^{2a\cos\varphi}r\mathrm{d}r\int_0^{\frac{r^2}{a}}\mathrm{d}z$$

$$=2\int_0^{\frac{\pi}{2}}\mathrm{d}\varphi\int_0^{2a\cos\varphi}r\mathrm{d}r\int_0^{\frac{r^2}{a}}\mathrm{d}z=\frac{2}{a}\int_0^{\frac{\pi}{2}}\mathrm{d}\varphi\int_0^{2a\cos\varphi}r^3\mathrm{d}r$$

$$=8a^3\int_0^{\frac{\pi}{2}}\cos^4\varphi\mathrm{d}\varphi=\frac{3}{2}\pi a^3$$ □

例 11 计算累次积分 $\int_0^1\mathrm{d}x\int_0^{\sqrt{1-x^2}}\mathrm{d}y\int_{\sqrt{x^2+y^2}}^{\sqrt{2-x^2-y^2}}z^2\mathrm{d}z$.

解 本题可以用两种方法去做，第一种方法是柱面坐标变换，第二种方法是球坐标变换. 这里采用第二种.

积分区域 $V=\{(x,y,z)|0\leqslant x\leqslant1,0\leqslant y\leqslant\sqrt{1-x^2},\sqrt{x^2+y^2}\leqslant z\leqslant\sqrt{2-x^2-y^2}\}$.

可以得到，它是由平面 $x=0$，$y=0$，锥面 $z=\sqrt{x^2+y^2}$ 及球面 $z=\sqrt{2-x^2-y^2}$ 在第一卦限内所围成的区域.

利用球坐标变换 T: $x=r\sin\varphi\cos\theta$，$y=r\sin\varphi\sin\theta$，$z=r\cos\varphi$.

区域变为

$$V'=\left\{(\theta,\varphi,r)\middle|0\leqslant\theta\leqslant\frac{\pi}{2},0\leqslant\varphi\leqslant\frac{\pi}{4},0\leqslant r\leqslant\sqrt{2}\right\}.$$

于是

$$\int_0^1 dx\int_0^{\sqrt{1-x^2}} dy\int_{\sqrt{x^2+y^2}}^{\sqrt{2-x^2-y^2}} z^2 dz = \int_0^{\frac{\pi}{2}} d\theta\int_0^{\frac{\pi}{4}} d\varphi\int_0^{\sqrt{2}} r^2\cos^2\varphi r^2\sin\varphi dr = \frac{(2\sqrt{2}-1)\pi}{15}.$$ □

例 12 计算 $I=\oint_C \sqrt{x^2+y^2}ds$，其中 C 是圆周 $x^2+y^2=ax\,(a>0)$.

解 由于上半圆周 C_1 与下半圆周 C_2 的曲线方程不一样，设 $C=C_1+C_2$，其中

$$C_1: y=\sqrt{ax-x^2},\qquad C_2: y=-\sqrt{ax-x^2};$$

$$y'=\pm\frac{a-2x}{2\sqrt{ax-x^2}},\qquad ds=\sqrt{1+y'^2}dx=\frac{a}{2\sqrt{ax-x^2}}dx.$$

于是，由第一型曲线积分的计算公式，有

$$\begin{aligned}
I&=\oint_C \sqrt{x^2+y^2}ds=\int_{C_1}\sqrt{x^2+y^2}ds+\int_{C_2}\sqrt{x^2+y^2}ds\\
&=\int_0^a \sqrt{x^2+(ax-x^2)}\frac{a}{2\sqrt{ax-x^2}}dx+\int_0^a \sqrt{x^2+(ax-x^2)}\frac{a}{2\sqrt{ax-x^2}}dx\\
&=2\int_0^a \frac{a\sqrt{ax}}{2\sqrt{ax-x^2}}dx=a\sqrt{a}\int_0^a \sqrt{a-x}\,dx=a\sqrt{a}\cdot 2\sqrt{a}=2a^2.
\end{aligned}$$ □

例 13 计算 $\int_L y(x-z)ds$，其中 L 为椭球面 $\frac{x^2}{4}+\frac{y^2}{2}+\frac{z^2}{4}=1$ 与平面 $x+z=2$ 的交线在第一卦限中连接点 $(2,0,0)$ 与点 $(1,1,1)$ 的一段.

解 由

$$\begin{cases}\dfrac{x^2}{4}+\dfrac{y^2}{2}+\dfrac{z^2}{4}=1,\\ x+z=2\end{cases}$$

可以得到 $z=2-x$，将其代入椭球面方程可得 $(x-1)^2+y^2=1$. 此曲线的参数方程是

$$x=1+\cos\theta,\quad y=\sin\theta,\quad \theta\in[0,2\pi].$$

把此参量方程代入 $x+z=2$ 中，又得到 $z=1-\cos\theta$.

交线是第一卦限而且 x 坐标是从 1 到 2，$1+\cos\theta\in[1,2]$，$\cos\theta\in[0,1]$. 此时，可以确定 $\theta\in\left[0,\frac{\pi}{2}\right]$. 于是，交线的参数方程为

$$\begin{cases}x=1+\cos\theta,\\ y=\sin\theta,\\ z=1-\cos\theta,\end{cases}\qquad \theta\in\left[0,\frac{\pi}{2}\right].$$

$$\begin{aligned}
\int_L y(x-z)ds&=\int_0^{\frac{\pi}{2}} 2\sin\theta\cos\theta\sqrt{1+\sin^2\theta}d\theta\\
&=\frac{2}{3}(1+\sin^2\theta)^{\frac{3}{2}}\Big|_0^{\frac{\pi}{2}}=\frac{2}{3}(2\sqrt{2}-1).
\end{aligned}$$ □

例 14 计算曲线积分 $\int_L y\mathrm{d}x+z\mathrm{d}y+x\mathrm{d}z$，其中 L 是曲线 $\frac{x^2}{a^2}+\frac{y^2}{b^2}+\frac{z^2}{c^2}=1$，$\frac{x}{a}+\frac{z}{c}=1$，$x\geqslant 0,y\geqslant 0,z\geqslant 0\ (a>0,b>0,c>0)$ 从点 $(a,0,0)$ 到点 $(0,0,c)$.

解 （因为曲线上 y,z 都可以写成 x 的函数）令 $x=at$，则 $z=c(1-t)$，$y=\sqrt{2}b\sqrt{t-t^2}$. 起点 $t=1$，终点 $t=0$. 令 $t=\cos^2\frac{\theta}{2}$，则

$$\begin{aligned}\int_L y\mathrm{d}x+z\mathrm{d}y+x\mathrm{d}z&=\int_1^0\left[ab\sqrt{2}\sqrt{t-t^2}+bc\frac{(1-t)(1-2t)}{\sqrt{2}\sqrt{t-t^2}}-act\right]\mathrm{d}t\\&=\int_0^{\pi}\left(-\frac{ab}{2\sqrt{2}}\sin^2\theta+\frac{bc}{\sqrt{2}}\sin^2\frac{\theta}{2}\cos\theta+ac\cos^2\frac{\theta}{2}\cos\frac{\theta}{2}\sin\frac{\theta}{2}\right)\mathrm{d}\theta\\&=-\frac{\pi b}{4\sqrt{2}}(a+c)+\frac{ac}{2}.\end{aligned}$$

□

例 15 在过原点 $O(0,0)$ 和点 $A(\pi,0)$ 的曲线簇 $y=a\sin x\ (a>0)$ 中，求一条曲线 L 使得从 O 到 A 的积分 $\int_L(1+y^3)\mathrm{d}x+(2x+y)\mathrm{d}y$ 的值最小.

解 令 $L_1: y=0,x:0\to\pi$，即 OA 为直线段. $L+L_1^-$ 构成封闭有向曲线，顺时针方向. 由格林公式得

$$\begin{aligned}&\int_{L+L_1^-}(1+y^3)\mathrm{d}x+(2x+y)\mathrm{d}y\\=&-\iint_D(2-3y^2)\mathrm{d}x\mathrm{d}y\\=&-\int_0^{\pi}\mathrm{d}x\int_0^{a\sin x}(2-3y^2)\mathrm{d}y=\frac{4}{3}a^3-4a.\end{aligned}$$

又 $\int_{L_1}(1+y^3)\mathrm{d}x+(2x+y)\mathrm{d}y=\int_{L_1}\mathrm{d}x=\pi$. 于是

$$\int_L(1+y^3)\mathrm{d}x+(2x+y)\mathrm{d}y=\frac{4}{3}a^3-4a-\int_{L_1^-}(1+y^3)\mathrm{d}x+(2x+y)\mathrm{d}y=\frac{4}{3}a^3-4a+\pi.$$

记 $g(a)=\frac{4}{3}a^3-4a+\pi$. 由 $g'(a)=4a^2-4=0$ 得 $a=1$. 所以当 $a=1$ 时，$\int_L(1+y^3)\mathrm{d}x+(2x+y)\mathrm{d}y$ 达到最小值 $\pi-\frac{8}{3}$. □

例 16 设 $a,b>0$，计算 $I=\oint_L\frac{x\mathrm{d}y-y\mathrm{d}x}{ax^2+by^2}$，其中 L 为简单封闭的分段光滑曲线，且不经过原点，其方向为正向.

解 记 L 所围成的区域为 D，并记 $P=\frac{-y}{ax^2+by^2},Q=\frac{x}{ax^2+by^2}$，则显然 P,Q 在任何不包含原点的区域都存在连续的偏导数，同时容易验证 $Q_x=P_y=\frac{by^2-ax^2}{(ax^2+by^2)^2}$. 所以需要对 D 是否包含原点进行分类讨论.

(i) 当 D 不包含原点时，则 P,Q 在 D 内存在连续的偏导数，由格林公式就有

$$\oint_L P\mathrm{d}x + Q\mathrm{d}y = \iint_D (Q_x - P_y)\mathrm{d}x\mathrm{d}y = 0 .$$

（ii）当 D 包含原点时，此时原点是一个瑕点，不能直接在 D 上用格林公式. 做法是去掉圆点. 在 D 内部任取一个以原点为中心的椭圆 $ax^2+by^2=r^2$，记为 L'，并记 L' 围成的椭圆面区域记为 D'，则 $D-D'$ 就是以 L 与 L' 为边界的区域，且 P,Q 在 $D-D'$ 上满足格林公式的条件. 于是

$$\oint_L P\mathrm{d}x + Q\mathrm{d}y + \oint_{-L'} P\mathrm{d}x + Q\mathrm{d}y = \iint_{D-D'} (Q_x - P_y)\mathrm{d}x\mathrm{d}y = 0 ,$$

其中 $-L'$ 表示 L' 的负方向.

上式说明

$$I = \oint_L P\mathrm{d}x + Q\mathrm{d}y = \oint_{L'} P\mathrm{d}x + Q\mathrm{d}y = \oint_{L'} \frac{x\mathrm{d}y - y\mathrm{d}x}{ax^2+by^2} .$$

注意到在 L' 上有 $ax^2+by^2=r^2$，于是

$$I = \frac{1}{r^2}\oint_{L'} x\mathrm{d}y - y\mathrm{d}x .$$

对上式，继续在 D' 上使用格林公式，有

$$I = \frac{1}{r^2}\oint_{L'} x\mathrm{d}y - y\mathrm{d}x = \frac{1}{r^2}\iint_{D'}(1+1)\mathrm{d}x\mathrm{d}y = \frac{2}{r^2}\cdot\frac{\pi r^2}{\sqrt{ab}} = \frac{2\pi}{\sqrt{ab}} .$$

这里用到椭圆的面积公式. □

例 17　设 $\mathrm{d}u = (\mathrm{e}^{xy} + xy\mathrm{e}^{xy})\mathrm{d}x + x^2\mathrm{e}^{xy}\mathrm{d}y$，求函数 $u(x,y)$.

解　令 $P = \mathrm{e}^{xy} + xy\mathrm{e}^{xy}, Q = x^2\mathrm{e}^{xy}$，则容易验证

$$Q_x = P_y = 2x\mathrm{e}^{xy} + x^2y\mathrm{e}^{xy} ,$$

即曲线积分与路径无关. 取 $(x_0,y_0)=(0,0)$，有

$$u(x,y) = \int_0^x \mathrm{d}x + \int_0^y x^2\mathrm{e}^{xy}\mathrm{d}y + C = x + x\mathrm{e}^{xy} - x + C = x\mathrm{e}^{xy} + C .$$ □

例 18　计算 $I = \iint_S f(x,y,z)\mathrm{d}S$，其中

$$f(x,y,z) = \begin{cases} x^2+y^2, & z \geqslant \sqrt{x^2+y^2}, \\ 0, & z < \sqrt{x^2+y^2}, \end{cases} \quad S \text{ 为球面 } x^2+y^2+z^2=a^2 .$$

解　将 S 分为 $z \geqslant \sqrt{x^2+y^2}$ 和 $z < \sqrt{x^2+y^2}$ 两部分，分别记为 S_1 与 S_2，由于在 S_2 上 $f=0$. 因此 $\iint_{S_2} f(x,y,z)\mathrm{d}S = 0,\ z \geqslant \sqrt{x^2+y^2}$. 所以

$$I = \iint_{S_1} f(x,y,z)\mathrm{d}S + \iint_{S_2} f(x,y,z)\mathrm{d}S = \iint_{S_1} f(x,y,z)\mathrm{d}S = \iint_{S_1}(x^2+y^2)\mathrm{d}S .$$

由 $x^2+y^2+z^2=a^2$ 与 $z=\sqrt{x^2+y^2}$ 消去 z 可知 S_1 在 xy 平面的投影为

$$D: x^2+y^2 \leqslant \frac{a^2}{2} .$$

又根据 S 满足 $z=\sqrt{a^2-x^2-y^2}$ 可知

$$\sqrt{1+z_x^2+z_y^2}=\frac{a}{\sqrt{a^2-x^2-y^2}}.$$

于是

$$I=\iint_D (x^2+y^2)\cdot\frac{a}{\sqrt{a^2-x^2-y^2}}\mathrm{d}x\mathrm{d}y=\int_0^{2\pi}\mathrm{d}\theta\int_0^{\frac{a}{\sqrt{2}}}\frac{ar^2}{\sqrt{a^2-r^2}}\cdot r\mathrm{d}r$$

$$\xlongequal{r=a\sin t}2\pi a\int_0^{\frac{\pi}{4}}\frac{a^3\sin^3 t}{a\cos t}\cdot a\cos t\mathrm{d}t=-2\pi a^4\int_0^{\frac{\pi}{4}}(1-\cos^2 t)\mathrm{d}\cos t$$

$$=\frac{8-5\sqrt{2}}{6}\pi a^4.$$ □

例 19 计算曲面积分 $I=\iint_\Sigma \frac{\mathrm{d}S}{\sqrt{x^2+y^2+(z+a)^2}}$，其中 Σ 为以原点为球心，$a\,(a>0)$ 为半径的上半球面.

解 上半球面 Σ：

$$x=a\sin\varphi\cos\theta,\quad y=a\sin\varphi\sin\theta,\quad z=a\cos\varphi\quad\left(0\leqslant\varphi\leqslant\frac{\pi}{2},0\leqslant\theta\leqslant 2\pi\right).$$

因此

$$I=\iint_\Sigma\frac{\mathrm{d}S}{\sqrt{x^2+y^2+z^2+2az+a^2}}=\iint_{\substack{0\leqslant\varphi\leqslant\frac{\pi}{2}\\0\leqslant\theta\leqslant 2\pi}}\frac{a^2\sin\varphi\mathrm{d}\varphi\mathrm{d}\theta}{\sqrt{a^2+2a^2\cos\varphi+a^2}}$$

$$=2\pi a\int_0^{\frac{\pi}{2}}\frac{\sin\varphi}{\sqrt{2+2\cos\varphi}}\mathrm{d}\varphi=-2\pi a\sqrt{2+2\cos\varphi}\Big|_0^{\frac{\pi}{2}}=2\pi a(2-\sqrt{2}).$$ □

例 20 计算曲面积分 $I=\iint_\Sigma\frac{\mathrm{d}x\mathrm{d}y}{\cos^2 z}+\frac{\mathrm{d}y\mathrm{d}z}{x\cos^2 x}$，其中 Σ 是球面 $x^2+y^2+z^2=1$ 的外侧.

解 首先，Σ 关于 xy 平面对称，在对称点处 $\frac{1}{\cos^2 z}$ 取值相同，但对称点处外法向量与 z 轴正向夹角互补，所以 $\mathrm{d}x\mathrm{d}y$ 符号相反，于是 $\iint_\Sigma\frac{\mathrm{d}x\mathrm{d}y}{\cos^2 z}=0$. 同理，$\Sigma$ 也关于 yz 平面对称，在对称点处 $\frac{1}{x\cos^2 x}$ 取值相反，且对称点处外法向量与 x 轴正向夹角互补，所以 $\mathrm{d}y\mathrm{d}z$ 符号相反. 于是

$$I=\iint_\Sigma\frac{\mathrm{d}y\mathrm{d}z}{x\cos^2 x}=2\iint_{\Sigma_1}\frac{\mathrm{d}y\mathrm{d}z}{x\cos^2 x}.$$

这里 Σ_1 表示 Σ 位于 $x\geqslant 0$ 的部分，即

$$\Sigma_1: x=\sqrt{1-y^2-z^2},\quad y,z\in D,$$

其中 $D: y^2+z^2\leqslant 1$. 那么结合极坐标变换可知

$$I=2\iint_{\Sigma_1}\frac{\mathrm{d}y\mathrm{d}z}{x\cos^2 x}=2\iint_{D}\frac{1}{\sqrt{1-y^2-z^2}\cos^2(\sqrt{1-y^2-z^2})}\mathrm{d}y\mathrm{d}z$$

$$=2\int_0^{2\pi}\mathrm{d}\theta\int_0^1\frac{r}{\sqrt{1-r^2}\cos^2(\sqrt{1-r^2})}\mathrm{d}r=-4\pi\int_0^1\sec^2(\sqrt{1-r^2})\mathrm{d}(\sqrt{1-r^2})$$

$$=4\pi\tan(\sqrt{1-r^2})\Big|_1^0=4\pi\tan 1.$$

□

例 21　计算曲面积分 $I=\iint_S x^3\mathrm{d}y\mathrm{d}z$，其中 S 是椭球面 $\frac{x^2}{a^2}+\frac{y^2}{b^2}+\frac{z^2}{c^2}=1$ 的 $x\geqslant 0$ 的部分，取椭球面外侧为正侧.

解　当 $x\geqslant 0$ 时，椭球面的方程为

$$x=a\sqrt{1-\frac{y^2}{b^2}-\frac{z^2}{c^2}},\ (y,z)\in D:\frac{y^2}{b^2}+\frac{z^2}{c^2}\leqslant 1.$$

于是

$$I=\iint_S x^3\mathrm{d}y\mathrm{d}z=a^3\iint_D\left(1-\frac{y^2}{b^2}-\frac{z^2}{c^2}\right)^{\frac{3}{2}}\mathrm{d}y\mathrm{d}z.$$

令 $y=br\cos\varphi,z=cr\sin\varphi,0\leqslant r\leqslant 1,0\leqslant\varphi\leqslant 2\pi$，则

$$I=a^3bc\int_0^{2\pi}\mathrm{d}\varphi\int_0^1(1-r^2)^{\frac{3}{2}}r\mathrm{d}r=\frac{2}{5}\pi a^3bc.$$

□

例 22　计算

$$I=\iint_S\frac{x}{(ax^2+by^2+cz^2)^{\frac{3}{2}}}\mathrm{d}y\mathrm{d}z+\frac{y}{(ax^2+by^2+cz^2)^{\frac{3}{2}}}\mathrm{d}z\mathrm{d}x+\frac{z}{(ax^2+by^2+cz^2)^{\frac{3}{2}}}\mathrm{d}x\mathrm{d}y,$$

其中 S 为不经过原点的光滑封闭曲面，方向取外侧，且 $a,b,c>0$.

解　为了方便，记 $r=\sqrt{ax^2+by^2+cz^2}$，$P=\frac{x}{r^3},Q=\frac{y}{r^3},R=\frac{z}{r^3}$，则

$$I=\iint_S P\mathrm{d}y\mathrm{d}z+Q\mathrm{d}z\mathrm{d}x+R\mathrm{d}x\mathrm{d}y.$$

注意到 P,Q,R 在不包含原点的区域上存在连续偏导数，且

$$P_x=\frac{r^3-x\cdot 3r^2\cdot\frac{ax}{r}}{r^6}=\frac{r^2-3ax^2}{r^5}.$$

同理可得 $Q_y=\frac{r^2-3by^2}{r^5},R_z=\frac{r^2-3cz^2}{r^5}$. 于是

$$P_x+Q_y+R_z=\frac{3r^2-3(ax^2+by^2+cz^2)}{r^5}=0.$$

接下来对 S 是否包含原点作讨论，记 S 包围的区域为 V，则

（i）当 S 不包含原点时，由高斯公式有

$$I=\iint_S P\mathrm{d}y\mathrm{d}z+Q\mathrm{d}z\mathrm{d}x+R\mathrm{d}x\mathrm{d}y=\iiint_V(P_x+Q_y+R_z)\mathrm{d}V=\iiint_V 0\mathrm{d}V=0.$$

(ii) 当 S 包含原点时,此时不能在 V 上直接用高斯公式, 选择将 V 挖去一个以原点为中心的小椭球 $V_1: ax^2+by^2+cz^2\leqslant m^2\ (m>0)$, 并设 V_1 的表面为 S_1, 取内侧, 则 P,Q,R 在 $V-V_1$ 上连续且存在连续的偏导数, 且 $V-V_1$ 的边界曲面的外侧为 S 的外侧与 S_1 的内侧, 于是由高斯公式可知

$$I=\left(\iint\limits_{S+S_1}-\iint\limits_{S_1}\right)P\mathrm{d}y\mathrm{d}z+Q\mathrm{d}z\mathrm{d}x+R\mathrm{d}x\mathrm{d}y=\iint\limits_{-S_1}P\mathrm{d}y\mathrm{d}z+Q\mathrm{d}z\mathrm{d}x+R\mathrm{d}x\mathrm{d}y,$$

其中 $-S_1$ 为 S_1 的外侧.

注意到在 $-S_1$ 上有 $r=\sqrt{ax^2+by^2+cz^2}=m$, 因此 $P=\dfrac{x}{m^3},Q=\dfrac{y}{m^3},R=\dfrac{z}{m^3}$, 于是

$$I=\frac{1}{m^3}\iint\limits_{-S_1}x\mathrm{d}y\mathrm{d}z+y\mathrm{d}z\mathrm{d}x+z\mathrm{d}x\mathrm{d}y.$$

此时被积函数 x,y,z 在 V_1 上存在连续的偏导数, 所以可以继续使用高斯公式, 得

$$\begin{aligned}I&=\frac{1}{m^3}\iint\limits_{-S_1}x\mathrm{d}y\mathrm{d}z+y\mathrm{d}z\mathrm{d}x+z\mathrm{d}x\mathrm{d}y=\frac{1}{m^3}\iiint\limits_{V_1}(1+1+1)\mathrm{d}x\mathrm{d}y\mathrm{d}z\\&=\frac{3}{m^3}\cdot\frac{4\pi m^3}{3\sqrt{abc}}=\frac{4\pi}{\sqrt{abc}},\end{aligned}$$

其中用到椭球体 $V_1: ax^2+by^2+cz^2\leqslant m^2(m>0)$ 的体积为 $\dfrac{4\pi m^3}{3\sqrt{abc}}$. □

例 23 计算第二型曲线积分

$$I=\oint_L y\mathrm{d}x+2z\mathrm{d}y+3x\mathrm{d}z,$$

其中 L 为球面 $x^2+y^2+z^2=4$ 与平面 $x+y+z=0$ 的交线, 从 x 轴的正向看, 方向为逆时针方向.

解 记 L 所围成的平面区域为 S, 取上侧. 由于 S 为 $x+y+z=0$ 的一部分, 其正侧的单位法向量为 $\dfrac{1}{\sqrt{3}}(1,1,1)$, 所以由斯托克斯公式可知

$$\begin{aligned}I&=\oint_L y\mathrm{d}x+2z\mathrm{d}y+3x\mathrm{d}z=\iint\limits_S\begin{vmatrix}\frac{1}{\sqrt{3}}&\frac{1}{\sqrt{3}}&\frac{1}{\sqrt{3}}\\\frac{\partial}{\partial x}&\frac{\partial}{\partial y}&\frac{\partial}{\partial z}\\y&2z&3x\end{vmatrix}\mathrm{d}S=-2\sqrt{3}\iint\limits_S\mathrm{d}S\\&=-2\sqrt{3}\cdot4\pi=-8\sqrt{3}\pi.\end{aligned}$$

□

第 6 章　级数和反常积分

6.1 知识要点

1. 数项级数

1）级数求和问题

（1）求级数部分和数列的极限.

（2）利用部分和特殊子序列的极限求级数和.

该方法的基本思想是：若数列 $\{S_{2n}\}$ 与 $\{S_{2n+1}\}$ 有相同的极限 S，则 $\lim\limits_{n\to\infty}S_n = S$. 因此对级数 $\sum\limits_{n=1}^{\infty}u_n$ 来说，若 $\lim\limits_{n\to\infty}u_n = 0$，则部分和的子序列 $\{S_{2n}\}$ 收敛于 S，意味着 $\{S_{2n+1}\}$ 也收敛于 S，从而 $\sum\limits_{n=1}^{\infty}u_n = S$.

这一原理可推广到一般：若级数 $\sum\limits_{n=1}^{\infty}u_n$ 的通项 $u_n \to 0\,(n\to\infty)$，$\{S_n\}$ 的子序列 $\{S_{pn}\}$ 收敛于 S(p 是某个正整数)，则 $\sum\limits_{n=1}^{\infty}u_n = S$.

（3）利用幂级数的和函数求级数和.

2）级数敛散性的判定

（1）级数收敛的定义.

对级数 $\sum\limits_{n=1}^{\infty}u_n$，令 $S_n = u_1 + u_2 + \cdots + u_n$，若 $\lim\limits_{n\to\infty}S_n = S$，则级数收敛，否则发散.

（2）级数收敛的柯西准则.

级数 $\sum\limits_{n=1}^{\infty}u_n$ 收敛 $\Leftrightarrow$ 对 $\forall\varepsilon > 0$，存在正整数 N，当 $n > N$ 时及对任意的正整数 p，都有

$$|S_{n+p} - S_n| = |u_{n+1} + u_{n+2} + \cdots + u_{n+p}| < \varepsilon .$$

级数 $\sum\limits_{n=1}^{\infty}u_n$ 发散 $\Leftrightarrow$ 对 $\exists\varepsilon_0 > 0$，对任意正整数 N，都存在 $n_0 > N$ 和正整数 p_0，使得

$$|S_{n_0+p_0} - S_{n_0}| = |u_{n_0+1} + u_{n_0+2} + \cdots + u_{n_0+p_0}| \geqslant \varepsilon_0 .$$

（3）级数收敛的必要条件：若级数 $\sum_{n=1}^{\infty}u_n$ 收敛，则 $\lim_{n\to\infty}u_n=0$.

若 $\lim_{n\to\infty}u_n\neq 0$，则级数 $\sum_{n=1}^{\infty}u_n$ 必发散.

（4）利用级数的性质.

（5）正项级数审敛法. 设 $\sum_{n=1}^{\infty}u_n$ 和 $\sum_{n=1}^{\infty}v_n$ 是两个正项级数.

（i）级数 $\sum_{n=1}^{\infty}u_n$ 收敛 $\Leftrightarrow$ 它的部分和数列 $\{S_n\}$ 有界，即存在 $M>0$，对 $\forall n$ 有 $S_n\leqslant M$.

（ii）比较判别法：若存在某正整数 N 及常数 $k>0$，使得对一切 $n>N$ 有 $u_n\leqslant kv_n$ 成立，则由 $\sum_{n=1}^{\infty}v_n$ 的收敛可推知 $\sum_{n=1}^{\infty}u_n$ 收敛，由 $\sum_{n=1}^{\infty}u_n$ 发散可推知 $\sum_{n=1}^{\infty}v_n$ 发散.

（iii）比较判别法的极限形式：若 $\lim_{n\to\infty}\frac{u_n}{v_n}=l$，则当 $0<l<+\infty$ 时，$\sum_{n=1}^{\infty}u_n$ 与 $\sum_{n=1}^{\infty}v_n$ 有相同的敛散性；当 $l=0$，且 $\sum_{n=1}^{\infty}v_n$ 收敛时，$\sum_{n=1}^{\infty}u_n$ 也收敛；当 $l=+\infty$，且 $\sum_{n=1}^{\infty}v_n$ 发散时，$\sum_{n=1}^{\infty}u_n$ 也发散.

（iv）比式判别法(达朗贝尔判别法)：若存在某正整数 N 及常数 $q\,(0<q<1)$，使得对一切的 $n>N$ 有 $\frac{u_{n+1}}{u_n}\leqslant q$ 成立，则级数 $\sum_{n=1}^{\infty}u_n$ 收敛；若对一切 $n>N$，有 $\frac{u_{n+1}}{u_n}\geqslant 1$ 成立，则级数 $\sum_{n=1}^{\infty}u_n$ 发散.

（v）比式判别法的极限形式：若 $\lim_{n\to\infty}\frac{u_{n+1}}{u_n}=q$，则当 $q<1$ 时级数 $\sum_{n=1}^{\infty}u_n$ 收敛；当 $q>1$ 时级数 $\sum_{n=1}^{\infty}u_n$ 发散；当 $q=1$ 时级数的敛散性不定.

（vi）根式判别法(柯西判别法)：若存在某正整数 N 及常数 $l\,(0<l<1)$，使得对一切的 $n>N$ 有 $\sqrt[n]{u_n}\leqslant l$ 成立，则级数 $\sum_{n=1}^{\infty}u_n$ 收敛；若对一切 $n>N$，有 $\sqrt[n]{u_n}\geqslant 1$ 成立，则级数 $\sum_{n=1}^{\infty}u_n$ 发散.

（vii）根式判别法的极限形式：若 $\lim_{n\to\infty}\sqrt[n]{u_n}=l$，则当 $l<1$ 时级数 $\sum_{n=1}^{\infty}u_n$ 收敛；当 $l>1$ 时级数 $\sum_{n=1}^{\infty}u_n$ 发散；当 $l=1$ 时级数的敛散性不定.

（viii）积分判别法：设 $f(x)$ 为 $[1,+\infty)$ 上非负递减函数，则正项级数 $\sum_{i=1}^{n}f(n)$ 与反常积分 $\int_1^{+\infty}f(x)\mathrm{d}x$ 有相同的敛散性.

（ix）拉贝判别法：若存在某正整数 N 及常数 r，使得对一切 $n>N$ 有不等式 $n\left(1-\dfrac{u_{n+1}}{u_n}\right)\geqslant r>1$ 成立，则级数 $\sum_{n=1}^{\infty}u_n$ 收敛；若对一切 $n>N$ 有不等式 $n\left(1-\dfrac{u_{n+1}}{u_n}\right)\leqslant 1$ 成立，则级数 $\sum_{n=1}^{\infty}u_n$ 发散.

（x）拉贝判别法的极限形式：若 $\lim\limits_{n\to\infty}n\left(1-\dfrac{u_{n+1}}{u_n}\right)=r$，则当 $r>1$ 或 $r=+\infty$ 时级数 $\sum_{n=1}^{\infty}u_n$ 收敛；当 $r<1$ 时级数 $\sum_{n=1}^{\infty}u_n$ 发散；当 $r=1$ 时级数的敛散性不定.

（6）一般项级数收敛性的判别方法.

（i）绝对收敛与条件收敛：若级数 $\sum_{n=1}^{\infty}|u_n|$ 收敛，则 $\sum_{n=1}^{\infty}u_n$ 绝对收敛；若 $\sum_{n=1}^{\infty}u_n$ 收敛，$\sum_{n=1}^{\infty}|u_n|$ 发散，则 $\sum_{n=1}^{\infty}u_n$ 条件收敛.

（ii）莱布尼茨判别法：若交错级数 $\sum_{n=1}^{\infty}(-1)^n u_n\ (u_n>0)$ 满足条件：数列 $\{u_n\}$ 单调递减且 $\lim\limits_{n\to\infty}u_n=0$，则级数 $\sum_{n=1}^{\infty}(-1)^n u_n$ 收敛.

（iii）阿贝尔判别法：若 $\{a_n\}$ 为单调有界数列，且级数 $\sum_{n=1}^{\infty}b_n$ 收敛，则级数 $\sum_{n=1}^{\infty}a_nb_n$ 收敛.

（iv）狄利克雷判别法：若 $\{a_n\}$ 单调且 $\lim\limits_{n\to\infty}a_n=0$，级数 $\sum_{n=1}^{\infty}b_n$ 的部分和数列有界，则级数 $\sum_{n=1}^{\infty}a_nb_n$ 收敛.

2. 函数列与函数项级数

1）函数列一致收敛性的判定

（1）定义：设函数列 $\{f_n(x)\}$ 与函数 $f(x)$ 定义在同一个数集 D 上.

若对 $\forall\varepsilon>0$，存在正整数 N，当 $n>N$ 时，对 $\forall x\in D$ 都有 $|f_n(x)-f(x)|<\varepsilon$，则函数列 $\{f_n(x)\}$ 在 D 上一致收敛于 $f(x)$，记为 $f_n(x)\to f(x)(n\to\infty), x\in D$.

若存在某个 $\varepsilon_0>0$，对任意正整数 N，存在 $x'\in D$ 及 $n'>N$，使得 $|f_{n'}(x')-f(x')|\geqslant\varepsilon_0$，则函数列 $\{f_n(x)\}$ 在 D 上不一致收敛于 $f(x)$.

（2）一致收敛的柯西准则：函数列 $\{f_n(x)\}$ 在数集 D 上一致收敛 $\Leftrightarrow$ 对 $\forall\varepsilon>0$，存在正整数 N，当 $m,n>N$ 时，对 $\forall x\in D$ 都有 $|f_n(x)-f_m(x)|<\varepsilon$.

函数列$\{f_n(x)\}$在数集D上不一致收敛$\Leftrightarrow \exists \varepsilon_0 > 0$，对任意正整数$N$，当$m',n' > N$及$x' \in D$时都有$|f_{n'}(x') - f_{m'}(x')| \geqslant \varepsilon_0$.

（3）函数列$\{f_n(x)\}$在数集D上一致收敛于$f(x) \Leftrightarrow \lim\limits_{n\to\infty}\sup\limits_{x\in D}|f_n(x) - f(x)| = 0$.

函数列$\{f_n(x)\}$在数集D上不一致收敛于$f(x) \Leftrightarrow$存在$\{x_n\} \subset D$，使得$\{f_n(x_n) - f(x_n)\}$不收敛于0.

2）一致收敛函数列的性质

（1）连续性: 若函数列$\{f_n(x)\}$在区间I上一致连续，且每一项都连续，则其极限函数在I上连续.

若函数列$\{f_n(x)\}$在区间I上内闭一致收敛于$f(x)$，则$f(x)$在I上连续.

若函数列$\{f_n(x)\}$在区间I的极限函数不连续，则$\{f_n(x)\}$在I上不一致收敛.

（2）可积性: 若函数列$\{f_n(x)\}$在$[a,b]$上一致收敛，且每一项都连续，则

$$\int_a^b \lim_{n\to\infty} f_n(x)\mathrm{d}x = \lim_{n\to\infty}\int_a^b f_n(x)\mathrm{d}x .$$

（3）可微性: 设$\{f_n(x)\}$为定义在$[a,b]$上的函数列，若$x_0 \in [a,b]$为$\{f_n(x)\}$的收敛点，$\{f_n(x)\}$的每一项在$[a,b]$上有连续的导数，且$\{f_n'(x)\}$在$[a,b]$上一致收敛，则

$$\left[\lim_{n\to\infty} f_n(x)\right]' = \lim_{n\to\infty} f_n'(x) .$$

设函数列$\{f_n(x)\}$定义在区间I上，若$x_0 \in I$为$\{f_n(x)\}$的收敛点，且$\{f_n'(x)\}$在I上内闭一致收敛，则$\{f_n(x)\}$的极限函数$f(x)$在I上可导，且$f'(x) = \lim\limits_{n\to\infty} f_n'(x)$.

3）函数项级数一致收敛性的判定

（1）定义: 设$\{S_n(x)\}$是定义在数集E上的函数项级数$\sum\limits_{n=1}^{\infty} u_n(x)$的部分和函数列，若$\{S_n(x)\}$在$D\,(D \subset E)$上一致收敛于$S(x)$，则$\sum\limits_{n=1}^{\infty} u_n(x)$在$D$上一致收敛于$S(x)$.

（2）一致收敛的必要条件: 函数项级数$\sum\limits_{n=1}^{\infty} u_n(x)$在数集$D$上一致收敛，则函数列$\{u_n(x)\}$在$D$上一致收敛于0.

函数列$\{u_n(x)\}$在D上不一致收敛于0，则函数项级数$\sum\limits_{n=1}^{\infty} u_n(x)$在$D$上非一致收敛.

（3）一致收敛的柯西准则: 函数项级数$\sum\limits_{n=1}^{\infty} u_n(x)$在数集$D$上一致收敛$\Leftrightarrow$对$\forall \varepsilon > 0$，存在正整数$N$，当$n > N$时，对$\forall x \in D$和一切正整数$p$都有

$$|u_{n+1}(x) + u_{n+2}(x) + \cdots + u_{n+p}(x)| < \varepsilon .$$

（4）函数项级数$\sum_{n=1}^{\infty}u_n(x)$在数集$D$上一致收敛于$S(x) \Leftrightarrow \lim_{n\to\infty}\sup_{x\in D}|S_n(x)-S(x)|=0$.

（5）魏尔斯特拉斯判别法(或M判别法)：设函数项级数$\sum_{n=1}^{\infty}u_n(x)$定义在数集$D$上，$\sum_{n=1}^{\infty}M_n$为收敛的正项级数，若对$\forall x\in D$有$|u_n(x)|\leqslant M_n\ (n=1,2,\cdots,n)$，则$\sum_{n=1}^{\infty}u_n(x)$在$D$上一致收敛.

（6）阿贝尔判别法：设

（i）$\sum_{n=1}^{\infty}u_n(x)$在区间$I$上一致收敛；

（ii）对每一个$x\in I$，$\{v_n(x)\}$单调；

（iii）$\{v_n(x)\}$在I上一致有界，即存在$M>0$，使得对$\forall x\in I$和正整数n有$|v_n(x)|\leqslant M$，则函数项级数$\sum_{n=1}^{\infty}u_n(x)v_n(x)$在$I$上一致收敛.

（7）狄利克雷判别法：设

（i）$\sum_{n=1}^{\infty}u_n$的部分和函数列$S_n=\sum_{k=1}^{n}u_k(x)\ (n=1,2,\cdots)$在$I$上一致有界；

（ii）对每一个$x\in I$，$\{v_n(x)\}$单调；

（iii）在I上$u_n(x)\to 0(n\to\infty)$，

则函数项级数$\sum_{n=1}^{\infty}u_n(x)v_n(x)$在$I$上一致收敛.

4）一致收敛函数项级数的性质

（1）连续性：若函数项级数$\sum_{n=1}^{\infty}u_n(x)$在区间$[a,b]$上一致收敛，且每一项都连续，则其和函数在$[a,b]$上也连续，且对$\forall x_0\in[a,b]$，有

$$\lim_{x\to x_0}\left[\sum_{n=1}^{\infty}u_n(x)\right]=\sum_{n=1}^{\infty}\left[\lim_{x\to x_0}u_n(x)\right].$$

（2）逐项求积：若函数项级数$\sum_{n=1}^{\infty}u_n(x)$在区间$[a,b]$上一致收敛，且每一项都连续，则

$$\int_a^b\sum_{n=1}^{\infty}u_n(x)\mathrm{d}x=\sum_{n=1}^{\infty}\int_a^b u_n(x)\mathrm{d}x.$$

（3）逐项求导：若函数项级数$\sum_{n=1}^{\infty}u_n(x)$在区间$[a,b]$上每一项都有连续导函数，$x_0\in[a,b]$为$\sum_{n=1}^{\infty}u_n(x)$的收敛点，且$\sum_{n=1}^{\infty}u_n'(x)$在$[a,b]$上一致收敛，则

$$\left[\sum_{n=1}^{\infty}u_n(x)\right]'=\sum_{n=1}^{\infty}u_n'(x).$$

3. 幂级数

1）幂级数的收敛半径与收敛域

（1）对不缺项的幂级数 $\sum_{n=0}^{\infty}a_nx^n$：设 R 为收敛半径，则

$$R=\lim_{n\to\infty}\left|\frac{a_n}{a_{n+1}}\right| \quad 或 \quad R=\frac{1}{\overline{\lim_{n\to\infty}}\sqrt[n]{|a_n|}};$$

（2）对缺项的幂级数利用数项级数的比式判别法或根式判别法求收敛半径;

（3）对一般的幂级数可通过变量代换，将其转化为 $\sum_{n=0}^{\infty}a_nt^n$ 的形式再讨论.

求出收敛半径 R 后，幂级数的收敛区间为 $(-R,R)$，再讨论当 $x=-R$ 和 $x=R$ 时幂级数的收敛性即得收敛域.

2）幂级数的一致收敛性

（1）设幂级数 $\sum_{n=0}^{\infty}a_nx^n$ 的收敛半径为 $R>0$，则此幂级数在区间 $(-R,R)$ 内的任何区间上一致收敛.

（2）设幂级数 $\sum_{n=0}^{\infty}a_nx^n$ 的收敛半径为 $R>0$，若幂级数在 $x=R$ 处收敛，则此幂级数在区间 $[0,R]$ 上一致收敛；若幂级数在 $x=-R$ 处收敛，则此幂级数在区间 $[-R,0]$ 上一致收敛.

3）幂级数的和函数的性质

（1）连续性：设幂级数 $\sum_{n=0}^{\infty}a_nx^n$ 的收敛半径为 $R>0$，和函数为 $S(x)$，则 $S(x)$ 是 $(-R,R)$ 内的连续函数；若幂级数在收敛区间左(右)端点收敛，则和函数在这一端点右(左)连续.

（2）逐项求导：设幂级数 $\sum_{n=0}^{\infty}a_nx^n$ 的收敛半径为 $R>0$，和函数为 $S(x)$，则

（i）$S(x)$ 在收敛区间 $(-R,R)$ 内有连续导函数，且可逐项求导，即

$$S'(x)=\left(\sum_{n=0}^{\infty}a_nx^n\right)'=\sum_{n=0}^{\infty}(a_nx^n)'=\sum_{n=0}^{\infty}na_nx^{n-1},$$

且级数 $\sum_{n=0}^{\infty}na_nx^{n-1}$ 的收敛半径仍为 R；

（ii）$S(x)$ 在收敛区间 $(-R,R)$ 内有任意阶连续导数，且可逐项求导任意次，即

$$S'(x)=a_1+2a_2x+3a_3x^2+\cdots+na_nx^{n-1}+\cdots,$$
$$S''(x)=2a_2+3\cdot 2a_3x+\cdots+n\cdot(n-1)a_nx^{n-1}+\cdots,$$
$$\cdots\cdots$$
$$S^{(n)}(x)=n!a_n+(n+1)n\cdots 2a_{n+1}x+\cdots,$$
$$\cdots\cdots$$

（iii）幂级数的系数 a_n 与和函数各阶导数之间的关系为

$$a_0=S(0),\quad a_n=\frac{S^{(n)}(0)}{n!}\quad (n=1,2,\cdots).$$

（3）逐项积分: 设幂级数 $\sum_{n=0}^{\infty}a_nx^n$ 的收敛半径为 $R>0$，和函数为 $S(x)$，则 $\forall x\in(-R,R)$，$S(x)$ 在 0 与 x 的区间上可积，且可逐项积分，即

$$\int_0^x S(t)\mathrm{d}t=\int_0^x\left(\sum_{n=0}^{\infty}a_nt^n\right)\mathrm{d}t=\sum_{n=0}^{\infty}\int_0^x a_nt^n\mathrm{d}t=\sum_{n=0}^{\infty}\frac{a_n}{n+1}x^{n+1},$$

且级数 $\sum_{n=0}^{\infty}\frac{a_n}{n+1}x^{n+1}$ 的收敛半径仍为 R.

4）幂级数的和函数的性质

（1）函数的幂级数展开.

如果 $f(x)$ 在点 x_0 可展成幂级数 $\sum_{n=0}^{\infty}a_n(x-x_0)^n$，即 $f(x)=\sum_{n=0}^{\infty}a_n(x-x_0)^n$，那么幂级数的展开式是唯一的，其中 $a_n=\frac{f^{(n)}(x_0)}{n!}$ $(n=0,1,2,\cdots)$.

（2）初等函数的幂级数展开.

$$\mathrm{e}^x=1+x+\frac{1}{2!}x^2+\cdots+\frac{1}{n!}x^n+\cdots=\sum_{n=0}^{\infty}\frac{x^n}{n!},\quad x\in(-\infty,+\infty);$$

$$\sin x=x-\frac{1}{3!}x^3+\frac{1}{5!}x^5-\frac{1}{7!}x^7+\cdots+(-1)^n\frac{x^{2n+1}}{(2n+1)!}+\cdots$$
$$=\sum_{n=0}^{\infty}\frac{(-1)^nx^{2n+1}}{(2n+1)!},\quad x\in(-\infty,+\infty);$$

$$\cos x=1-\frac{1}{2!}x^2+\frac{1}{4!}x^4-\frac{1}{6!}x^6+\cdots+(-1)^n\frac{x^{2n}}{(2n)!}+\cdots$$
$$=\sum_{n=0}^{\infty}\frac{(-1)^nx^{2n}}{(2n)!},\quad x\in(-\infty,+\infty);$$

$$(1+x)^\alpha=1+\alpha x+\frac{\alpha(\alpha-1)}{2!}x^2+\cdots+\frac{\alpha(\alpha-1)\cdots(\alpha-n+1)}{n!}x^n+\cdots,\quad x\in(-1,1);$$

$$\arctan x=x-\frac{1}{3}x^3+\frac{1}{5}x^5-\frac{1}{7}x^7+\cdots+(-1)^n\frac{x^{2n+1}}{2n+1}+\cdots$$
$$=\sum_{n=0}^{\infty}\frac{(-1)^nx^{2n+1}}{(2n+1)},\quad x\in[-1,1];$$

$$\arcsin x = x + \frac{1}{2}\cdot\frac{1}{3}x^3 + \frac{1\cdot 3}{2\cdot 4}\cdot\frac{1}{5}x^5 + \cdots + \frac{(2n-1)!!}{(2n)!!}\frac{x^{2n+1}}{2n+1} + \cdots,\quad x\in[-1,1];$$

$$\ln(1+x) = x - \frac{1}{2}x^2 + \frac{1}{3}x^3 - \frac{1}{4}x^4 + \cdots + (-1)^n\frac{x^{n+1}}{n+1} + \cdots$$

$$= \sum_{n=0}^{\infty}\frac{(-1)^n x^{n+1}}{n+1},\quad x\in(-1,1];$$

$$\frac{1}{1-x} = 1 + x + x^2 + \cdots + x^n + \cdots = \sum_{n=0}^{\infty} x^n,\quad x\in(-1,1).$$

4. 反常积分

1）无穷限反常积分

（1）求值: 可用下面的定义, 也可用牛顿-莱布尼茨公式、换元积分法及分部积分法.

$$\int_a^{+\infty} f(x)\mathrm{d}x = \lim_{u\to+\infty}\int_a^u f(x)\mathrm{d}x;$$

$$\int_{-\infty}^{b} f(x)\mathrm{d}x = \lim_{u\to-\infty}\int_u^b f(x)\mathrm{d}x;$$

$$\int_{-\infty}^{+\infty} f(x)\mathrm{d}x = \int_{-\infty}^{a} f(x)\mathrm{d}x + \int_a^{+\infty} f(x)\mathrm{d}x.$$

（2）收敛性的判定.

（i）柯西收敛准则: $\int_a^{+\infty} f(x)\mathrm{d}x$ 收敛 $\Leftrightarrow$ 对 $\forall\varepsilon>0,\exists G\geqslant a$, 对 $\forall u_1,u_2>G$ 有

$$\left|\int_{u_1}^{u_2} f(x)\mathrm{d}x\right| < \varepsilon.$$

（ii）比较判别法: 设定义在 $[a,+\infty)$ 上的两个非负函数 $f(x)$ 和 $g(x)$ 都在任何有限区间 $[a,u]$ 上可积, 且满足 $f(x)\leqslant g(x), x\in[a,+\infty)$, 则当 $\int_a^{+\infty} g(x)\mathrm{d}x$ 收敛时, $\int_a^{+\infty} f(x)\mathrm{d}x$ 必收敛; 当 $\int_a^{+\infty} f(x)\mathrm{d}x$ 发散时, $\int_a^{+\infty} g(x)\mathrm{d}x$ 必发散.

比较判别法的极限形式: 若 $f(x)$ 和 $g(x)$ 都在任何有限区间 $[a,u]$ 上可积, 当 $x\in[a,+\infty)$ 时有 $f(x)\geqslant 0, g(x)>0$, 且 $\lim\limits_{x\to+\infty}\frac{f(x)}{g(x)}=c$, 则当 $0<c<+\infty$ 时, $\int_a^{+\infty} f(x)\mathrm{d}x$ 与 $\int_a^{+\infty} g(x)\mathrm{d}x$ 有相同的敛散性; 当 $c=0$ 时, 由 $\int_a^{+\infty} g(x)\mathrm{d}x$ 收敛可推知 $\int_a^{+\infty} f(x)\mathrm{d}x$ 收敛; 当 $c=+\infty$ 时, 由 $\int_a^{+\infty} g(x)\mathrm{d}x$ 发散可推知 $\int_a^{+\infty} f(x)\mathrm{d}x$ 发散.

（iii）柯西判别法: 设 $f(x)$ 定义于 $[a,+\infty)\,(a>0)$ 上, 且在任何有限区间 $[a,u]$ 上可积, 则当 $0\leqslant f(x)\leqslant\frac{1}{x^p}, x\in[a,+\infty)$ 且 $p>1$ 时, $\int_a^{+\infty} f(x)\mathrm{d}x$ 收敛; 当 $f(x)\geqslant\frac{1}{x^p}, x\in[a,+\infty)$ 且 $p\leqslant 1$ 时, $\int_a^{+\infty} f(x)\mathrm{d}x$ 发散.

柯西判别法的极限形式：设 $f(x)$ 定义于 $[a,+\infty)(a>0)$ 上的非负函数，在任何有限区间 $[a,u]$ 上可积，且 $\lim\limits_{x\to+\infty} x^p f(x)=\lambda$，则当 $p>1, 0\leqslant\lambda<+\infty$ 时，$\int_a^{+\infty} f(x)\mathrm{d}x$ 收敛；当 $p\leqslant 1, 0<\lambda\leqslant+\infty$ 时，$\int_a^{+\infty} f(x)\mathrm{d}x$ 发散.

（iv）狄利克雷判别法：若 $F(u)=\int_a^u f(x)\mathrm{d}x$ 在 $[a,+\infty)$ 上有界，$g(x)$ 在 $[a,+\infty)$ 上当 $x\to+\infty$ 时单调趋于 0，则 $\int_a^{+\infty} f(x)g(x)\mathrm{d}x$ 收敛.

（v）阿贝尔判别法：若 $\int_a^{+\infty} f(x)\mathrm{d}x$ 收敛，$g(x)$ 在 $[a,+\infty)$ 上单调有界，则 $\int_a^{+\infty} f(x)g(x)\mathrm{d}x$ 收敛.

（vi）绝对收敛与条件收敛：若 $\int_a^{+\infty}|f(x)|\mathrm{d}x$ 收敛，则 $\int_a^{+\infty} f(x)\mathrm{d}x$ 绝对收敛，从而收敛；若 $\int_a^{+\infty} f(x)\mathrm{d}x$ 收敛，$\int_a^{+\infty}|f(x)|\mathrm{d}x$ 发散，则 $\int_a^{+\infty} f(x)\mathrm{d}x$ 为条件收敛.

2）瑕积分

（1）求值：可用下面的定义，也可用牛顿-莱布尼茨公式、换元积分法及分部积分法.

若 a 为瑕点，则 $\int_a^b f(x)\mathrm{d}x=\lim\limits_{u\to a^+}\int_u^b f(x)\mathrm{d}x$；

若 b 为瑕点，则 $\int_a^b f(x)\mathrm{d}x=\lim\limits_{u\to b^-}\int_a^u f(x)\mathrm{d}x$；

若 $c\,(a<c<b)$ 为瑕点，则 $\int_a^b f(x)\mathrm{d}x=\int_a^c f(x)\mathrm{d}x+\int_c^b f(x)\mathrm{d}x$.

（2）收敛性的判定.

（i）柯西收敛准则：若 a 为瑕点，则 $\int_a^b f(x)\mathrm{d}x$ 收敛 $\Leftrightarrow$ 对 $\forall\varepsilon>0, \exists\delta>0$，只要 $u_1,u_2\in(a,a+\delta)$，总有 $\left|\int_{u_1}^{u_2} f(x)\mathrm{d}x\right|<\varepsilon$.

（ii）比较判别法：设定义在 $(a,b]$ 上的两个函数 $f(x)$ 和 $g(x)$，瑕点同为 a，在任何区间 $[u,b]\subset(a,b]$ 上都可积，且满足 $0\leqslant f(x)\leqslant g(x), x\in(a,b]$，则当 $\int_a^b g(x)\mathrm{d}x$ 收敛时，$\int_a^b f(x)\mathrm{d}x$ 必收敛；当 $\int_a^b f(x)\mathrm{d}x$ 发散时，$\int_a^b g(x)\mathrm{d}x$ 必发散.

比较判别法的极限形式：$f(x)$ 和 $g(x)$ 的瑕点同为 a，又若 $f(x)\geqslant 0, g(x)>0$，且 $\lim\limits_{x\to a^+}\dfrac{f(x)}{g(x)}=c$，则当 $0<c<+\infty$ 时，$\int_a^b f(x)\mathrm{d}x$ 与 $\int_a^b g(x)\mathrm{d}x$ 有相同的敛散性；当 $c=0$ 时，由 $\int_a^b g(x)\mathrm{d}x$ 收敛可推知 $\int_a^b f(x)\mathrm{d}x$ 收敛；当 $c=+\infty$ 时，由 $\int_a^b g(x)\mathrm{d}x$ 发散可推知 $\int_a^b f(x)\mathrm{d}x$ 发散.

（iii）柯西判别法：设 $f(x)$ 定义于 $(a,b]$，a 为瑕点，在任何区间 $[u,b]\subset(a,b]$ 上都可积，

则当 $0\leqslant f(x)\leqslant\dfrac{1}{(x-a)^p}$，且 $0<p<1$ 时，$\int_a^b f(x)\mathrm{d}x$ 收敛；当 $f(x)\geqslant\dfrac{1}{(x-a)^p}$，且 $p\geqslant1$ 时，$\int_a^b f(x)\mathrm{d}x$ 发散.

柯西判别法的极限形式：设 $f(x)$ 定义于 $(a,b]$ 上的非负函数，a 为其瑕点，在任何区间 $[u,b]\subset(a,b]$ 上都可积，且 $\lim\limits_{x\to a^+}(x-a)^p f(x)=\lambda$，则当 $0<p<1,0\leqslant\lambda<+\infty$ 时，$\int_a^b f(x)\mathrm{d}x$ 收敛；当 $p\geqslant1,0<\lambda\leqslant+\infty$ 时，$\int_a^b f(x)\mathrm{d}x$ 发散.

（iv）狄利克雷判别法：设 a 为 $f(x)$ 瑕点，函数 $F(u)=\int_a^u f(x)\mathrm{d}x$ 在 $(a,b]$ 上有界，$g(x)$ 在 $(a,b]$ 上单调且 $\lim\limits_{x\to a^+}g(x)=0$，则瑕积分 $\int_a^b f(x)g(x)\mathrm{d}x$ 收敛.

（v）阿贝尔判别法：设 a 为 $f(x)$ 瑕点，瑕积分 $\int_a^b f(x)\mathrm{d}x$ 收敛，$g(x)$ 在 $(a,b]$ 上单调有界，则瑕积分 $\int_a^b f(x)g(x)\mathrm{d}x$ 收敛.

对瑕积分类似有条件收敛与绝对收敛.

3）含参量反常积分

（1）一致收敛性的判定.

（i）定义：若 $\int_c^{+\infty} f(x,y)\mathrm{d}y$ 对 $x\in I$ 逐点收敛，对 $\forall\varepsilon>0$，存在某一实数 $M>c$，当 $A>M$ 时，对 $\forall x\in I$ 有 $\left|\int_A^{+\infty} f(x,y)\mathrm{d}y\right|<\varepsilon$，则 $\int_c^{+\infty} f(x,y)\mathrm{d}y$ 在 I 上一致收敛.

若 $\exists\varepsilon_0>0$，对 $\forall M>c,\exists A>M$ 及 $x_1\in I$，使得 $\left|\int_A^{+\infty} f(x_1,y)\mathrm{d}y\right|\geqslant\varepsilon_0$，则 $\int_c^{+\infty} f(x,y)\mathrm{d}y$ 在 I 上非一致收敛.

（ii）一致收敛的柯西准则：$\int_c^{+\infty} f(x,y)\mathrm{d}y$ 在 I 上一致收敛 $\Leftrightarrow$ 对 $\forall\varepsilon>0,\exists M>c$，当 $A_1,A_2>M$ 时，对 $\forall x\in I$ 都有 $\left|\int_{A_1}^{A_2} f(x,y)\mathrm{d}y\right|<\varepsilon$.

$\int_c^{+\infty} f(x,y)\mathrm{d}y$ 在 I 上非一致收敛 $\Leftrightarrow\exists\varepsilon_0>0$，对 $\forall M>c,\exists A_1,A_2>M$ 及 $x_1\in I$，使得

$$\left|\int_{A_1}^{A_2} f(x_1,y)\mathrm{d}y\right|\geqslant\varepsilon_0.$$

（iii）$\int_c^{+\infty} f(x,y)\mathrm{d}y$ 在 I 上一致收敛 $\Leftrightarrow\lim\limits_{A\to+\infty}\sup\limits_{x\in I}\left|\int_A^{+\infty} f(x,y)\mathrm{d}y\right|=0$.

（iv）M 判别法：设有函数 $g(y)$，使得 $|f(x,y)|\leqslant g(y),(x,y)\in I\times[c,+\infty)$，若 $\int_c^{+\infty} g(y)\mathrm{d}y$ 收敛，则 $\int_c^{+\infty} f(x,y)\mathrm{d}y$ 在 I 上一致收敛.

（v）狄利克雷判别法：若对一切实数 $A>c$，含参量正常积分 $\int_c^A f(x,y)\mathrm{d}y$ 对参量 x

在 I 上一致有界，$g(x,y)$ 关于 y 单调，且当 $y \to +\infty$ 时，对参量 $x \in I$ 一致收敛于 0，则 $\int_c^{+\infty} f(x,y)g(x,y)\mathrm{d}y$ 在 I 上一致收敛.

（vi）阿贝尔判别法：若 $\int_c^{+\infty} f(x,y)\mathrm{d}y$ 在 I 上一致收敛，$g(x,y)$ 为 y 的单调函数，且关于参量 $x \in I$ 一致有界，则 $\int_c^{+\infty} f(x,y)g(x,y)\mathrm{d}y$ 在 I 上一致收敛.

对含参量反常积分类似有条件收敛与绝对收敛.

（2）含参量反常积分的性质及应用.

（i）连续性：设 $f(x,y)$ 在区域 $I \times [c,+\infty)$ 上连续，若 $\varPhi(x) = \int_c^{+\infty} f(x,y)\mathrm{d}y$ 在 I 上一致收敛，则 $\varPhi(x)$ 在 I 上连续.

设 $f(x,y)$ 在 $I \times [c,+\infty)$ 上连续，若 $\varPhi(x) = \int_c^{+\infty} f(x,y)\mathrm{d}y$ 在 I 上内闭一致收敛，则 $\varPhi(x)$ 在 I 上连续.

在一致收敛的条件下，极限运算与积分运算可以交换，即

$$\lim_{x \to x_0} \int_c^{+\infty} f(x,y)\mathrm{d}y = \int_c^{+\infty} \lim_{x \to x_0} f(x,y)\mathrm{d}y = \int_c^{+\infty} f(x_0,y)\mathrm{d}y .$$

（ii）可微性：设 $f(x,y)$ 与 $f_x(x,y)$ 在区域 $I \times [c,+\infty)$ 上连续，若 $\varPhi(x) = \int_c^{+\infty} f(x,y)\mathrm{d}y$ 在 I 上收敛，$\int_c^{+\infty} f_x(x,y)\mathrm{d}y$ 在 I 上内闭一致收敛，则 $\varPhi(x)$ 在 I 上可微，且

$$\varPhi'(x) = \int_c^{+\infty} f_x(x,y)\mathrm{d}y .$$

在上述条件下，求导运算与积分运算可以交换，即

$$\frac{\mathrm{d}}{\mathrm{d}x}\int_c^{+\infty} f(x,y)\mathrm{d}y = \int_c^{+\infty} \frac{\partial}{\partial x} f(x,y)\mathrm{d}y .$$

（iii）可积性：设 $f(x,y)$ 在 $[a,b] \times [c,+\infty)$ 上连续，若 $\varPhi(x) = \int_c^{+\infty} f(x,y)\mathrm{d}y$ 在 $[a,b]$ 上一致收敛，则 $\varPhi(x)$ 在 $[a,b]$ 上可积，且

$$\int_a^b \mathrm{d}x \int_c^{+\infty} f(x,y)\mathrm{d}y = \int_c^{+\infty} \mathrm{d}y \int_a^b f(x,y)\mathrm{d}x .$$

设 $f(x,y)$ 在 $[a,+\infty) \times [c,+\infty)$ 上连续，若 $\int_a^{+\infty} f(x,y)\mathrm{d}x$ 关于 y 在 $[c,+\infty)$ 上内闭一致收敛，$\int_c^{+\infty} f(x,y)\mathrm{d}y$ 在 $[a,+\infty)$ 上内闭一致收敛，积分 $\int_a^{+\infty}\mathrm{d}x\int_c^{+\infty}|f(x,y)|\mathrm{d}y$ 与 $\int_c^{+\infty}\mathrm{d}y\int_a^{+\infty}|f(x,y)|\mathrm{d}x$ 中有一个收敛，则

$$\int_a^{+\infty}\mathrm{d}x\int_c^{+\infty}|f(x,y)|\mathrm{d}y = \int_c^{+\infty}\mathrm{d}y\int_a^{+\infty}|f(x,y)|\mathrm{d}x$$

在上述条件下积分次序可以交换.

6.2 级数和反常积分典型例题分析选讲

例 1 设 $a_n>0$，$\sum_{n=1}^{\infty}a_n$ 收敛，证明存在发散到正无穷的数列 $\{b_n\}$，满足 $\sum_{n=1}^{\infty}a_nb_n$ 收敛.

证明 令 $r_n=\sum_{k=n}^{\infty}a_k$，则 $r_{n+1}=\sum_{k=n+1}^{\infty}a_k<r_n$. 取 $b_n=\frac{1}{\sqrt{r_n}}$，下证 $\{b_n\}$ 满足所要求的条件.

因为 $\sum_{n=1}^{\infty}a_n$ 收敛，所以 $r_n\to 0,\sqrt{r_n}\to 0$. 因而 $b_n=\frac{1}{\sqrt{r_n}}\to+\infty\ (n\to\infty)$. 又

$$S_n=\sum_{k=1}^{n}\left(\sqrt{r_k}-\sqrt{r_{k+1}}\right)=\sqrt{r_1}-\sqrt{r_{n+1}}\to\sqrt{r_1}\quad(n\to\infty),$$

即 $\sum_{n=1}^{\infty}\left(\sqrt{r_n}-\sqrt{r_{n+1}}\right)$ 收敛. 于是

$$\frac{a_n}{\sqrt{r_n}}=\frac{r_n-r_{n+1}}{\sqrt{r_n}}=\frac{\left(\sqrt{r_n}-\sqrt{r_{n+1}}\right)\left(\sqrt{r_n}+\sqrt{r_{n+1}}\right)}{\sqrt{r_n}}<\frac{\left(\sqrt{r_n}-\sqrt{r_{n+1}}\right)2\sqrt{r_n}}{\sqrt{r_n}}=2\left(\sqrt{r_n}-\sqrt{r_{n+1}}\right).$$

从 $\sum_{n=1}^{\infty}\left(\sqrt{r_n}-\sqrt{r_{n+1}}\right)$ 收敛，可知 $\sum_{n=1}^{\infty}a_nb_n=\sum_{n=1}^{\infty}\frac{a_n}{\sqrt{r_n}}$ 收敛. □

例 2 设 $a_n>0$，$\sum_{n=1}^{\infty}a_n$ 收敛. 令 $r_n=\sum_{k=n}^{\infty}a_k$，证明 $\sum_{n=1}^{\infty}\frac{a_n}{r_n}$ 发散.

证明 因 $a_n>0$，故 $\{r_n\}$ 严格单调减少. 对 $\forall n\in\mathbf{N}$，有

$$\sum_{k=n}^{\infty}\frac{a_n}{r_n}\geqslant\frac{1}{r_n}\sum_{k=n}^{\infty}a_k=\frac{1}{r_n}r_n=1.$$

由柯西准则知 $\sum_{n=1}^{\infty}\frac{a_n}{r_n}$ 发散. □

例 3 判别级数 $\sum_{n=1}^{\infty}(-1)^{[\sqrt{n}]}\frac{1}{n}$ 的敛散性.

解 **解法一** 因为 $\sqrt{k^2}=k$，$\sqrt{(k+1)^2}=k+1$，所以当 $n=k^2,k^2+1,k^2+2,\cdots,k^2+2k$ 时，$[\sqrt{n}]=k$.

这些 $(-1)^{[\sqrt{n}]}$ 的符号相同，把这些项归为一组，不改变原级数的敛散性. 原级数变为

$$\sum_{k=1}^{\infty}(-1)^i\sum_{j=0}^{2k}\frac{1}{k^2+j}.$$

这是交错级数. 设 $u_k=\sum_{j=0}^{2k}\frac{1}{k^2+j}$，只要证明了 $u_k>u_{k+1},u_k\to 0\ (k\to\infty)$，由莱布尼茨判别法知这个级数收敛.

由于 $\sum_{j=0}^{2k}\frac{1}{k^2+j}<\frac{2k+1}{k^2}\to 0\ (k\to\infty)$，所以 $u_k\to 0\ (k\to\infty)$.

下面证 $u_k > u_{k+1}$. 把 $\sum_{j=0}^{2k}\frac{1}{k^2+j}$ 分为两部分

$$\sum_{j=0}^{2k}\frac{1}{k^2+j}=\left(\frac{1}{k^2}+\frac{1}{k^2+1}+\cdots+\frac{1}{k^2+k-1}\right)+\left(\frac{1}{k^2+k}+\frac{1}{k^2+k+1}+\cdots+\frac{1}{k^2+2k}\right).$$

上面前一个括号中从第二项开始每项 $<\frac{1}{k^2}$ ，共有 k 项，所以前一个括号的和 $<\frac{k}{k^2}=\frac{1}{k}$. 后一个括号中第二项开始每项 $<\frac{1}{k^2+k}$ ，共有 $k+1$ 项，后一个括号的和 $<\frac{k+1}{k^2+k}=\frac{1}{k}$ ，所以 $u_k<\frac{2}{k}$.

上面前一个括号中每项 $>\frac{1}{k^2+k-1}>\frac{1}{k^2+k}$ ，所以前一个括号的和 $>\frac{k}{k^2+k}=\frac{1}{k+1}$. 后一个括号中每项 $>\frac{1}{k^2+2k}$ ，所以后一个括号的和 $>\frac{k+1}{k^2+2k}>\frac{1}{k+1}$. 这又得 $u_k>\frac{2}{k+1}\,(k>2)$.

综合起来，就有估计式 $\frac{2}{k+1}<u_k<\frac{2}{k}$ ，当把 k 换为 $k+1$ 时，就是 $\frac{2}{k+2}<u_{k+1}<\frac{2}{k+1}$. 这样就有 $u_k>\frac{2}{k+1}>u_{k+1}$ ，这就证明了原级数收敛.

解法二　只证 $u_k > u_{k+1}$.

$$\begin{aligned}
u_k-u_{k+1}&=\left(\frac{1}{k^2}+\frac{1}{k^2+1}+\cdots+\frac{1}{k^2+2k}\right)\\
&\quad-\left(\frac{1}{(k+1)^2}+\frac{1}{(k+1)^2+1}+\cdots+\frac{1}{(k+1)^2+2k}+\frac{1}{(k+1)^2+2k+1}+\frac{1}{(k+1)^2+2(k+1)}\right)\\
&=\left(\frac{1}{k^2}-\frac{1}{(k+1)^2}\right)+\left(\frac{1}{k^2+1}-\frac{1}{(k+1)^2+1}\right)+\cdots+\left(\frac{1}{k^2+2k}-\frac{1}{(k+1)^2+2k}\right)\\
&\quad+\left(\frac{-1}{k^2+2k+1}-\frac{1}{(k+1)^2+2k+2}\right)\\
&\geqslant(2k+1)(2k+1)\frac{1}{(k^2+2k)(k^2+4k+1)}-\frac{2}{k^2+4k+1}=\frac{(2k+1)^2-2(k^2+2k)}{(k^2+2k)(k^2+4k+1)}\\
&=\frac{2k^2+1}{(k^2+2k)(k^2+4k+1)}>0.
\end{aligned}$$

例 4　在 $(0,+\infty)$ 上，$f'(x)$ 单调，$f'(x)\to 0\,(x\to+\infty)$ ，证明:

$$\lim_{n\to\infty}\left[\frac{1}{2}f(1)+f(2)+f(3)+\cdots+f(n-1)+\frac{1}{2}f(n)-\int_1^n f(x)\mathrm{d}x\right]$$

是存在的.

证明　记 $F(x)=\int_1^x f(t)\mathrm{d}t$ ，则 $F'=f,F''=f'$.

用泰勒展开式，把 $F\left(k+\frac{1}{2}\right)$ 用 $F(k)$ 表示如下:

$$F\left(k+\frac{1}{2}\right)=F(k)+F'(k)\cdot\frac{1}{2}+\frac{1}{2!}F''(\xi_k)\left(\frac{1}{2}\right)^2$$
$$=F(k)+\frac{1}{2}f(k)+\frac{1}{8}f'(\xi_k)\quad\left(k<\xi_k<k+\frac{1}{2}\right),$$
$$F\left(k+\frac{1}{2}\right)=F(k+1)+F'(k+1)\left(-\frac{1}{2}\right)+\frac{1}{2}F''(\eta_k)\left(\frac{1}{2}\right)^2$$
$$=F(k+1)-\frac{1}{2}f(k+1)+\frac{1}{8}f'(\eta_k)\quad\left(k+\frac{1}{2}<\eta_k<k+1\right).$$

两式相减得

$$0=F(k)-F(k+1)+\frac{1}{2}f(k)+\frac{1}{2}f(k+1)+\frac{1}{8}f'(\xi_k)-\frac{1}{8}f'(\eta_k),$$
$$F(k+1)-F(k)=\frac{1}{2}f(k)+\frac{1}{2}f(k+1)+\frac{1}{8}[f'(\xi_k)-f'(\eta_k)].$$

令 $k=1,2,\cdots,n-1$,

$$F(2)-F(1)=\frac{1}{2}f(1)+\frac{1}{2}f(2)+\frac{1}{8}[f'(\xi_1)-f'(\eta_1)],$$
$$F(3)-F(2)=\frac{1}{2}f(2)+\frac{1}{2}f(3)+\frac{1}{8}[f'(\xi_2)-f'(\eta_2)],$$
$$F(n-1)-F(n-2)=\frac{1}{2}f(n-2)+\frac{1}{2}f(n-1)+\frac{1}{8}[f'(\xi_{n-2})-f'(\eta_{n-2})],$$
$$F(n)-F(n-1)=\frac{1}{2}f(n-1)+\frac{1}{2}f(n)+\frac{1}{8}[f'(\xi_{n-1})-f'(\eta_{n-1})].$$

相加可得

$$\int_1^n f(x)\mathrm{d}x=F(n)-F(1)$$
$$=\frac{1}{2}f(1)+f(2)+\cdots+f(n-1)+\frac{1}{2}f(n)$$
$$+\frac{1}{8}[f'(\xi_1)-f'(\eta_1)+f'(\xi_2)-f'(\eta_2)+\cdots+f'(\xi_{n-1})-f'(\eta_{n-1})].$$

又由已知 $f'(x)$ 单调, 且 $f'(x)\to 0\ (x\to+\infty)$, 可知 $f'(x)$ 不变号.

又由于 $f'(x)\to 0\ (x\to+\infty)$, 所以

$$f'(\xi_1)-f'(\eta_1)+f'(\xi_2)-f'(\eta_2)+\cdots+f'(\xi_{n-1})-f'(\eta_{n-1})+\cdots$$

是莱布尼茨级数, 且是收敛的. 记

$$l=f'(\xi_1)-f'(\eta_1)+f'(\xi_2)-f'(\eta_2)+\cdots+f'(\xi_{n-1})-f'(\eta_{n-1})+\cdots.$$

综合上面可得

$$\lim_{n\to\infty}\left[\frac{1}{2}f(1)+f(2)+\cdots+f(n-1)+\frac{1}{2}f(n)-\int_1^n f(x)\mathrm{d}x\right]=-\frac{1}{8}l.$$

这就完成了证明. □

下面举几个应用.

（1）数列

$$a_n=1+\frac{1}{2}+\cdots+\frac{1}{n}-\ln n=\frac{1}{2}+\frac{1}{2}+\frac{1}{3}+\cdots+\frac{1}{n-1}+\frac{1}{2n}-\int_1^n\frac{1}{x}\mathrm{d}x+\frac{1}{2}+\frac{1}{2n}$$

是收敛的.

（2）数列

$$a_n=1+\frac{1}{\sqrt{2}}+\cdots+\frac{1}{\sqrt{n}}-2\sqrt{n}=\frac{1}{2}+\frac{1}{\sqrt{2}}+\cdots+\frac{1}{\sqrt{n-1}}+\frac{1}{2\sqrt{n}}-\int_1^n\frac{1}{\sqrt{x}}\mathrm{d}x+\left(\frac{1}{2}+\frac{1}{2\sqrt{n}}\right)-2$$

是收敛的.

（3）数列 $a_n=\sum\limits_{k=2}^{n}\frac{1}{k\ln k}-\ln\ln n$ 是收敛的.

证明　设 $f(x)=\frac{1}{x\ln x}$，则

$$f'(x)=\frac{-(1+\ln x)}{(x\ln x)^2}=-\frac{1}{(x\ln x)^2}-\frac{1}{x^2\ln x}.$$

而 $\frac{1}{(x\ln x)^2}$ 与 $\frac{1}{x^2\ln x}$ 同是单调减少的，所以 $f'(x)$ 单调增加，且 $\lim\limits_{x\to+\infty}f'(x)=0$. 所以 $f(x)$ 满足命题中的条件. 记 $F(x)=\int_2^x f(t)\mathrm{d}t$，则

$$\begin{aligned}a_n=&\frac{1}{2}\cdot\frac{1}{2\ln 2}+\frac{1}{3\ln 3}+\cdots+\frac{1}{(n-1)\ln(n-1)}+\frac{1}{2n\ln n}-\int_1^n\frac{1}{x\ln x}\mathrm{d}x\\&+\left(\frac{1}{2}\frac{1}{2\ln 2}+\frac{1}{2n\ln n}\right)-\ln\ln 2\end{aligned}$$

是收敛的. □

例 5　设 $0<p_1<p_2<\cdots<p_n<\cdots$. 证明 $\sum\limits_{n=1}^{\infty}\frac{1}{p_n}$ 收敛 $\Leftrightarrow\sum\limits_{n=1}^{\infty}\frac{n}{p_1+p_2+\cdots+p_n}$ 收敛.

证明　函数 $[x]$ 表示不超过 x 的最大整数，如 $[-0.1]=-1$；$[2.5]=2$. 以 $n=7$ 为例，先证明一个估计. 由于 $\left[\frac{7}{2}\right]=3$，则根据 $\{p_n\}$ 的单调增加，$p_3+p_4+p_5+p_6+p_7>3p_3$，即

$$p_{\left[\frac{7}{2}\right]}+p_{\left[\frac{7}{2}\right]+1}+\cdots+p_7>\left[\frac{7}{2}\right]p_{\left[\frac{7}{2}\right]}.$$

在一般情况下，当 $n>2$ 时，

$$p_1+p_2+\cdots+p_n\geqslant p_{\left[\frac{n}{2}\right]}+p_{\left[\frac{n}{2}\right]+1}+\cdots+p_n\geqslant\left[\frac{n}{2}\right]p_{\left[\frac{n}{2}\right]}>\frac{n}{4}p_{\left[\frac{n}{2}\right]},$$

$$\frac{1}{p_n}=\frac{n}{np_n}<\frac{n}{p_1+p_2+\cdots+p_n}<n\frac{1}{\frac{n}{4}p_{\left[\frac{n}{2}\right]}}=\frac{4}{p_{\left[\frac{n}{2}\right]}}.$$

当 $\sum\limits_{n=1}^{\infty}\frac{n}{p_1+p_2+\cdots+p_n}$ 收敛时，由 $\frac{n}{p_1+p_2+\cdots+p_n}>\frac{1}{p_n}$ 可推出 $\sum\limits_{n=1}^{\infty}\frac{1}{p_n}$ 收敛.

另外, 当$\sum_{n=1}^{\infty}\frac{1}{p_n}$收敛时, 有

$$\frac{1}{p_1}+\sum_{n=2}^{\infty}\frac{4}{p_{\left[\frac{n}{2}\right]}}=2\sum_{n=1}^{\infty}\frac{1}{p_n}$$

也收敛, 从而$\sum_{n=2}^{\infty}\frac{4}{p_{\left[\frac{n}{2}\right]}}$也收敛, 于是就得出

$$\sum_{n=1}^{\infty}\frac{n}{p_1+p_2+\cdots+p_n}=\frac{1}{p_1}+\sum_{n=2}^{\infty}\frac{n}{p_1+p_2+\cdots+p_n}<\frac{1}{p_1}+\sum_{n=2}^{\infty}\frac{4}{p_{\left[\frac{n}{2}\right]}}$$

收敛. □

例 6 设$u_n>0$, $\sum_{n=1}^{\infty}u_n$发散; $S_n=u_1+u_2+\cdots+u_n>0$. 证明

(1) $\sum_{n=1}^{\infty}\frac{u_n}{S_n}$发散; (2) $\sum_{n=1}^{\infty}\frac{u_n}{S_n^2}$收敛.

证明 (1) 已知$u_n>0$, 则$\{S_n\}$单调增加,

$$\sum_{k=n+1}^{n+p}\frac{u_k}{S_k}\geqslant\frac{1}{S_{n+p}}\sum_{k=n+1}^{n+p}u_k=\frac{1}{S_{n+p}}(S_{n+p}-S_n)=1-\frac{S_n}{S_{n+p}}.$$

对固定的n, S_n也固定. 由于$\sum_{n=1}^{\infty}u_n$发散, 则$S_{n+p}\to+\infty\ (p\to\infty)$, 存在$p$, 使得$\frac{S_n}{S_{n+p}}<\frac{1}{2}$.

于是$\sum_{k=n+1}^{n+p}\frac{u_k}{S_k}=1-\frac{S_n}{S_{n+p}}>1-\frac{1}{2}=\frac{1}{2}$. 所以$\sum_{n=1}^{\infty}\frac{u_n}{S_n}$不满足柯西准则, 发散.

(2) $\sum_{k=2}^{n}\frac{u_k}{S_k^2}<\sum_{k=2}^{n}\frac{u_k}{S_kS_{k-1}}=\sum_{k=2}^{n}\frac{S_k-S_{k-1}}{S_kS_{k-1}}=\sum_{k=2}^{n}\left(\frac{1}{S_{k-1}}-\frac{1}{S_k}\right)=\frac{1}{S_1}-\frac{1}{S_n}=\frac{1}{u_1}-\frac{1}{S_n}<\frac{1}{u_1}.$

正项级数部分和有上界, 所以收敛. □

例 7 设$u_n>0$, $\sum_{n=1}^{\infty}u_n$发散; $S_n=u_1+u_2+\cdots+u_n>0$; $\alpha>0$. 证明$\sum_{n=2}^{\infty}\frac{u_n}{S_nS_{n-1}^{\alpha}}$收敛.

证明 **证法一** 取自然数$m>2$, 使其$\frac{1}{m}<\alpha$. 令$\beta=\frac{1}{m}$. 下证$\sum_{n=2}^{\infty}\frac{u_n}{S_nS_{n-1}^{\beta}}$收敛. 因为

$\sum_{n=2}^{\infty}\left(\frac{1}{S_{n-1}^{\beta}}-\frac{1}{S_n^{\beta}}\right)=\frac{1}{S_1^{\beta}}$, 只要证明了下面的不等式$\frac{u_n}{S_nS_{n-1}^{\beta}}\leqslant\frac{1}{\beta}\left(\frac{1}{S_{n-1}^{\beta}}-\frac{1}{S_n^{\beta}}\right)$. 也就证明了

$\sum_{n=2}^{\infty}\frac{u_n}{S_nS_{n-1}^{\alpha}}$收敛.

对上面的不等式进行等价变换. 因为$u_n=S_n-S_{n-1}$, 所以要证

$$\frac{u_n}{S_nS_{n-1}^{\beta}}=\frac{S_n-S_{n-1}}{S_nS_{n-1}^{\beta}}\leqslant\frac{1}{\beta}\left(\frac{1}{S_{n-1}^{\beta}}-\frac{1}{S_n^{\beta}}\right);$$

$$\frac{S_n-S_{n-1}}{S_n}\leqslant\frac{1}{\beta}\left(1-\frac{S_{n-1}^{\beta}}{S_n^{\beta}}\right);\quad 1-\frac{S_{n-1}}{S_n}\leqslant\frac{1}{\beta}\left(1-\left(\frac{S_{n-1}}{S_n}\right)^{\beta}\right).$$

令 $\left(\frac{S_{n-1}}{S_n}\right)^{\beta}=x$，则 $\frac{S_{n-1}}{S_n}=x^{\frac{1}{\beta}}=x^m$.

$$\begin{aligned}1-\frac{S_{n-1}}{S_n}&=1-x^m=(1-x)(1+x+x^2+\cdots+x^{m-1})\\&\leqslant m(1-x)=m\left(1-\left(\frac{S_{n-1}}{S_n}\right)^{\beta}\right)=\frac{1}{\beta}\left(1-\left(\frac{S_{n-1}}{S_n}\right)^{\beta}\right).\end{aligned}$$

所以原不等式成立，这就完成了证明.

证法二　因为 $\sum_{n=2}^{\infty}\left(\frac{1}{S_{n-1}^{\alpha}}-\frac{1}{S_n^{\alpha}}\right)=\frac{1}{S_1^{\alpha}}$，先假定 $\alpha<1$，用拉格朗日中值定理证不等式可得

$$\frac{u_n}{S_nS_{n-1}^{\alpha}}=\frac{S_n-S_{n-1}}{S_nS_{n-1}^{\alpha}}\leqslant\frac{1}{\alpha}\left(\frac{1}{S_{n-1}^{\alpha}}-\frac{1}{S_n^{\alpha}}\right).$$

上式等价于

$$1-\frac{S_{n-1}}{S_n}\leqslant\frac{1}{\alpha}\left(1-\left(\frac{S_{n-1}}{S_n}\right)^{\alpha}\right).$$

记 $x=\frac{S_{n-1}}{S_n}<1$，在 $[x,1]$ 上定义 $f(t)=t^{\alpha}$，则 $f(1)=1$，$f(x)=x^{\alpha}$.

由拉格朗日中值定理，$\exists\xi(x<\xi<1)$ 满足

$$f(1)-f(x)=f'(\xi)(1-x),\qquad 1-x^{\alpha}=\alpha\xi^{\alpha-1}(1-x).$$

由于 $\alpha<1$，$\xi<1$，所以 $\xi^{\alpha-1}=\frac{1}{\xi^{1-\alpha}}>1$. 于是 $1-x^{\alpha}>\alpha(1-x)$，$1-x>\frac{1}{\alpha}(1-x^{\alpha})$.

这就证明了 $\alpha<1$ 的情况.

当 $\alpha\geqslant1$ 时，$S_n\to+\infty\ (n\to\infty)$. 当 $S_{n-1}\geqslant1$ 时，$S_{n-1}^{\alpha}>S_{n-1}^{\frac{1}{2}}$. 所以 $\alpha\geqslant1$ 时命题成立. □

例 8　设 $p\geqslant1$，证明 $\sum_{n=1}^{\infty}\frac{1}{(n+1)\cdot\sqrt[p]{n}}\leqslant p$.

证明　由于

$$\frac{1}{\sqrt[p]{n}(n+1)}=\frac{n}{\sqrt[p]{n}}\frac{1}{n(n+1)}=n^{1-\frac{1}{p}}\left[\left(\frac{1}{\sqrt[p]{n}}\right)^{p}-\left(\frac{1}{\sqrt[p]{n+1}}\right)^{p}\right].$$

在 $[a,b]$ 上，定义 $f(x)=x^p$. 由拉格朗日中值定理，$b^p-a^p=p\xi^{p-1}(b-a)\ (a<\xi<b)$.

记 $a=\frac{1}{\sqrt[p]{n+1}}$，$b=\frac{1}{\sqrt[p]{n}}$，则

$$\left(\frac{1}{\sqrt[p]{n}}\right)^p-\left(\frac{1}{\sqrt[p]{n+1}}\right)^p=p\xi^{p-1}\left(\frac{1}{\sqrt[p]{n}}-\frac{1}{\sqrt[p]{n+1}}\right)，\text{其中}\frac{1}{\sqrt[p]{n+1}}<\xi<\frac{1}{\sqrt[p]{n}}.$$

$$\begin{aligned}\frac{1}{\sqrt[p]{n}(n+1)}&=\frac{n}{\sqrt[p]{n}}\frac{1}{n(n+1)}=n^{1-\frac{1}{p}}p\xi^{p-1}\left(\frac{1}{\sqrt[p]{n}}-\frac{1}{\sqrt[p]{n+1}}\right)\\&=n^{\frac{p-1}{p}}p\xi^{p-1}\left(\frac{1}{\sqrt[p]{n}}-\frac{1}{\sqrt[p]{n+1}}\right)\\&=p\left(n^{\frac{1}{p}}\xi\right)^{p-1}\left(\frac{1}{\sqrt[p]{n}}-\frac{1}{\sqrt[p]{n+1}}\right).\end{aligned}$$

由于 $p-1\geqslant 0$，$\xi\leqslant\frac{1}{\sqrt[p]{n}}$，所以 $n^{\frac{1}{p}}\xi\leqslant 1$. 于是

$$\frac{1}{\sqrt[p]{n}(n+1)}\leqslant p\left(\frac{1}{\sqrt[p]{n}}-\frac{1}{\sqrt[p]{n+1}}\right),\quad S_N=\sum_{n=1}^{N}\frac{1}{\sqrt[p]{n}(n+1)}\leqslant\sum_{n=1}^{N}p\left(\frac{1}{\sqrt[p]{n}}-\frac{1}{\sqrt[p]{n+1}}\right)\leqslant p.$$

已知 p 固定，N 与 p 无关，所以 $\sum_{n=1}^{\infty}\frac{1}{\sqrt[p]{n}(n+1)}\leqslant p$. □

例 9 设 $u_n\geqslant 0$，$\sigma_n=\frac{u_1+u_2+\cdots+u_n}{n}$. 若 $\{\sigma_n\}$ 有界，证明 $\sum_{n=1}^{\infty}\frac{u_n}{n^{1+\delta}}$ 收敛 $(\delta>0)$.

证明 记 $S_0=0$，$S_n=u_1+u_2+\cdots+u_n$，则

$$\sum_{n=1}^{N}\frac{u_n}{n^{1+\delta}}=\sum_{n=1}^{N}\frac{S_n-S_{n-1}}{n^{1+\delta}}=\sum_{n=1}^{N}S_n\left(\frac{1}{n^{1+\delta}}-\frac{1}{(n+1)^{1+\delta}}\right)+\frac{S_N}{N^{1+\delta}}.$$

在 $[n,n+1]$ 上，令 $f(x)=x^{-1-\delta}$，则 $f'(x)=(-1-\delta)x^{-2-\delta}$，

$$f(n+1)-f(n)=f'(\xi)\quad(n<\xi<n+1).$$

于是 $\frac{1}{n^{1+\delta}}-\frac{1}{(n+1)^{1+\delta}}=f(n)-f(n+1)=(1+\delta)\frac{1}{\xi^{2+\delta}}<(1+\delta)\frac{1}{n^{2+\delta}}$.

又由于 $\{\sigma_n\}$ 有界，可设 $\exists M>0$，使得 $\sigma_n\leqslant M$，则 $\frac{S_N}{N^{1+\delta}}=\frac{\sigma_N}{N^{\delta}}\leqslant M$.

综合上面就得

$$\begin{aligned}\sum_{n=1}^{N}\frac{u_n}{n^{1+\delta}}&\leqslant\sum_{n=1}^{N}S_n(1+\delta)\frac{1}{n^{2+\delta}}+M\\&=(1+\delta)\sum_{n=1}^{N}\sigma_n\frac{1}{n^{1+\delta}}+M\leqslant(1+\delta)M\sum_{n=1}^{N}\frac{1}{n^{1+\delta}}+M.\end{aligned}$$

由于 $\sum_{n=1}^{\infty}\frac{1}{n^{1+\delta}}$ 收敛 $(\delta>0)$，所以 $\sum_{n=1}^{\infty}\frac{u_n}{n^{1+\delta}}$ 收敛. □

例 10 设 $\sum_{n=1}^{\infty}a_n$ 为一收敛的正项级数，$\{a_n-a_{n+1}\}$ 单调减少. 证明 $\lim_{n\to\infty}\left(\frac{1}{a_{n+1}}-\frac{1}{a_n}\right)=+\infty$.

证明 由于 $\{a_n - a_{n+1}\}$ 单调减少，所以 $a_n > a_{n+1} > 0\,(n=1,2,\cdots)$. 于是

$$0 < \frac{1}{\dfrac{1}{a_{n+1}} - \dfrac{1}{a_n}} = \frac{a_n a_{n+1}}{a_n - a_{n+1}} < \frac{1}{a_n - a_{n+1}} a_n^2 = \frac{1}{a_n - a_{n+1}} \sum_{k=n}^{\infty} (a_k^2 - a_{k+1}^2) < \sum_{k=n}^{\infty} \frac{a_k^2 - a_{k+1}^2}{a_k - a_{k+1}}$$

$$= \sum_{k=n}^{\infty} (a_k + a_{k+1}) \leqslant 2 \sum_{k=n}^{\infty} a_k \to 0 \quad (n \to \infty),$$

故 $\lim\limits_{n\to\infty} \left(\dfrac{1}{a_{n+1}} - \dfrac{1}{a_n} \right) = +\infty$. □

例 11 设 $S_n = \sum\limits_{k=1}^{n} \left(\sqrt{1 + \dfrac{k}{n^2}} - 1 \right)$. 证明 $\lim\limits_{n\to\infty} S_n = \dfrac{1}{4}$.

证明 在 $\left[0, \dfrac{1}{n}\right]$ 上，定义 $f(x) = \sqrt{1+x} = (1+x)^{\frac{1}{2}}$. 利用泰勒展开式可得

$$f'(x) = \frac{1}{2}(1+x)^{-\frac{1}{2}}, \qquad f''(x) = -\frac{1}{4}(1+x)^{-\frac{3}{2}},$$

$$f(x) = f(0) + f'(0)x + \frac{1}{2} f''(\xi) x^2 \quad \left(0 < \xi < x < \frac{1}{n} \right).$$

因为 $\left(1 + \dfrac{1}{n}\right)^{-\frac{3}{2}} < (1+\xi)^{-\frac{3}{2}} < 1$，所以 $-\dfrac{1}{4} < f''(x) < -\dfrac{1}{4}\left(1 + \dfrac{1}{n}\right)^{-\frac{3}{2}}$. 于是

$$f'(0)x - \frac{1}{4}x^2 < f(x) - f(0) < f'(0)x .$$

当 $x = \dfrac{k}{n^2}\,(k = 1,2,\cdots,n)$ 时，

$$\frac{1}{2}\sum_{k=1}^{n}\left(\frac{k}{n^2}\right) - \frac{1}{4}\sum_{k=1}^{n}\left(\frac{k}{n^2}\right)^2 < \sum_{k=1}^{n}\left(\sqrt{1 + \frac{k}{n^2}} - 1\right) < \frac{1}{2}\sum_{k=1}^{n}\left(\frac{k}{n^2}\right).$$

由 $\sum\limits_{k=1}^{n} k = \dfrac{1}{2}n(n+1)$ 及 $\sum\limits_{k=1}^{n} k^2 = \dfrac{1}{6}n(n+1)(2n+1)$，利用两边夹定理可得 $\lim\limits_{n\to\infty} S_n = \dfrac{1}{4}$. □

注 如果从

$$\sqrt{1 + \frac{k}{n^2}} - 1 = \frac{\dfrac{k}{n^2}}{\sqrt{1 + \dfrac{k}{n^2}} + 1} < \frac{1}{2}\frac{k}{n^2},$$

只能得 $S_n \leqslant \dfrac{1}{4}$.

例 12 设 $P_n > 0$，$\sum\limits_{n=1}^{\infty} \dfrac{1}{P_n}$ 收敛. 证明 $\sum\limits_{n=1}^{\infty} \dfrac{n^2}{(P_1 + P_2 + \cdots + P_n)^2} P_n$ 收敛.

证明 记 $q_0=0$，$q_m=P_1+P_2+\cdots+P_m$，$T=\sum\limits_{n=1}^{\infty}\frac{1}{P_n}$，则

$$S_m=\sum_{n=1}^{m}\left(\frac{n}{q_n}\right)^2P_n=\sum_{n=1}^{m}\left(\frac{n}{q_n}\right)^2(q_n-q_{n-1}).$$

由于 $q_n>q_{n-1}$，所以

$$\begin{aligned}S_m&<\frac{1}{P_1}+\sum_{n=2}^{m}\frac{n^2}{q_nq_{n-1}}(q_n-q_{n-1})=\frac{1}{P_1}+\sum_{n=2}^{m}\frac{n^2}{q_{n-1}}-\sum_{n=2}^{m}\frac{n^2}{q_n}\\&=\frac{1}{P_1}+\sum_{n=2}^{m-1}\frac{(n+1)^2}{q_n}-\sum_{n=2}^{m}\frac{n^2}{q_n}=\frac{5}{P_1}+\sum_{n=2}^{m-1}\frac{n^2+2n+1}{q_n}-\sum_{n=2}^{m}\frac{n^2}{q_n}\\&\leqslant\frac{5}{P_1}+2\sum_{n=2}^{m}\frac{n}{q_n}+\sum_{n=2}^{m}\frac{1}{q_n}.\end{aligned}$$

由柯西不等式

$$\left(\sum_{n=2}^{m}\frac{n}{q_n}\right)^2=\left(\sum_{n=2}^{m}\frac{n}{q_n}\sqrt{P_n}\frac{1}{\sqrt{P_n}}\right)^2\leqslant\left(\sum_{n=2}^{m}\frac{n^2}{q_n^2}P_n\right)\left(\sum_{n=2}^{m}\frac{1}{P_n}\right)\leqslant S_mT,$$

得 $S_m\leqslant\frac{5}{P_1}+2\sqrt{S_mT}+T$，$S_m-2\sqrt{S_mT}-\left(\frac{5}{P_1}+T\right)\leqslant0$.

解不等式 $x^2-2x\sqrt{T}-\left(\frac{5}{P_1}+T\right)\leqslant0$，得 $x\leqslant\sqrt{T}+\sqrt{2T+\frac{5}{P_1}}$. 于是

$$\sqrt{S_m}\leqslant\sqrt{T}+\sqrt{2T+\frac{5}{P_1}}.$$

这表明 $\{S_m\}$ 有上界，所以级数收敛. □

例 13 设级数 $\sum\limits_{n=1}^{\infty}u_n$ 收敛. 证明 $\lim\limits_{n\to\infty}\frac{1}{n}\sum\limits_{k=1}^{n}ku_k=0$.

证明 记 $B_n=\sum\limits_{k=1}^{n}u_k$，则 $\lim\limits_{n\to\infty}B_n=\sum\limits_{k=1}^{\infty}u_k\triangleq B$. 再记 $B_0=0$，

$$\begin{aligned}\sum_{k=1}^{n}ku_k&=\sum_{k=1}^{n}k(B_k-B_{k-1})\\&=(B_1-B_0)+2(B_2-B_1)+3(B_3-B_2)+\cdots+(n-1)(B_{n-1}-B_{n-2})+n(B_n-B_{n-1})\\&=-\sum_{k=1}^{n-1}B_k+nB_n.\end{aligned}$$

于是 $\frac{1}{n}\sum\limits_{k=1}^{n}ku_k=B_n-\frac{1}{n}\sum\limits_{k=1}^{n-1}B_k$. 因为

$$\lim_{n\to\infty}\frac{1}{n}\sum_{k=1}^{n}B_k=\lim_{n\to\infty}\frac{n-1}{n}\left(\frac{1}{n-1}\sum_{k=1}^{n-1}B_k\right)=\lim_{n\to\infty}B_n=B,$$

所以

$$\lim_{n\to\infty}\frac{1}{n}\sum_{k=1}^{n}ku_k=0.$$ □

例 14 设$\{u_n\}$，$\{c_n\}$为正的实数列，试证

（1）若对所有的正数n，都有$c_nu_n-c_{n+1}u_{n+1}\leqslant 0$，且$\sum\limits_{n=1}^{\infty}\frac{1}{c_n}$发散，则$\sum\limits_{n=1}^{\infty}u_n$也发散；

（2）若$c_n\frac{u_n}{u_{n+1}}-c_{n+1}\geqslant a$（常数$a>0$），且$\sum\limits_{n=1}^{\infty}\frac{1}{c_n}$收敛，则$\sum\limits_{n=1}^{\infty}u_n$也收敛.

证明 （1）因为$c_nu_n-c_{n+1}u_{n+1}\leqslant 0$，所以

$$c_{n+1}u_{n+1}\geqslant c_nu_n\geqslant c_{n-1}u_{n-1}\geqslant\cdots\geqslant c_1u_1.$$

于是

$$u_{n+1}\geqslant c_1u_1\frac{1}{c_{n+1}},$$

所以当$\sum\limits_{n=1}^{\infty}\frac{1}{c_n}$发散时，$\sum\limits_{n=1}^{\infty}u_n$也发散.

若$c_n\frac{u_n}{u_{n+1}}-c_{n+1}\geqslant a$，则$c_n\frac{u_n}{u_{n+1}}\geqslant a+c_{n+1}$，$c_nu_n\geqslant(a+c_{n+1})u_{n+1}$. 于是

$$0<u_{n+1}\leqslant\frac{c_n}{c_{n+1}+a}u_n\leqslant\frac{c_n}{c_{n+1}}u_n.$$

一般规律是$0<u_n<\frac{c_{n-1}}{c_n}u_{n-1}$. 于是

$$u_n<\frac{c_{n-1}}{c_n}u_{n-1}<\frac{c_{n-1}}{c_n}\frac{c_{n-2}}{c_{n-1}}u_{n-2}<\frac{c_{n-2}}{c_n}u_{n-2}<\frac{c_{n-2}}{c_n}\frac{c_{n-3}}{c_{n-2}}u_{n-3}<\cdots<\frac{c_1}{c_n}u_1.$$

所以当$\sum\limits_{n=1}^{\infty}\frac{1}{c_n}$收敛时，$\sum\limits_{n=1}^{\infty}u_n$也收敛. □

例 15 若对于收敛于 0 的数列$\{x_n\}$，$\sum\limits_{n=1}^{\infty}a_nx_n$都收敛，证明$\sum\limits_{n=1}^{\infty}|a_n|$收敛.

证明 (反证法) 如果$\sum\limits_{n=1}^{\infty}|a_n|=+\infty$，则$\exists m_1$，满足$\sum\limits_{k=1}^{m_1}|a_k|>1$.

如果$a_1\geqslant 0$，取$x_1=1$；如果$a_1<0$，取$x_1=-1$. 这样$a_1x_1=|a_1|$. 如果$a_2\geqslant 0$，取$x_2=1$；如果$a_2<0$，取$x_2=-1$，于是$a_2x_2=|a_2|,\cdots$.

如果$a_{m_1}\geqslant 0$，取$x_{m_1}=1$；如果$a_{m_1}<0$，取$x_{m_1}=-1$. 于是$a_{m_1}x_{m_1}=|a_{m_1}|$.

同理，$\exists m_2$，满足$\sum\limits_{m_1+1}^{m_2}|a_k|\geqslant 2$. 也按上面方法选$x_k$，使$|x_k|=\frac{1}{2}$，$a_kx_2=\frac{1}{2}|a_k|$. 于是

$$\sum_{m_1+1}^{m_2}a_kx_k=\frac{1}{2}\sum_{m_1+1}^{m_2}|a_k|\geqslant\frac{1}{2}\cdot 2=1.$$

一般情况是对$j=0,1,2,\cdots$，有$m_j<m_{j+1}\ (m_0=0)$，$\sum\limits_{k=m_j+1}^{m_{j+1}}\geqslant j$. 对$m_j\leqslant k\leqslant m_{j+1}$，选$x_k$，使$|x_k|=\frac{1}{j}$，$a_kx_k=\frac{1}{j}|a_k|$. 于是

$$\sum_{k=m_j+1}^{m_{j+1}} a_k x_k = \frac{1}{j}\sum_{k=m_j+1}^{m_{j+1}} |a_k| = \frac{1}{j}\cdot j = 1 .$$

显然 $x_k \to 0\,(k\to\infty)$. 但上式说明 $\sum_{n=1}^{\infty} a_k x_k$ 不满足柯西准则，也就不收敛，矛盾. 所以 $\sum_{n=1}^{\infty}|a_n|$ 收敛. □

例 16 设正项级数 $\sum_{n=1}^{\infty} a_n$ 收敛，记 $S=\sum_{n=1}^{\infty} a_n$. 求

（1）$\lim_{n\to+\infty}\frac{a_1+2a_2+\cdots+na_n}{n}$；

（2）$\sum_{n=1}^{\infty}\frac{a_1+2a_2+\cdots+na_n}{n(n+1)}$.

解 （1）对于（1）的证明如下.

令 $S_n = a_1 + a_1 + \cdots + a_n$，则

$$\begin{aligned}
&\frac{a_1+2a_2+\cdots+na_n}{n}\\
&=\frac{[na_1-(n-1)a_1]+[na_2-(n-2)a_2]+\cdots+[na_{n-1}-a_{n-1}]+na_n}{n}\\
&=S_n-\frac{(n-1)a_1+(n-2)a_2+\cdots+a_{n-1}}{n}=S_n-\frac{S_1+S_2+\cdots+S_{n-1}}{n}\\
&=S_n-\frac{n-1}{n}\cdot\frac{S_1+S_2+\cdots+S_{n-1}}{n-1}.
\end{aligned}$$

由已知 $S=\sum_{n=1}^{\infty} a_n$，则 $\lim_{n\to\infty}\frac{S_1+S_2+\cdots+S_{n-1}}{n-1}=S$，于是 $\lim_{n\to\infty}\frac{a_1+2a_2+\cdots+na_n}{n}=0$.

（2）先拆项. 当 $n\geqslant 2$ 时，

$$\begin{aligned}
\frac{a_1+2a_2+\cdots+na_n}{n(n+1)}&=(a_1+2a_2+\cdots+na_n)\left(\frac{1}{n}-\frac{1}{n+1}\right)\\
&=\frac{a_1+2a_2+\cdots+na_n}{n}-\frac{a_1+2a_2+\cdots+na_n+(n+1)a_{n+1}}{n+1}+a_{n+1}.
\end{aligned}$$

记 $b_n=\frac{a_1+2a_2+\cdots+na_n}{n}$，由（1），$b_n\to 0\,(n\to\infty)$，$\sum_{n=2}^{\infty}(b_n-b_{n+1})$ 收敛. 由上式

$$\frac{a_1+2a_2+\cdots+na_n}{n(n+1)}=b_n-b_{n+1}+a_{n+1}.$$

于是

$$\sum_{n=1}^{\infty}\frac{a_1+2a_2+\cdots+na_n}{n(n+1)}=\frac{a_1}{2}+\sum_{n=2}^{\infty}\frac{a_1+2a_2+\cdots+na_n}{n(n+1)}=\frac{a_1}{2}+\sum_{n=2}^{\infty}(b_n-b_{n+1}+a_{n+1})$$

$$=\frac{a_1}{2}+b_2+\sum_{n=2}^{\infty}a_{n+1}=\frac{a_1}{2}+\frac{a_1+2a_2}{2}+\sum_{n=2}^{\infty}a_{n+1}=\sum_{n=1}^{\infty}a_n=S.$$ □

例 17 设 $a_k=\int_{-\infty}^{+\infty}x^{2k}\mathrm{e}^{-kx^2}\mathrm{d}x\ (k=1,2,\cdots)$. 讨论 $\sum_{k=1}^{+\infty}a_k$ 的敛散性.

解 分部积分:

$$a_k=\int_{-\infty}^{+\infty}x^{2k}\mathrm{e}^{-kx^2}\mathrm{d}x=\frac{2k-1}{2k}\int_{-\infty}^{+\infty}x^{2k-2}\mathrm{e}^{-kx^2}\mathrm{d}x=\frac{(2k-1)(2k-3)}{(2k)^2}\int_{-\infty}^{+\infty}x^{2k-4}\mathrm{e}^{-kx^2}\mathrm{d}x$$

$$=\cdots=\frac{(2k-1)!!}{(2k)^k}\frac{\sqrt{\pi}}{\sqrt{k}},$$

$$\frac{a_{k+1}}{a_k}=\frac{(2k+1)!!}{(2k+2)^{k+1}}\frac{\sqrt{\pi}}{\sqrt{k+1}}\bigg/\left(\frac{(2k-1)!!}{(2k)^k}\frac{\sqrt{\pi}}{\sqrt{k}}\right)$$

$$=\frac{2k+1}{2k+2}\left(\frac{2k}{2k+2}\right)^k\frac{\sqrt{k}}{\sqrt{k+1}}=\frac{2k+1}{2k+2}\frac{1}{\left(1+\dfrac{1}{k}\right)^k}\frac{\sqrt{k}}{\sqrt{k+1}}\to\frac{1}{\mathrm{e}}<1\quad(k\to+\infty).$$

所以级数收敛. □

例 18 求 $\dfrac{1+\dfrac{\pi^4}{5!}+\dfrac{\pi^8}{9!}+\dfrac{\pi^{12}}{13!}+\cdots}{\dfrac{1}{3!}+\dfrac{\pi^4}{7!}+\dfrac{\pi^8}{11!}+\dfrac{\pi^{12}}{15!}+\cdots}$.

解 记 $a=1+\dfrac{\pi^4}{5!}+\dfrac{\pi^8}{9!}+\cdots$; $b=\dfrac{1}{3!}+\dfrac{\pi^4}{7!}+\dfrac{\pi^8}{11!}+\dfrac{\pi^{12}}{15!}+\cdots$, 则 $a\pi-b\pi^3=\sin\pi=0$. 于是

$$\frac{a}{b}=\pi^2.$$ □

例 19 判别级数 $\sum_{n=1}^{\infty}\dfrac{n!}{n^{\sqrt{n}}}$ 的敛散性.

解 **解法一** 用根值判别法.

$$\sqrt[n]{\frac{n!}{n^{\sqrt{n}}}}=\sqrt[n]{\frac{n!}{n^n}\cdot\frac{n^n}{n^{\sqrt{n}}}}=\sqrt[n]{\frac{n!}{n^n}}\cdot n^{(n-\sqrt{n})\frac{1}{n}}=\sqrt[n]{\frac{n!}{n^n}}\cdot n^{1-\frac{1}{\sqrt{n}}}.$$

上面第一项取极限 $=\mathrm{e}^{\lim\limits_{n\to\infty}\left[\frac{1}{n}\left(\ln\frac{1}{n}+\ln\frac{2}{n}+\cdots+\ln\frac{n}{n}\right)\right]}=\mathrm{e}^{\int_0^1\ln x\mathrm{d}x}=\mathrm{e}^{x\ln x\big|_0^1-\int_0^1\mathrm{d}x}=\mathrm{e}^{-1}=\dfrac{1}{\mathrm{e}}$.

取 N, 使当 $n>N$ 时, $\sqrt[n]{\dfrac{n!}{n^n}}>\dfrac{1}{2\mathrm{e}}$, 且 $\dfrac{1}{\sqrt{N}}<\dfrac{1}{2}$. 于是当 $n>N$ 时,

$$1-\frac{1}{\sqrt{n}}>1-\frac{1}{2},\qquad\sqrt[n]{\frac{n!}{n^{\sqrt{n}}}}>\frac{1}{2\mathrm{e}}\cdot n^{1-\frac{1}{2}}=\frac{1}{2\mathrm{e}}\sqrt{n}.$$

所以级数发散.

解法二 当取 $n=k^2$ 时，下证 $\dfrac{n!}{n^{\sqrt{n}}}>k!$. 显然级数发散.

$$\frac{n!}{n^{\sqrt{n}}}=\frac{(k^2)!}{(k^2)^k}=\frac{1\cdot 2\cdots k(k+1)\cdots(k^2-1)k^2}{k^{2k}},$$

其分子从 $k+1$ 到 k^2 有 k^2-k 项，每项大于 $k+1$，而分母有 $2k$ 项，每项为 k，所以当 $k^2-k>2k$ 时，$\dfrac{(k^2)!}{(k^2)^k}>k!$.

比如当 $k=5$ 时，$\dfrac{25!}{5^{10}}=\dfrac{5!\cdot 6\cdot 7\cdot\cdots\cdot 24\cdot 25}{5\cdot 5\cdot\cdots\cdot 5}$，从6到25有20项，分母是10项，所以 $\dfrac{25!}{5^{10}}>5!$.

□

例 20 （1）设 $\int_a^{+\infty}f(x)\mathrm{d}x$ 收敛，$xf(x)$ 在 $[a,+\infty)$ 上单调减少，证明：$\lim\limits_{x\to+\infty}xf(x)\ln x=0$；

（2）设 $a_n>0$，$\sum\limits_{n=1}^{\infty}a_n$ 收敛，$\{na_n\}$ 单调，证明：$\lim\limits_{n\to\infty}na_n\ln n=0$.

证明 （1）$\forall\varepsilon>0$，因 $\int_a^{+\infty}f(x)\mathrm{d}x$ 收敛，故 $\exists X>0$，当 $x_2>x_1>X$ 时，$\int_{x_1}^{x_2}f(t)\mathrm{d}t<\varepsilon$. 当 $\sqrt{x}>X$ 时，由已知 $xf(x)$ 单调减少，则

$$\varepsilon>\int_{\sqrt{x}}^{x}f(t)\mathrm{d}t=\int_{\sqrt{x}}^{x}tf(t)\frac{1}{t}\mathrm{d}t>xf(x)\int_{\sqrt{x}}^{x}\frac{1}{t}\mathrm{d}t>xf(x)\ln x-\frac{1}{2}xf(x)\ln x=\frac{1}{2}xf(x)\ln x.$$

（2）若 $\{na_n\}$ 单调，只能是单调减少，因为若 $(n+1)a_{n+1}\geqslant na_n\geqslant\cdots\geqslant a_1$，则 $a_n\geqslant\dfrac{a_1}{n}$，而 $\sum\dfrac{1}{n}$ 发散，与 $\sum\limits_{n=1}^{\infty}a_n$ 收敛矛盾.

$\forall\varepsilon>0$，因 $\sum\limits_{n=1}^{\infty}a_n$ 收敛，故 $\exists N$，当 $n>N$ 时，$\sum\limits_{k=n}^{\infty}a_k<\varepsilon$；当 $n^2>N$ 时，则

$$\begin{aligned}\varepsilon&>\sum_{k=[\sqrt{n}]+1}^{n}a_k=\sum_{k=[\sqrt{n}]+1}^{n}ka_k\frac{1}{k}>na_n\sum_{k=[\sqrt{n}]+1}^{n}\frac{1}{k}>na_n\left(\int_{[\sqrt{n}]+1}^{[\sqrt{n}]+2}\frac{1}{x}\mathrm{d}x+\cdots+\int_{n}^{n+1}\frac{1}{x}\mathrm{d}x\right)\\&\geqslant na_n\int_{\sqrt{n}+1}^{n+1}\frac{1}{x}\mathrm{d}x=na_n[\ln(n+1)-\ln(1+\sqrt{n})]\\&>na_n\left[\ln n+\ln\left(1+\frac{1}{n}\right)-\ln\sqrt{n}-\ln\left(1+\frac{1}{\sqrt{n}}\right)\right]\\&>na_n\left[\frac{1}{2}\ln n-\ln\left(1+\frac{1}{\sqrt{n}}\right)\right]>\frac{1}{3}na_n\ln n.\end{aligned}$$

这就证明了 $na_n\ln n\to 0\,(n\to\infty)$.

□

例 21 讨论 $\sum\limits_{n=1}^{\infty}\left(1+\dfrac{1}{2}+\cdots+\dfrac{1}{n}\right)\dfrac{\sin nx}{n}$ 的敛散性.

解 （1）当 $x=2m\pi$ (m 为整数)时，$\sin nx=0$ 级数收敛；

（2）当 $x\neq 2m\pi$ 时，记 $a_n=\sin nx$，则

$$\left|\sum_{k=1}^{n} a_k\right| = \left|\sum_{k=1}^{n} \sin kx\right| = \left|\frac{1}{2\sin\frac{x}{2}}\sum_{k=1}^{n} 2\sin kx \sin\frac{x}{2}\right|$$

$$= \left|\frac{1}{2\sin\frac{x}{2}}\sum_{k=1}^{n}\left[\cos\left(k-\frac{1}{2}\right)x - \cos\left(k+\frac{1}{2}\right)x\right]\right|$$

$$= \left|\frac{\cos\frac{x}{2} - \cos\left(n+\frac{1}{2}\right)x}{2\sin\frac{x}{2}}\right| \leqslant \left|\frac{1}{2\sin\frac{x}{2}}\right|.$$

说明 $\{a_n\}$ 部分和有界.

对 $b_n = \dfrac{1+\frac{1}{2}+\cdots+\frac{1}{n}}{n}$，有 $\lim\limits_{n\to\infty} b_n = 0$. 下证 $\{b_n\}$ 单调减少.

$$b_n - b_{n+1} = \frac{1+\frac{1}{2}+\cdots+\frac{1}{n}}{n} - \frac{1+\frac{1}{2}+\cdots+\frac{1}{n}+\frac{1}{n+1}}{n+1}$$

$$\xlongequal{\text{通分}} \frac{(n+1)\left(1+\frac{1}{2}+\cdots\frac{1}{n}\right) - n\left(1+\frac{1}{2}+\cdots+\frac{1}{n}+\frac{1}{n+1}\right)}{n(n+1)}$$

$$= \frac{n\left(1+\frac{1}{2}+\cdots+\frac{1}{n}\right)+\left(1+\frac{1}{2}+\cdots+\frac{1}{n}\right) - n\left(1+\frac{1}{2}+\cdots+\frac{1}{n}\right) - \frac{n}{n+1}}{n(n+1)}$$

$$= \frac{1+\frac{1}{2}+\cdots+\frac{1}{n}-\frac{n}{n+1}}{n(n+1)} > 0.$$

说明 $\{b_n\}$ 单调减少趋于 0，由狄利克雷判别法知 $\sum\limits_{n=1}^{\infty} a_n b_n$ 收敛.

总之，对于任意 x，原级数都收敛. □

例 22　设 $\{a_n\}$ 为正的单调增加数列，证明：级数 $\sum\limits_{n=1}^{\infty}\left(\dfrac{a_{n+1}}{a_n}-1\right)$ 收敛的充分必要条件是 $\{a_n\}$ 有界.

证明　**证法一**　充分性. 由于 $\{a_n\}$ 单调增加且有界，所以 $\exists M>0$，对 $\forall n$，都有 $0<a_1<a_n<M$，且 $\dfrac{a_{n+1}}{a_n}-1>0$（若 $a_{k+1}=a_k$ 时，第 k 项为 0），

$$S_n = \sum_{k=1}^{n}\left(\frac{a_{k+1}}{a_k}-1\right) = \sum_{k=1}^{n}\frac{a_{k+1}-a_k}{a_k} \leqslant \frac{1}{a_1}\sum_{k=1}^{n}(a_{k+1}-a_k) = \frac{M-a_1}{a_1},$$

正项级数部分和有上界，因而收敛.

必要性. 取$\varepsilon_0=\dfrac{1}{2}$，因$\sum\limits_{n=1}^{\infty}\left(\dfrac{a_{n+1}}{a_n}-1\right)$收敛，故存在$N_0$，对任意$p\in\mathbf{N}$，有

$$0<\left(\frac{a_{N_0+2}}{a_{N_0+1}}-1\right)+\left(\frac{a_{N_0+3}}{a_{N_0+2}}-1\right)+\cdots+\left(\frac{a_{N_0+p+1}}{a_{N_0+p}}-1\right)<\varepsilon_0=\frac{1}{2},$$

$$\frac{1}{2}>\sum_{i=1}^{p}\left(\frac{a_{N_0+i+1}}{a_{N_0+i}}-1\right)=\sum_{i=1}^{p}\frac{a_{N_0+i+1}-a_{N_0+i}}{a_{N_0+i}}\geqslant\frac{1}{a_{N_0+p+1}}\sum_{i=1}^{p}(a_{N_0+i+1}-a_{N_0+i})$$

$$=\frac{1}{a_{N_0+p+1}}(a_{N_0+p+1}-a_{N_0+1})=1-\frac{a_{N_0+1}}{a_{N_0+p+1}},$$

于是$\dfrac{a_{N_0+1}}{a_{N_0+p+1}}>\dfrac{1}{2}$，$a_{N_0+p+1}<2a_{N_0+1}$，所以$\{a_n\}$有界.

证法二 必要性. 由于$\sum\limits_{n=1}^{n}\left(\dfrac{a_{n+1}}{a_n}-1\right)$收敛，知$\exists M>0$，使前$n$项和

$$S_n=\sum_{k=1}^{n}\left(\frac{a_{k+1}}{a_k}-1\right)=\frac{a_2}{a_1}+\frac{a_3}{a_2}+\cdots+\frac{a_{n+1}}{a_n}-n\leqslant M,$$

$$M+n\geqslant\frac{a_2}{a_1}+\frac{a_3}{a_2}+\cdots+\frac{a_{n+1}}{a_n}>n\cdot\sqrt[n]{\frac{a_2}{a_1}\frac{a_3}{a_2}\cdots\frac{a_{n+1}}{a_n}}=n\cdot\sqrt[n]{\frac{a_{n+1}}{a_1}},$$

因此

$$\frac{a_{n+1}}{a_1}<\left(\frac{M+n}{n}\right)^n=\left(1+\frac{M}{n}\right)^n<\mathrm{e}^M,\quad a_{n+1}<a_1\mathrm{e}^M.$$

所以$\{a_n\}$有界.

证法三 必要性. 利用不等式：当$x>0$时，$\mathrm{e}^x>1+x$，则$\dfrac{a_{n+1}}{a_n}-1=\mathrm{e}^{\ln\frac{a_{n+1}}{a_n}}-1>\ln\dfrac{a_{n+1}}{a_n}$.
由于$\sum\limits_{n=1}^{\infty}\left(\dfrac{a_{n+1}}{a_n}-1\right)$收敛，设其和为$S$，则对任意$n$，有

$$S_n=\sum_{k=1}^{n}\left(\frac{a_{k+1}}{a_k}-1\right)>\sum_{k=1}^{n}\ln\frac{a_{k+1}}{a_k}=\ln a_{n+1}-\ln a_1,$$

所以$a_{n+1}<a_1\mathrm{e}^S$，即$\{a_n\}$有界. □

例 23 讨论x，使级数$\sum\limits_{n=1}^{\infty}\left(\dfrac{1}{n\sin\frac{1}{n}}-1\right)^x$收敛或发散.

解 先用泰勒展开式分析当$y\to0$时，$\dfrac{y}{\sin y}-1$关于y的阶:

$$\frac{y}{\sin y}-1=\frac{y-\sin y}{\sin y}=\frac{y-\left(y-\frac{1}{3!}y^3+o(y^5)\right)}{y+o(y^3)}=\frac{\frac{1}{3!}y^3+o(y^5)}{y+o(y^3)}=\frac{1}{6}y^2+o(y^4),$$

取 $a_n=\dfrac{1}{n\sin\frac{1}{n}}-1=\dfrac{\frac{1}{n}-\sin\frac{1}{n}}{\sin\frac{1}{n}}$，$b_n=\dfrac{1}{n^2}$，则

$$\lim_{n\to\infty}\frac{a_n}{b_n}=\lim_{y\to 0}\frac{\frac{y-\sin y}{\sin y}}{y^2}=\lim_{y\to 0}\frac{y-\sin y}{y^2\sin y}=\lim_{y\to 0}\frac{\frac{1}{6}y^2+o(y^4)}{y^2}=\frac{1}{6}.$$

当 $x\neq 0$ 时，$\lim\limits_{n\to\infty}\dfrac{a_n^x}{b_n^x}=\lim\limits_{n\to\infty}\left(\dfrac{a_n}{b_n}\right)^x=\left(\dfrac{1}{6}\right)^x\neq 0$.

因此，$\sum a_n^x$ 与 $\sum b_n^x$ 同收敛或同发散. 当 $x>\dfrac{1}{2}$ 时，若 $\sum\dfrac{1}{n^{2x}}$ 收敛，则 $\sum a_n^x$ 也收敛；当 $x\leqslant\dfrac{1}{2}$ 时，若 $\sum\dfrac{1}{n^{2x}}$ 发散，则 $\sum a_n^x$ 也发散；当 $x=0$ 时，$\sum a_n^x$ 和 $\sum b_n^x$ 发散. □

例 24　设 $\sum\limits_{n=1}^{\infty}d_n$ 是一个发散级数，其中 $d_n\geqslant 0,d_n\in\mathbf{R}$，试证:

（1）当 $k\in\mathbf{Q},k>1$ 时，$\sum\limits_{n=1}^{\infty}\dfrac{d_n}{1+n^kd_n}$ 收敛;

（2）当 $k\in\mathbf{Q},k\leqslant 0$ 时，$\sum\limits_{n=1}^{\infty}\dfrac{d_n}{1+n^kd_n}$ 发散;

（3）当 $0<k\leqslant 1$ 时，关于 $\sum\limits_{n=1}^{\infty}\dfrac{d_n}{1+n^kd_n}$ 的敛散性不确定，各给出一个收敛和发散的例子.

证明　设 $M_k'=\{n\in\mathbf{N}|\ n^kd_n\geqslant 1\}$，$M_k''=\{n\in\mathbf{N}|\ n^kd_n<1\}$，$M_k'\cap M_k''=\varnothing$，且

$$M_k'\cup M_k''=\mathbf{N}.$$

（1）当 $k>1$，且 $n\in M_k'$ 时，缩小分母有

$$\frac{d_n}{1+n^kd_n}\leqslant\frac{d_n}{n^kd_n}=\frac{1}{n^k},$$

当 $n\in M_k''$ 时，$n^kd_n<1$，　$d_n<\dfrac{1}{n^k}$ 于是

$$\frac{d_n}{1+n^kd_n}\leqslant\frac{d_n}{1}<\frac{1}{n^k}.$$

于是级数 $\sum\limits_{M_k'}$ 与 $\sum\limits_{M_k''}$ 绝对收敛，按照重排次序定理，当 $k>1$ 时，$\sum\limits_{n=1}^{\infty}\dfrac{d_n}{1+n^kd_n}$ 收敛.

（2）当 $k\leqslant 0$ 时，$\sum\limits_{n\in M_k'}\dfrac{d_n}{1+n^kd_n}\geqslant\sum\limits_{n\in M_k'}\dfrac{d_n}{2n^kd_n}=\sum\limits_{n\in M_k'}\dfrac{1}{2}n^{-k}$，$\sum\limits_{n\in M_k''}\dfrac{d_n}{1+n^kd_n}\geqslant\sum\limits_{n\in M_k''}\dfrac{d_n}{2}$.

这两个部分级数中至少有一个是发散的.

如果 $\sum\limits_{M_k'}n^{-k}$ 收敛，那么由于 $n^{-k}\geqslant 1$，则 M_k' 只能有有限多个元素，于是 $\sum\limits_{n\in M_k''}\dfrac{d_n}{1+n^kd_n}$ 发

散，因此$\sum_{n=1}^{\infty}\frac{d_n}{1+n^k d_n}$也发散.

如果$\sum_{n\in M_k^*}\frac{d_n}{2}$收敛$\left(若\sum_{n\in M_k^*}\frac{d_n}{1+n^k d_n}收敛，则它当然满足\right)$，那么$M_k'$必须含有无穷多个元素，因此，$\sum_{n\in M_k'}n^{-k}$是发散的，所以$\sum_{n=1}^{\infty}\frac{d_n}{1+n^k d_n}$是发散的.

（3）当$0<k\leqslant 1$时：按照选取d_n的不同，$\sum_{n=1}^{\infty}\frac{d_n}{1+n^k d_n}$或是收敛的，或是发散的.

（i）设$m\in M$，使$mk>1$. 数列$\{d_n\}$定义如下：

$$d_n=\begin{cases}1, & n=p^m,\\ 0, & n\neq p^m,\end{cases}\quad p=0,1,2,\cdots.$$

级数$\sum_{n=1}^{\infty}d_n$是发散的，$d_n\geqslant 0$，因此

$$\sum_{n=1}^{\infty}\frac{d_n}{1+n^k d_n}=\sum_{p\in\mathbf{N}}\frac{1}{1+(p^m)^k}=\sum_{p\in\mathbf{N}}\frac{1}{1+p^{mk}}<\sum_{p\in\mathbf{N}}\frac{1}{p^{mk}},$$

级数$\sum_{n\in\mathbf{N}}\frac{d_n}{1+n^k d_n}$是收敛的.

（ii）规定：对一切$n\in\mathbf{N}$，$d_n=1$$\left(\sum d_n发散，d_n\geqslant 0\right)$，因此

$$\sum_{n\in\mathbf{N}}\frac{d_n}{1+n^k d_n}=\sum_{n\in\mathbf{N}}\frac{1}{1+n^k}>\sum_{n=1}^{\infty}\frac{1}{2n^k}.$$

由于$0<k\leqslant 1$，所以$\sum_{n=1}^{\infty}\frac{d_n}{1+n^k d_n}$是发散的. □

例 25 问当a是什么值时，级数$\sum_{n=1}^{\infty}\frac{a^{4n}}{1+a^{8n}}$是收敛的.

解 令$b=a^4$，就有$b\geqslant 0$，只要研究$a\geqslant 0$时的敛散状态. 由于$a_n=\frac{b^n}{1+b^{2n}}=\frac{\left(\frac{1}{b}\right)^n}{\left(\frac{1}{b}\right)^{2n}+1}$级数的敛散状态，对$b$及$\frac{1}{b}$是一致的. 所以研究$0<b\leqslant 1$的情形就足够了.

当$b=1$时，级数显然是发散的，因为$a_n=\frac{1}{2}$.

当$0<b<1$时，$a_n=\frac{b^n}{1+b^{2n}}<b^n$，而几何级数$\sum_{n=1}^{\infty}b_n$是收敛的，所以$\sum_{n=1}^{\infty}a_n$也是收敛的.

因此，原来的级数$\sum_{n\geqslant 0}\frac{a^{4n}}{1+a^{8n}}$，对一切$a$，除去$a=\pm 1$外总是收敛的. □

例 26 设 $f(x)$ 在 $[0,+\infty)$ 连续，单调减少，$f(x)\geqslant 0$，$a_n=\sum\limits_{k=1}^{n}f(k)-\int_1^n f(x)\mathrm{d}x$.证明:

（1）$\{a_n\}$ 收敛;

（2）若 $A=\lim\limits_{n\to\infty}a_n$，则 $0\leqslant A\leqslant f(1)$;

（3）$\lim\limits_{y\to\infty}\sum\limits_{n=1}^{\infty}\dfrac{y}{y^2+n^2}=\dfrac{\pi}{2}$.

证明 （1）因为 $f(x)$ 单调减少，所以 $f(k)\geqslant\int_k^{k+1}f(x)\mathrm{d}x\geqslant f(k+1)$.于是

$$a_n=\sum_{k=1}^{n}f(k)-\int_1^n f(x)\mathrm{d}x=\sum_{k=1}^{n}f(k)-\sum_{k=1}^{n-1}\int_k^{k+1}f(x)\mathrm{d}x\geqslant\sum_{k=1}^{n}f(k)-\sum_{k=1}^{n-1}\int_k^{k+1}f(k)\mathrm{d}x$$
$$=\sum_{k=1}^{n}f(k)-\sum_{k=1}^{n-1}f(k)=f(n)\geqslant 0,$$

$$a_{n+1}-a_n=\sum_{k=1}^{n+1}f(k)-\int_1^{n+1}f(x)\mathrm{d}x-\left[\sum_{k=1}^{n}f(k)-\int_1^n f(x)\mathrm{d}x\right]$$
$$=f(n+1)-\int_n^{n+1}f(x)\mathrm{d}x\leqslant f(n+1)-f(n+1)=0.$$

于是 $\{a_n\}$ 单调减少有下界，故 $\{a_n\}$ 收敛.

（2）记 $A=\lim\limits_{n\to\infty}a_n$，则因为 $\{a_n\}$ 单调减少，所以 $\lim\limits_{n\to\infty}a_n\leqslant a_1=f(1)-\int_1^1 f(x)\mathrm{d}x=f(1)$.又 $a_n\geqslant 0$，所以 $0\leqslant A\leqslant f(1)$.

（3）记 $f_y(x)=\dfrac{y}{y^2+x^2}$.当固定 y 时，$f_y(x)$ 关于 x 单调减少，非负，则当 $y>0$ 时，

$$a_n=\sum_{k=1}^{n}f_y(k)-\int_1^n f_y(x)\mathrm{d}x=\sum_{k=1}^{n}f_y(k)-\int_1^n\frac{y}{y^2+x^2}\mathrm{d}x=\sum_{k=1}^{n}f_y(k)-\arctan\frac{n}{y}+\arctan\frac{1}{y},$$

$$a_1=f_y(1)=\frac{y}{y^2+1}\leqslant\frac{y}{y^2}=\frac{1}{y}.$$

又因为

$$\sum_{n=1}^{\infty}\frac{y}{y^2+n^2}\leqslant y\sum_{n=1}^{\infty}\frac{1}{n^2}=y\frac{\pi^2}{6},$$

所以当 $y>0$ 时，$\sum\limits_{n=1}^{\infty}\dfrac{y}{y^2+n^2}$ 收敛，$\lim\limits_{n\to\infty}\left(\arctan\dfrac{n}{y}-\arctan\dfrac{1}{y}\right)$ 也收敛.

$$0\leqslant\lim_{n\to\infty}a_n=\lim_{n\to\infty}\left(\sum_{k=1}^{n}f_y(k)-\arctan\frac{n}{y}+\arctan\frac{1}{y}\right)$$
$$=\lim_{n\to\infty}\sum_{k=1}^{n}\frac{y}{y^2+k^2}-\lim_{n\to\infty}\left(\arctan\frac{n}{y}-\arctan\frac{1}{y}\right)$$

$$=\sum_{k=1}^{\infty}\frac{y}{y^2+k^2}-\frac{\pi}{2}+\arctan\frac{1}{y}.$$

由（2）知$0\leqslant\lim\limits_{n\to\infty}a_n\leqslant a_1=\dfrac{1}{y}$，所以

$$0\leqslant\lim_{y\to\infty}\left(\sum_{k=1}^{\infty}\frac{y}{y^2+k^2}-\frac{\pi}{2}+\arctan\frac{1}{y}\right)\leqslant\lim_{y\to\infty}\frac{1}{y}=0.$$

由于$\lim\limits_{y\to\infty}\arctan\dfrac{1}{y}=0$，所以$\lim\limits_{y\to\infty}\left(\sum\limits_{k=1}^{\infty}\dfrac{y}{y^2+k^2}-\dfrac{\pi}{2}\right)=0$. 于是$\lim\limits_{y\to\infty}\sum\limits_{k=1}^{\infty}\dfrac{y}{y^2+k^2}=\dfrac{\pi}{2}$. □

例 27 证明: $\lim\limits_{x\to0^+}\sum\limits_{n=1}^{\infty}\dfrac{(-1)^n}{n^x}=-\dfrac{1}{2}$.

证明 当$x>0$时，$\sum\limits_{n=1}^{\infty}\dfrac{(-1)^n}{n^x}$是莱布尼茨级数，是收敛的. 记$\varphi(x)=\sum\limits_{n=1}^{\infty}\dfrac{(-1)^n}{n^x}$，由于加括号后仍收敛，于是

$$\varphi(x)=-1+\left(\frac{1}{2^x}-\frac{1}{3^x}\right)+\left(\frac{1}{4^x}-\frac{1}{5^x}\right)+\cdots+\left(\frac{1}{(2k)^x}-\frac{1}{(2k+1)^x}\right)$$

$$=-1+\sum_{k=1}^{\infty}\left(e^{-x\ln 2k}-e^{-x\ln(2k+1)}\right)=-1+\sum_{k=1}^{\infty}\left(e^{-x\ln 2k}-e^{-x\ln 2k-x\ln\left(1+\frac{1}{2k}\right)}\right)\tag{6.1}$$

$$=-1+\sum_{k=1}^{\infty}e^{-x\ln 2k}\left(1-e^{-x\ln\left(1+\frac{1}{2k}\right)}\right).$$

利用泰勒展开式得

$$1-e^{-x\ln\left(1+\frac{1}{2k}\right)}=1-\left[1-x\ln\left(1+\frac{1}{2k}\right)+\frac{1}{2!}e^{\xi_{x,k}}\left(-x\ln\left(1+\frac{1}{2k}\right)\right)^2\right]$$

$$=x\ln\left(1+\frac{1}{2k}\right)+\frac{1}{2!}e^{\xi_{x,k}}\left(x\ln\left(1+\frac{1}{2k}\right)\right)^2\quad\left(-x\ln\left(1+\frac{1}{2k}\right)<\xi_{x,k}<0\right).$$

式（6.1）变为

$$\varphi(x)=-1+\sum_{k=1}^{\infty}\left(e^{-x\ln 2k}x\ln\left(1+\frac{1}{2k}\right)+\frac{1}{2}x^2e^{-x\ln 2k+\xi_{x,k}}\left(\ln\left(1+\frac{1}{2k}\right)\right)^2\right).\tag{6.2}$$

由于$-x\ln 2k<0$，$\xi_{x,k}<0$，$\left(\ln\left(1+\dfrac{1}{2k}\right)\right)^2\leqslant\dfrac{1}{4k^2}$，所以

$$0<\sum_{k=1}^{\infty}e^{-x\ln 2k+\xi_{x,k}}\left(\ln\left(1+\frac{1}{2k}\right)\right)^2\leqslant\sum_{k=1}^{\infty}\frac{1}{4k^2}.$$

记$A(x)=\sum\limits_{k=1}^{\infty}e^{-x\ln 2k+\xi_{x,k}}\left(\ln\left(1+\dfrac{1}{2k}\right)\right)^2$，式（6.2）记为

$$\varphi(x)=-1+\sum_{k=1}^{\infty}e^{-x\ln 2k}x\ln\left(1+\frac{1}{2k}\right)+x^2A(x).\tag{6.3}$$

下面对 $h(t)=\ln(1+t)$ 再用泰勒展开式,

$$h'(t)=\frac{1}{1+t},\quad h''(t)=-\frac{1}{(1+t)^2},\quad h''(\eta)=-\frac{1}{(1+\eta)^2},\quad h(t)=h(0)+h'(0)t+\frac{1}{2}h''(\eta)t^2.$$

令 $t=\frac{1}{2k}<\frac{1}{2}$，则

$$\ln\left(1+\frac{1}{2k}\right)=\frac{1}{2k}-\frac{1}{2}\frac{1}{(1+\eta_k)^2}\frac{1}{(2k)^2}\quad\left(0<\eta_k<\frac{1}{2k}\right).$$

式（6.3）变为

$$\varphi(x)=-1+\sum_{k=1}^{\infty}\left[\mathrm{e}^{-x\ln 2k}\frac{x}{2k}-x\mathrm{e}^{-x\ln 2k}\frac{1}{2}\frac{1}{(1+\eta_k)^2}\frac{1}{(2k)^2}\right]+x^2A(x).\tag{6.4}$$

再记 $B(x)=\sum_{k=1}^{\infty}\mathrm{e}^{-x\ln 2k}\frac{1}{2}\frac{1}{(1+\eta_k)^2}\frac{1}{(2k)^2}$，则 $0<B(x)<\sum_{k=1}^{\infty}\frac{1}{k^2}$，式（6.4）变为

$$\begin{aligned}\varphi(x)&=-1+\sum_{k=1}^{\infty}\mathrm{e}^{-x\ln 2k}\frac{x}{2k}-xB(x)+x^2A(x)=-1+\sum_{k=1}^{\infty}\frac{1}{(2k)^x}\frac{x}{2k}-xB(x)+x^2A(x)\\&=-1+\frac{1}{2^{x+1}}\sum_{k=1}^{\infty}\frac{x}{k^{x+1}}-xB(x)+x^2A(x).\end{aligned}\tag{6.5}$$

由于 $\lim_{x\to0}xB(x)=0$，$\lim_{x\to0}x^2A(x)=0$，$\lim_{x\to0}\frac{1}{2^{x+1}}=\frac{1}{2}$，所以只需证

$$\lim_{x\to0^+}\sum_{k=1}^{\infty}\frac{x}{k^{x+1}}=1.\tag{6.6}$$

下面证式（6.6），把 $\sum_{k=1}^{+\infty}\frac{x}{k^{x+1}}$ 与积分 $\int_1^{+\infty}\frac{x}{t^{x+1}}\mathrm{d}t$ 比较. 因为 $\int_m^{m+1}\frac{x}{m^{x+1}}\mathrm{d}t>\int_m^{m+1}\frac{x}{t^{x+1}}\mathrm{d}t$，所以

$$\sum_{k=1}^{+\infty}\frac{x}{k^{x+1}}>\int_1^{+\infty}\frac{x}{t^{x+1}}\mathrm{d}t=\int_1^{+\infty}xt^{-(1+x)}\mathrm{d}t=\frac{x}{-x}t^{-x}\Big|_1^{+\infty}=1.\tag{6.7}$$

又当 $m>2$ 时，$\int_m^{m+1}\frac{x}{(m+1)^{x+1}}\mathrm{d}t<\int_m^{m+1}\frac{x}{t^{x+1}}\mathrm{d}t$，所以

$$\sum_{k=1}^{+\infty}\frac{x}{k^{x+1}}=x+\sum_{m=1}^{+\infty}\frac{x}{(m+1)^{x+1}}<x+\int_1^{+\infty}\frac{x}{t^{x+1}}\mathrm{d}t<x+1,$$

$$\lim_{x\to0^+}\sum_{k=1}^{+\infty}\frac{x}{k^{x+1}}\leqslant\lim_{x\to0^+}(x+1)=1.\tag{6.8}$$

由式（6.7）、式（6.8）得式（6.6），再从式（6.5）和式（6.6）得

$$\lim_{x\to0^+}\varphi(x)=-1+\frac{1}{2}=-\frac{1}{2}.$$ □

例 28　设 $p>0$，讨论级数 $\sum_{n=2}^{\infty}\ln\left(1+\frac{(-1)^n}{n^p}\right)$ 的敛散性.

解　对于固定的 p，$\exists N,$ 当$n>N$ 时，$-\frac{1}{2}<\frac{(-1)^n}{n^p}<\frac{1}{2}$. 在这个限制下, 对 $\ln\left(1+\frac{(-1)^n}{n^p}\right)$

利用泰勒展开式. 设 $f(x)=\ln(1+x)$，$f'(x)=\dfrac{1}{1+x}$，$f''(x)=-\dfrac{1}{(1+x)^2}$. 可得

$$\ln\left(1+\frac{(-1)^n}{n^p}\right)=\frac{(-1)^n}{n^p}-\frac{1}{2}\frac{1}{\left(1+\xi_{n,p}\right)^2}\frac{1}{n^{2p}},$$

$\xi_{n,p}$ 在 0 与 $\dfrac{(-1)^n}{n^p}$ 之间，由上面对 n 的限制知 $-\dfrac{1}{2}<\xi_{n,p}<\dfrac{1}{2}$，$\dfrac{1}{2}<1+\xi_{n,p}<\dfrac{3}{2}$，于是得

$$-2<-\frac{1}{2}\frac{1}{(1+\xi_{n,p})^2}<-\frac{2}{9}. \tag{6.9}$$

设 $m>N$，记

$$S_m=\sum_{n=N+1}^{m}\ln\left(1+\frac{(-1)^n}{n^p}\right)=\sum_{n=N+1}^{m}\left(\frac{(-1)^n}{n^p}-\frac{1}{2}\frac{1}{\left(1+\xi_{n,p}\right)^2}\frac{1}{n^{2p}}\right). \tag{6.10}$$

当 $p>1$ 时，由式（6.9）得

$$\sum_{n=N+1}^{m}\left|\ln\left(1+\frac{(-1)^n}{n^p}\right)\right|\leqslant\sum_{n=N+1}^{m}\left(\frac{1}{n^p}+\frac{2}{n^{2p}}\right)<\sum_{n=N+1}^{m}\frac{3}{n^p},$$

所以级数是绝对收敛.

当 $\dfrac{1}{2}<p\leqslant 1$ 时，由式（6.10）得

$$S_m=\sum_{n=N+1}^{m}\frac{(-1)^n}{n^p}+\sum_{n=N+1}^{m}\left(-\frac{1}{2}\frac{1}{(1+\xi_{n,p})^2}\frac{1}{n^{2p}}\right), \tag{6.11}$$

当 $\dfrac{1}{2}<p\leqslant 1$ 时，$2p>1$，当 $m\to+\infty$ 时，上面右端两个级数都收敛，所以原级数收敛.

下面再判断是否绝对收敛. 当 $(-1)^n>0$ 时，由式（6.9）得

$$\left|\frac{(-1)^n}{n^p}-\frac{1}{2}\frac{1}{(1+\xi_{n,p})^2}\frac{1}{n^{2p}}\right|>\frac{1}{n^p}-\frac{2}{n^{2p}}=\frac{1}{n^p}-\frac{2}{n^p}\frac{1}{n^p}.$$

只要 N_1 很大，当 $n>N_1>N$ 时，$\dfrac{1}{n^p}<\dfrac{1}{2}$，就得

$$\left|\frac{(-1)^n}{n^p}-\frac{1}{2}\frac{1}{(1+\xi_{n,p})^2}\frac{1}{n^{2p}}\right|>\frac{1}{2n^p}. \tag{6.12}$$

当 $(-1)^m<0$ 时，式（6.12）也成立. 所以就有估计式:

$$\sum_{n=N_1}^{m}\left|\frac{(-1)^n}{n^p}-\frac{1}{2}\frac{1}{(1+\xi_{n,p})^2}\frac{1}{n^{2p}}\right|>\frac{1}{2}\sum_{n=N_1}^{m}\frac{1}{n^p}.$$

当 $\dfrac{1}{2}<p\leqslant 1$ 时，$\sum\dfrac{1}{n^p}$ 是发散的. 所以原级数是条件收敛的.

下面证明当$0<p\leqslant\frac{1}{2}$时级数发散. 由式（6.11）知

$$S_m=\sum_{n=N+1}^{m}\frac{(-1)^n}{n^p}+\sum_{n=N+1}^{m}\left(-\frac{1}{2}\frac{1}{(1+\xi_{n,p})^2}\frac{1}{n^{2p}}\right),$$

当$m\to+\infty$时第一个级数收敛，即和为有限数. 由式（6.9）知,

$$-\frac{1}{2}\frac{1}{(1+\xi_{n,p})^2}\frac{1}{n^{2p}}\leqslant-\frac{1}{9}\frac{1}{n^{2p}}.$$

所以当$0<p\leqslant1$，$m\to+\infty$时，$S_m\to-\infty$. 所以级数发散.

总结以上，就得当$p>1$时，级数绝对收敛；当$\frac{1}{2}<p\leqslant1$时，级数条件收敛；当$0<p\leqslant\frac{1}{2}$时，级数发散. □

例 29 证明：（1）级数$\sum_{n=2}^{\infty}\frac{1}{(\ln n)^{\ln n}}$收敛；（2）$\sum_{n=1}^{\infty}\frac{1}{3^{\ln n}}$收敛.

证明 （1）**证法一** $a_n=\frac{1}{(\ln n)^{\ln n}}=\mathrm{e}^{-(\ln n)(\ln\ln n)}$，$\exists N$, 当$n>N$时, $\ln\ln n>2$，于是$a_n<\mathrm{e}^{-2\ln n}=\frac{1}{n^2}$. 因为$\sum\frac{1}{n^2}$收敛，所以$\sum a_n$收敛.

证法二 设$f(x)=\frac{1}{x^x}\ (x\geqslant\mathrm{e}^2)$. $f(x)$为非负单调减少函数. 设$\ln x=t$，$x=\mathrm{e}^t$, 则

$$\int_{\mathrm{e}^2}^{+\infty}\frac{\mathrm{e}^t}{t^t}\mathrm{d}t<\int_{\mathrm{e}^2}^{+\infty}\frac{\mathrm{e}^t}{(\mathrm{e}^2)^t}\mathrm{d}t=\int_{\mathrm{e}^2}^{+\infty}\frac{1}{\mathrm{e}^t}\mathrm{d}t=-\mathrm{e}^{-t}\Big|_{\mathrm{e}^2}^{+\infty}=\mathrm{e}^{-\mathrm{e}^2}.$$

所以$\int_{\mathrm{e}^2}^{\infty}\frac{\mathrm{e}^t}{t^t}\mathrm{d}t$收敛，由积分判别法知原级数收敛.

（2）$a_n=\frac{1}{3^{\ln n}}=\mathrm{e}^{-(\ln n)\ln 3}=\frac{1}{n^{\ln 3}}$.

已知$\ln 3>1$，所以$\sum_{n=1}^{\infty}a_n$收敛. □

例 30 判别$\sum_{n=2}^{\infty}\frac{1}{(\ln n)(\ln\ln n)}$的收敛性.

解 **解法一** 首先，当$\alpha>0$时，利用洛必达法则可知$\lim_{x\to+\infty}\frac{\ln x}{x^\alpha}=0$. 所以$\exists N$, 当$n>N$时，$\frac{\ln n}{n^{\frac{1}{2}}}<1$，$\frac{n^{\frac{1}{2}}}{\ln n}>1$. 又显然有$\frac{1}{\ln\ln n}>\frac{1}{\ln n}$, 所以

$$\frac{1}{(\ln n)(\ln\ln n)}=\frac{1}{n}\frac{n}{(\ln n)(\ln\ln n)}>\frac{1}{n}\frac{n}{(\ln n)^2}=\frac{1}{n}\left(\frac{n^{\frac{1}{2}}}{\ln n}\right)^2>\frac{1}{n}.$$

因为$\sum\frac{1}{n}$发散，所以原级数发散.

解法二 设$f(x)=\frac{1}{(\ln x)\ln(\ln x)}\ (x\geqslant 3)$，显然，$f(x)$为非负单调减少函数. 设$\ln x=t$，则$\int_3^{+\infty}\frac{1}{(\ln x)\ln(\ln x)}\mathrm{d}x=\int_{\ln 3}^{+\infty}\frac{\mathrm{e}^t}{t\ln t}\mathrm{d}t\geqslant 3\int_{\ln 3}^{+\infty}\frac{\mathrm{d}t}{t\ln t}=+\infty$. 所以$\int_3^{+\infty}\frac{1}{(\ln x)\ln(\ln x)}\mathrm{d}x$发散. 由积分判别法知原级数发散. □

例 31 若$\lim\limits_{n\to\infty}n^{2n\sin\frac{1}{n}}a_n=1$，证明$\sum\limits_{n=2}^{+\infty}a_n$收敛.

证明 因为收敛序列有界，可设$M>0$，$n^{2n\sin\frac{1}{n}}a_n\leqslant M$，又$n\sin\frac{1}{n}=\frac{\sin\frac{1}{n}}{\frac{1}{n}}$.

在$\left(0,\frac{\pi}{2}\right]$上，$\frac{\sin x}{x}$单调减少，且$1\geqslant\frac{\sin x}{x}\geqslant\frac{\pi}{2}$. 当$n=2,3,\cdots$时，$\frac{1}{n}\leqslant\frac{\pi}{6}$，所以

$$\frac{\sin\frac{1}{n}}{\frac{1}{n}}\geqslant\frac{\sin\frac{\pi}{6}}{\frac{\pi}{6}}=\frac{1}{2}\frac{6}{\pi}=\frac{3}{\pi}.$$

于是

$$a_n\leqslant\frac{M}{(n^2)^{\frac{3}{\pi}}}=\frac{M}{n^{\frac{6}{\pi}}}\quad(n\geqslant 2).$$

因为$\frac{6}{\pi}>1$，$\sum\frac{1}{n^{\frac{6}{\pi}}}$收敛，所以$\sum a_n$收敛. □

例 32 计算$\frac{1}{2}+\frac{3}{2^2}+\frac{5}{2^3}+\cdots+\frac{2(n-1)-1}{2^{n-1}}+\frac{2n-1}{2^n}+\cdots$.

解 **解法一**

$$\begin{aligned}S_n=2S_n-S_n&=1+\frac{3}{2}+\frac{5}{2^2}+\frac{7}{2^3}+\cdots+\frac{2n-3}{2^{n-2}}+\frac{2n-1}{2^{n-1}}-\frac{1}{2}-\frac{3}{2^2}-\frac{5}{2^3}-\cdots-\frac{2n-3}{2^{n-1}}-\frac{2n-1}{2^n}\\&=1+1+\frac{1}{2}+\frac{1}{2^2}+\cdots+\frac{1}{2^{n-2}}-\frac{2n-1}{2^n}\\&=1+\frac{1-\frac{1}{2^{n-1}}}{1-\frac{1}{2}}-\frac{2n-1}{2^n},\end{aligned}$$

所以原级数收敛，$S=\lim\limits_{n\to\infty}S_n=3$.

解法二 考虑缺项幂级数$S(x)=\sum\limits_{n=1}^{\infty}\frac{2n-1}{2^n}x^{2n-2}$. 由于$\sum\limits_{n=1}^{\infty}\frac{2n-1}{2^n}y^n$的收敛半径$R=2$. 所以$\sum\limits_{n=1}^{\infty}\frac{2n-1}{2^n}x^{2n}$的收敛半径为$\sqrt{2}$，$S(x)$的收敛半径也为$\sqrt{2}$. 当$|x|<\sqrt{2}$时，可以逐项积分.

于是，当 $|x|<\sqrt{2}$，$x\neq 0$ 时，

$$\int_0^x S(t)\mathrm{d}t=\sum_{n=1}^{\infty}\frac{2n-1}{2^n}\int_0^x t^{2n-2}\mathrm{d}t=\sum_{n=1}^{\infty}\frac{1}{2^n}x^{2n-1}=\frac{1}{x}\sum_{n=1}^{\infty}\frac{1}{2^n}x^{2n}$$

$$=\frac{1}{x}\sum_{n=1}^{\infty}\left(\frac{x^2}{2}\right)^n=\frac{1}{x}\frac{\frac{x^2}{2}}{1-\frac{x^2}{2}}=\frac{x}{2-x^2},$$

$$S(x)=\left(\frac{x}{2-x^2}\right)'=\frac{2-x^2+2x^2}{(2-x^2)^2}=\frac{2+x^2}{(2-x^2)^2}.$$

由于 $S(1)=3$，所以原级数的和为 3. □

例 33　判别 $\sum\limits_{n=2}^{\infty}\frac{1}{\ln n!}$ 的敛散性.

解　显然 $\frac{1}{\ln n!}>\frac{1}{\ln\underbrace{n\cdot n\cdot\cdots\cdot n}_{n个}}=\frac{1}{n\ln n}$，由于 $\sum\limits_{n=2}^{\infty}\frac{1}{n\ln n}$ 发散，所以 $\sum\limits_{n=2}^{\infty}\frac{1}{\ln n!}$ 也发散. □

例 34　求 $\sum\limits_{n=1}^{\infty}\frac{1}{4n^2-1}$；$\sum\limits_{n=1}^{\infty}\frac{1}{n(n+1)(n+2)}$.

解　由 $\frac{1}{4n^2-1}=\frac{1}{(2n-1)(2n+1)}=\frac{1}{2}\left(\frac{1}{2n-1}-\frac{1}{2n+1}\right)$ 知

$$\sum_{n=1}^{\infty}\frac{1}{4n^2-1}=\frac{1}{2}\left(1-\lim_{n\to\infty}\frac{1}{2n+1}\right)=\frac{1}{2}.$$

再由 $\frac{1}{n(n+1)(n+2)}=\frac{1}{2}\left(\frac{1}{n(n+1)}-\frac{1}{(n+1)(n+2)}\right)$ 得

$$\sum_{n=1}^{\infty}\frac{1}{n(n+1)(n+2)}=\frac{1}{2}\left(\frac{1}{2}-\lim_{n\to\infty}\frac{1}{(n+1)(n+2)}\right)=\frac{1}{4}.$$ □

例 35　证明：设 $a_n>0, a_n\geqslant a_{n+1}$，则 $\sum\limits_{n=1}^{\infty}a_n$ 收敛 $\Leftrightarrow\sum\limits_{k=1}^{\infty}2^k a_{2^k}$ 收敛.

证明　设 $S_n=\sum\limits_{i=1}^{n}a_i, A_k=\sum\limits_{i=0}^{k}2^i a_{2^i}$.

若 $\sum\limits_{n=1}^{\infty}a_n$ 收敛，则 $\{S_n\}$ 有界. $\forall k$，取 $n>2^k$，于是

$$\begin{aligned}A_k&=2\left(\frac{1}{2}a_1+a_2+2a_4+\cdots+2^{k-1}a_{2^k}\right)\\&\leqslant 2[a_1+a_2+a_3+a_4+\cdots+(a_{2^{k-1}}+a_{2^{k-1}+1}+a_{2^{k-1}+2}+\cdots+a_{2^k})]\\&\leqslant 2S_n,\end{aligned}$$

故 $\{A_k\}$ 有界，因此 $\sum\limits_{k=1}^{\infty}2^k a_{2^k}$ 收敛.

若 $\sum\limits_{k=1}^{\infty}2^k a_{2^k}$ 收敛，则 $\{A_k\}$ 有界. $\forall n$, 取 $n<2^k$，于是

$$S_n=a_1+(a_2+a_3)+\cdots+(a_{2^k}+a_{2^k+1}+\cdots+a_{2^{k+1}-1})\leqslant a_1+2a_2+\cdots+2^k a_{2^k}=A_k .$$

故 $\{S_n\}$ 有界，因此 $\sum\limits_{n=1}^{\infty}a_n$ 收敛. □

例 36 证明：设 $a_n>0, a_n\geqslant a_{n+1}$，若 $\lim\limits_{n\to\infty}\dfrac{a_{2n}}{a_n}=\rho$，则当 $\rho<\dfrac{1}{2}$ 时，$\sum\limits_{n=1}^{\infty}a_n$ 收敛；当 $\rho>\dfrac{1}{2}$ 时，$\sum\limits_{n=1}^{\infty}a_n$ 发散 $\left(\text{当}\rho=\dfrac{1}{2}\text{时,敛散性不确定}\right)$.

证明 当 $\lim\limits_{n\to\infty}\dfrac{a_{2n}}{a_n}=\rho<\dfrac{1}{2}$ 时，有 $\lim\limits_{n\to\infty}\dfrac{2a_{2n}}{a_n}=2\rho<1$. 取 $n=2^k, k\in\mathbf{N}$，就有

$$\lim_{k\to\infty}\frac{2a_{2\cdot 2^k}}{a_{2^k}}=2\rho<1\Rightarrow\lim_{k\to\infty}\frac{2^{k+1}a_{2^{k+1}}}{2^k a_{2^k}}=2\rho<1 .$$

上式正是级数

$$\sum_{k=1}^{\infty}2^k a_{2^k}=a_1+2a_2+\cdots+2^k a_{2^k}+\cdots$$

的第$(k+1)$项与第 k 项之比的极限，由比值判别法可知 $\sum\limits_{k=1}^{\infty}2^k a_{2^k}$ 收敛，由例 35 可知 $\sum\limits_{n=1}^{\infty}a_n$ 收敛.

当 $\rho>\dfrac{1}{2}$ 时，$2\rho>1$，可知 $\sum\limits_{k=1}^{\infty}2^k a_{2^k}$ 发散，再由例35可知 $\sum\limits_{n=1}^{\infty}a_n$ 发散. □

例 37 证明：设 $a_n>0, a_n\geqslant a_{n+1}$，若

$$\lim_{n\to\infty}n\frac{a_{n^2}}{a_n}=\rho ,$$

则当 $\rho<\dfrac{1}{2}$ 时，$\sum\limits_{n=1}^{\infty}a_n$ 收敛；当 $\rho>\dfrac{1}{2}$ 时，$\sum\limits_{n=1}^{\infty}a_n$ 发散.

证明 设 $u_k=2^k a_{2^k}, v_k=2^k u_{2^k}, k\in\mathbf{N}$. 由例 35 知 $\sum\limits_{n=1}^{\infty}a_n$ 与 $\sum\limits_{k=1}^{\infty}u_k$ 同敛散，而 $\sum\limits_{k=1}^{\infty}u_k$ 与 $\sum\limits_{k=1}^{\infty}v_k$ 同敛散，故 $\sum\limits_{n=1}^{\infty}a_n$ 与 $\sum\limits_{k=1}^{\infty}v_k$ 同敛散.

由已知，令 $n=2^{2^k}$，$k\in\mathbf{N}$，就有

$$n\frac{a_{n^2}}{a_n}=2^{2^k}\frac{a_{(2^{2^k})^2}}{a_{2^{2^k}}}=\frac{2^{2^{k+1}}a_{2^{2^{k+1}}}}{2^{2^k}a_{2^{2^k}}}=\frac{u_{2^{k+1}}}{u_{2^k}}=\frac{1}{2}\frac{2^{k+1}u_{2^{k+1}}}{2^k u_{2^k}}=\frac{1}{2}\frac{v_{k+1}}{v_k} .$$

再令 $n\to\infty$ 即得证. □

例 38　设正值函数 $f(x)\in C[1,+\infty)$，且单调减少，而 $\varphi(x),\psi(x)$ 在 $[1,+\infty)$ 可导且单调增加，又

（1）$\lim\limits_{x\to\infty}\varphi(x)=+\infty,\lim\limits_{x\to+\infty}\psi(x)=+\infty;$

（2）$\varphi(x)>\psi(x),x\in[1,\infty).$

记 $\lim\limits_{x\to+\infty}\dfrac{\varphi'(x)f(\varphi(x))}{\psi'(x)f(\psi(x))}=r$，则当 $r<1$ 时，级数 $\sum\limits_{n=1}^{\infty}f(n)$ 收敛；当 $r>1$ 时，级数 $\sum\limits_{n=1}^{\infty}f(n)$ 发散.

注　此题结论被称为叶尔马科夫判别法. 可取 $\varphi(x)=\mathrm{e}^x,\psi(x)=x$，在此特殊情形下证明，再将其思路推广至一般情形.

证明　根据积分判别法，只需判定反常积分 $\int_1^{+\infty}f(x)\mathrm{d}x$ 是否收敛.

由 $\lim\limits_{x\to+\infty}\dfrac{\varphi'(x)f(\varphi(x))}{\psi'(x)f(\psi(x))}=r$，则对于任意 $\varepsilon>0$，存在 $N>0$，当 $x\geqslant N$ 时，成立

$$r-\varepsilon\leqslant\frac{\varphi'(x)f(\varphi(x))}{\psi'(x)f(\psi(x))}\leqslant r+\varepsilon.$$

当 $r<1$ 时，取 $\varepsilon=\dfrac{1-r}{2}>0$，有 $r+\varepsilon<1$. 记 $q=r+\varepsilon$，可得

$$\begin{aligned}\int_{\varphi(N)}^{\varphi(x)}f(u)\mathrm{d}u&=\int_N^x f(\varphi(t))\varphi'(t)\mathrm{d}t\\&\leqslant q\int_N^x f(\psi(t))\psi'(t)\mathrm{d}t=q\int_{\psi(N)}^{\psi(x)}f(u)\mathrm{d}u.\end{aligned}$$

所以得到

$$\begin{aligned}(1-q)\int_{\varphi(N)}^{\varphi(x)}f(u)\mathrm{d}u&\leqslant q\left[\int_{\psi(N)}^{\psi(x)}f(u)\mathrm{d}u-\int_{\varphi(N)}^{\varphi(x)}f(u)\mathrm{d}u\right]\\&\leqslant q\left[\int_{\psi(N)}^{\varphi(x)}f(u)\mathrm{d}u-\int_{\varphi(N)}^{\varphi(x)}f(u)\mathrm{d}u\right]\\&\leqslant q\left[\int_{\psi(N)}^{\varphi(x)}f(u)\mathrm{d}u+\int_{\varphi(x)}^{\varphi(N)}f(u)\mathrm{d}u\right]\\&\leqslant q\int_{\psi(N)}^{\varphi(N)}f(u)\mathrm{d}u.\end{aligned}$$

故

$$\int_{\varphi(N)}^{\varphi(x)}f(u)\mathrm{d}u\leqslant\frac{q}{1-q}\int_{\psi(N)}^{\varphi(N)}f(u)\mathrm{d}u.$$

进一步有

$$\int_{\psi(N)}^{\varphi(N)}f(u)\mathrm{d}u+\int_{\varphi(N)}^{\varphi(x)}f(u)\mathrm{d}u\leqslant\int_{\psi(N)}^{\varphi(N)}f(u)\mathrm{d}u+\frac{q}{1-q}\int_{\psi(N)}^{\varphi(N)}f(u)\mathrm{d}u,$$

即

$$\int_{\psi(N)}^{\varphi(x)}f(u)\mathrm{d}u\leqslant\frac{1}{1-q}\int_{\psi(N)}^{\varphi(N)}f(u)\mathrm{d}u.$$

上式右端为定值，记为 L. 由 x 的任意性，得到对于任意 $x\geqslant x_0$，均成立

$$\int_{\psi(N)}^{\varphi(x)} f(u)\mathrm{d}u \leqslant L.$$

因此 $\int_1^{+\infty} f(x)\mathrm{d}x$ 收敛，从而级数 $\sum\limits_{n\geqslant 1} f(n)$ 收敛.

另一方面，当 $r>1$ 时，取 $\varepsilon=\dfrac{r-1}{2}>0$，有 $r-\varepsilon>1$. 此时记 $Q=r-\varepsilon$，可得

$$\begin{aligned}\int_{\varphi(N)}^{\varphi(x)} f(u)\mathrm{d}u &= \int_N^x f(\varphi(t))\varphi'(t)\mathrm{d}t \\ &\geqslant Q\int_N^x f(\psi(t))\psi'(t)\mathrm{d}t = Q\int_{\psi(N)}^{\psi(x)} f(u)\mathrm{d}u.\end{aligned}$$

从而可得

$$\begin{aligned}\int_{\psi(x)}^{\varphi(x)} f(u)\mathrm{d}u &= \int_{\varphi(N)}^{\varphi(x)} f(u)\mathrm{d}u + \int_{\psi(N)}^{\varphi(N)} f(u)\mathrm{d}u + \int_{\psi(x)}^{\psi(N)} f(u)\mathrm{d}u \\ &\geqslant (Q-1)\int_{\psi(N)}^{\psi(x)} f(u)\mathrm{d}u + \int_{\psi(N)}^{\varphi(N)} f(u)\mathrm{d}u \geqslant \int_{\psi(N)}^{\varphi(N)} f(u)\mathrm{d}u.\end{aligned}$$

记上式最右端的定值为 $\varGamma$.

取数列 $\{x_n\}_{n=1}^{+\infty}$ 满足 $x_n \geqslant N$，且满足 $\psi(x_{n+1})=\varphi(x_n)$ (因为 $\psi(x)$ 可导且单调递增至无穷，而每一个固定的 $\varphi(x_n)$ 均为常数). 结合已知条件，可以定义数列满足

$$\psi(x_1)\leqslant\varphi(x_1)=\psi(x_2)\leqslant\varphi(x_2)=\cdots=\psi(x_n)\leqslant\varphi(x_n)=\psi(x_{n+1})\leqslant\varphi(x_{n+1})=\cdots,$$

则可得到对所有的 $n\geqslant 1$，均成立

$$\int_{\psi(x_n)}^{\varphi(x_n)} f(u)\mathrm{d}u \geqslant \varGamma.$$

故成立

$$\int_{\psi(x_1)}^{\varphi(x_n)} f(u)\mathrm{d}u \geqslant \int_{\psi(x_1)}^{\varphi(x_1)} f(u)\mathrm{d}u + \int_{\psi(x_2)}^{\varphi(x_2)} f(u)\mathrm{d}u + \cdots + \int_{\psi(x_n)}^{\varphi(x_n)} f(u)\mathrm{d}u \geqslant n\varGamma \to +\infty.$$

因此由反常积分发散，可知原级数发散.

例 39 设 $a_1\geqslant a_2\geqslant a_3\geqslant\cdots\geqslant 0$，且级数 $\sum\limits_{n=1}^{\infty} a_n$ 收敛，证明 $\lim\limits_{n\to\infty} na_n=0$.

证明 **证法一** $\forall\varepsilon>0$，由题设及柯西收敛准则知，$\exists N_1$，当 $m>n>N_1$ 时，$\sum\limits_{k=n+1}^{m} a_k<\dfrac{\varepsilon}{2}$.

又因 $a_{n+1}\leqslant a_n$，故 $(m-n)a_m\leqslant\dfrac{\varepsilon}{2}$. 又 $\lim\limits_{n\to\infty} a_n=0$，故存在 N_2，当 $n>N_2$ 时，$a_n<\dfrac{\varepsilon}{2N_1}$. 取 $n_0=\max\{N_1,N_2\}$，当 $n>n_0$ 时，$0\leqslant na_n=N_1a_n+(n-N_1)a_n<\dfrac{\varepsilon}{2}+\dfrac{\varepsilon}{2}=\varepsilon$. 所以

$$\lim_{n\to\infty} na_n=0.$$

证法二 反证法.

如果 $\lim\limits_{n\to\infty} na_n=0$ 不成立，则 $\exists\varepsilon_0>0$ 及 $n_1<n_2<\cdots<n_k<\cdots(k\to+\infty)$，使得

$$n_k a_{n_k}\geqslant 4\varepsilon_0,\quad \frac{1}{2}n_k a_{n_k}\geqslant 2\varepsilon_0.$$

由于 $\{a_n\}$ 单调减少，则

$$a_{n_k-\left[\frac{1}{2}n_k\right]}+a_{n_k-\left[\frac{1}{2}n_k\right]+1}+\cdots+a_{n_k}\geqslant\frac{1}{2}n_ka_{n_k}\geqslant 2\varepsilon_0,$$

对这个 $\varepsilon_0,\forall N$, 因 $n_k\to+\infty$，当 $n_k>2N+2,\frac{1}{2}n_k>N+1,n_k-(N+1)>\frac{1}{2}n_k$时, 得

$$a_{N+1}+a_{N+2}+\cdots+a_{n_k}\geqslant\frac{1}{2}n_ka_{n_k}\geqslant 2\varepsilon_0.$$

这表明 $\sum_{n=1}^{\infty}a_n$ 不满足柯西收敛准则，与 $\sum_{n=1}^{\infty}a_n$ 收敛矛盾，所以 $\lim_{n\to\infty}na_n=0$. □

阿贝尔-普林斯海姆定理(最早由阿贝尔发现但被人遗忘，后由普林斯海姆重新发现), 也称为奥利维尔定理.

证法三 对任意 p 和 n 有 $a_{n+1}+\cdots+a_{n+p}=\sum_{n+1\leqslant i\leqslant n+p}a_i\geqslant pa_{n+p}$.

特别地，取 $p=n$，得

$$na_{2n}\leqslant\sum_{n+1\leqslant i\leqslant 2n}a_i,\quad 即\quad 2na_{2n}\leqslant 2\sum_{n+1\leqslant i\leqslant 2n}a_i.$$

同理，取 $p=n+1$，得

$$(2n+1)a_{2n+1}\leqslant\frac{2n+1}{n+1}\sum_{n+1\leqslant i\leqslant 2n+1}a_i.$$

因此得到

$$0\leqslant na_n\leqslant 2\sum_{\left[\frac{n}{2}\right]+1\leqslant i\leqslant n}a_i.$$

由于级数 $\sum_{n>1}a_n$ 收敛，所以 $\lim_{n\to+\infty}na_n=0$.

例 40 若正项级数 $\sum_{n=1}^{\infty}a_n$ 收敛，且 $e^{a_n}=a_n+e^{a_n+b_n}$. 证明 $\sum_{n=1}^{\infty}b_n$ 收敛.

证明 由于 $a_n\geqslant 0$，所以 $e^{a_n+b_n}\leqslant e^{a_n},b_n\leqslant 0$. 又利用泰勒展开式

$$b_n=\ln(e^{a_n}-a_n)-a_n=\ln\left(1+a_n+\frac{1}{2!}a_n^2e^{\xi_n}-a_n\right)-a_n\quad(0<\xi_n<a_n)$$

$$=\ln\left(1+\frac{1}{2}a_n^2e^{\xi_n}\right)-a_n=\frac{1}{2}a_n^2e^{\xi_n}+\frac{1}{1+\eta_n}\left(\frac{1}{2}a_n^2e^{\xi_n}\right)^2-a_n\quad\left(0<\eta_n<\frac{1}{2}a_n^2e^{\xi_n}\right).$$

由假设知 $a_n\to 0$，可设 $a_n<1,\xi_n<1$，于是 $\lim_{n\to\infty}\frac{-b_n}{a_n}=1$.

由于 $\sum_{n=1}^{\infty}a_n$ 收敛，所以 $\sum_{n=1}^{\infty}b_n$ 也收敛. □

例 41 设 $a_n\to 0$，记 $S_n=\sum_{k=1}^{n}a_k$，且有自然数的子列 $\{n_k\}$，使 $\lim_{k\to\infty}S_{n_k}=S$，而

$$\sup_{k\geqslant 1}\{n_{k+1}-n_k\}<+\infty .$$

证明$\sum\limits_{n=1}^{\infty}a_n=S$.

证明 记$M=\sup\limits_{k\geqslant 1}\{n_{k+1}-n_k\}$，由于$a_n\to 0$，则$\exists N_1$，当$n>N_1$时，$|a_n|<\dfrac{\varepsilon}{2M}$.

$\forall\varepsilon>0,\exists k_0$，当$k>k_0$时，$|S_{n_k}-S|<\dfrac{\varepsilon}{2}$. 取$N=\max\{N_1,n_{k_0}\}$，当$n>N$时，有$k>k_0$，使$n_k<n<n_{k+1}$，又有假设$n_{k+1}-n_k\leqslant M$.于是

$$|S_n-S|\leqslant|S_n-S_{n_k}|+|S_{n_k}-S|\leqslant\left|\sum_{j=n+1}^{n_k}a_n\right|+\frac{\varepsilon}{2}<\sum_{j=n+1}^{n_k}|a_n|+\frac{\varepsilon}{2}<M\frac{\varepsilon}{2M}+\frac{\varepsilon}{2}=\varepsilon .$$

这就证明了$\lim\limits_{k\to\infty}S_n=S$，即$\sum\limits_{n=1}^{\infty}a_n=S$. □

例 42 设$a_n>0$，$\sum\limits_{n=1}^{\infty}a_n=S$，记$r_n=\sum\limits_{k=n+1}^{\infty}a_k$，$I_n=\sum\limits_{k=1}^{n}\dfrac{a_k}{\sqrt{r_{k-1}}+\sqrt{r_k}}$，求$I=\lim\limits_{n\to\infty}I_n$.

解 记

$$\begin{aligned}I_n&=\sum_{k=1}^{n}\frac{a_k}{\sqrt{r_{k-1}}+\sqrt{r_k}}=\sum_{k=1}^{n}\frac{a_k(\sqrt{r_{k-1}}-\sqrt{r_k})}{r_{k-1}-r_k}\\&=\sum_{k=1}^{n}\frac{a_k(\sqrt{r_{k-1}}-\sqrt{r_k})}{a_k}=\sum_{k=1}^{n}(\sqrt{r_{k-1}}-\sqrt{r_k})=\sqrt{S}-\sqrt{r_n}.\end{aligned}$$

由于$\sum\limits_{n=1}^{\infty}a_n$收敛，所以$r_n\to 0$，$I=\lim\limits_{n\to\infty}I_n=\sqrt{S}$. □

例 43 证明$\displaystyle\int_0^{\ln 2}\frac{t}{e^t-1}dt=\frac{\pi^2}{12}-\frac{1}{2}(\ln 2)^2$.

证明 我们需要两个常用公式：当$|t|<1$时，

$$\ln(1-t)=-\left(t+\frac{1}{2}t^2+\cdots+\frac{1}{n}t^n+\cdots\right),$$

$$\frac{1}{t}\ln(1-t)=-\left(1+\frac{1}{2}t+\cdots+\frac{1}{n}t^{n-1}+\cdots\right),$$

$$\int_0^x\frac{1}{t}\ln(1-t)dt=-\left(x+\frac{1}{2^2}x^2+\cdots+\frac{1}{n^2}x^n+\cdots\right).$$

当$|x|<1$时，对上式逐项积分是合理的.特别地，分别取$t=\dfrac{1}{2},x=\dfrac{1}{2}$，从上可得

$$\ln\frac{1}{2}=-\sum_{n=1}^{\infty}\frac{1}{n}\left(\frac{1}{2}\right)^n,\quad\int_0^{\frac{1}{2}}\frac{1}{t}\ln(1-t)dt=-\sum_{n=1}^{\infty}\frac{1}{n^2}\left(\frac{1}{2}\right)^n.$$

又有

$$\int_0^{\ln 2}\frac{t}{e^t-1}dt=\int_0^{\ln 2}te^{-t}\frac{1}{1-e^{-t}}dt=\int_0^{\ln 2}te^{-t}(1+e^{-t}+e^{-2t}+\cdots+e^{-nt}+\cdots)dt=\sum_{n=1}^{\infty}\int_0^{\ln 2}te^{-nt}dt.$$

由于

$$\int_0^{\ln 2}te^{-nt}dt=-\frac{1}{n}e^{-nt}\Big|_0^{\ln 2}+\frac{1}{n}\int_0^{\ln 2}e^{-nt}dt=-(\ln 2)\frac{1}{n}\frac{1}{2^n}-\frac{1}{n^2}e^{-nt}\Big|_0^{\ln 2}$$

$$=-(\ln 2)\frac{1}{n}\frac{1}{2^n}-\frac{1}{n^2}\left(\frac{1}{2}\right)^n+\frac{1}{n^2},$$

结合$\sum_{n=1}^{\infty}\frac{1}{n^2}=\frac{\pi^2}{6}$，就得

$$\int_0^{\ln 2}\frac{t}{e^t-1}dt=-(\ln 2)\sum_{n=1}^{\infty}\frac{1}{n}\frac{1}{2^n}-\sum_{n=1}^{\infty}\frac{1}{n^2}\left(\frac{1}{2}\right)^n+\sum_{n=1}^{\infty}\frac{1}{n^2}$$

$$=-(\ln 2)\left(-\ln\frac{1}{2}\right)+\int_0^{\frac{1}{2}}\frac{1}{t}\ln(1-t)dt+\frac{1}{6}\pi^2.$$

设$1-t=e^{-u}$，则$\ln(1-t)=-u, dt=e^{-u}du$，当$t=\frac{1}{2}$时，$\frac{1}{2}=e^{-u}, \ln\frac{1}{2}=-u, u=\ln 2.$

于是对上式积分为

$$\int_0^{\frac{1}{2}}\frac{1}{t}\ln(1-t)dt=\int_0^{\ln 2}\frac{-ue^{-u}}{1-e^{-u}}du=-\int_0^{\ln 2}\frac{ue^{-u}}{1-e^{-u}}du=-\int_0^{\ln 2}\frac{u}{e^u-1}du,$$

由此可得

$$\int_0^{\ln 2}\frac{t}{e^t-1}dt=\frac{1}{6}\pi^2-(\ln 2)^2-\int_0^{\ln 2}\frac{t}{e^t-1}dt,$$

即得

$$\int_0^{\ln 2}\frac{t}{e^t-1}dt=\frac{1}{12}\pi^2-\frac{1}{2}(\ln 2)^2.$$

参考文献

波利亚 G, 舍贵 G. 1981. 数学分析中的问题和定理(第一卷). 张奠宙, 等, 译. 上海: 上海科学技术出版社.

陈纪修, 徐惠平, 周渊, 等. 2020. 数学分析习题全解指南(下册). 北京: 高等教育出版社.

戴根 W, 包美尔 K. 1981. 微积分题解(第一卷). 秦裕瑗, 译. 北京: 人民教育出版社.

费定晖, 周学圣. 2007. b Π 吉米多维奇数学分析习题集题解. 3 版. 济南: 山东科学技术出版社.

郭大钧, 黄春朝, 梁方豪, 等. 2005. 实变函数与泛函分析. 上册. 2 版. 济南: 山东大学出版社.

胡晓敏, 李承家. 2006. 数学分析考研教案(复旦·第二版). 西安: 西北工业大学出版社.

吉米多维奇 b Π. 2010. 数学分析习题集. 李荣涷, 李植, 译. 北京: 高等教育出版社.

李心灿, 季文铎, 孙洪祥, 等. 2011. 大学生数学竞赛试题解析选编. 北京: 机械工业出版社.

李志明, 苑金臣. 2013. 一道数学竞赛题的另解及推广. 高等数学研究, 16(1): 48-49.

林源渠, 方企勤. 2003. 数学分析解题指南. 北京: 北京大学出版社.

刘玉琏, 杨奎元, 刘伟, 等. 2003a. 数学分析讲义学习辅导书. 上册. 2 版. 北京: 高等教育出版社.

刘玉琏, 杨奎元, 刘伟, 等. 2003b. 数学分析讲义学习辅导书. 下册. 2 版. 北京: 高等教育出版社.

苗秀花, 苑金臣. 2013. 一道大学生数学竞赛题的另解. 高等数学研究, 16(4): 63-64.

沐定夷, 谢惠民. 2012. 吉米多维奇数学分析习题集学习指引(第一册). 北京: 高等教育出版社.

欧阳光中, 朱学炎, 金福临, 等, 2007. 数学分析(下册). 3 版. 北京: 高等教育出版社.

裴礼文. 2006. 数学分析中的典型问题与方法. 2 版. 北京: 高等教育出版社.

萨多夫尼契 B A, 波德科尔津 A C. 1982. 大学生数学竞赛题解汇集. 朱尧辰, 译. 北京: 科学普及出版社.

孙本旺, 汪浩. 1981. 数学分析中的典型例题和解题方法. 长沙: 湖南科学技术出版社.

汪林. 1990. 数学分析中的问题和反例. 昆明: 云南科学技术出版社.

王军霞, 苑金臣. 2006. 吉米多维奇数学分析习题集中第 135 题的另一证法. 高等数学研究, 9(5): 48.

王勇, 曹学广. 2007. 数学分析全程导学及习题全解. 北京: 中国时代经济出版社.

吴良森, 毛羽辉, 宋国栋, 等. 2002 数学分析习题精解(单变量部分). 北京: 科学出版社.

谢惠民, 恽自求, 易法槐, 等. 2003. 数学分析习题课讲义(上册). 北京: 高等教育出版社.

徐利治, 王兴华. 1955. 数学分析的方法及例题选讲(修订版). 北京: 高等教育出版社.

薛春华, 徐森林. 2009. 数学分析精选习题全解(上册). 北京: 清华大学出版社.

薛春华, 徐森林. 2010. 数学分析精选习题全解(下册). 北京: 清华大学出版社.

苑金臣. 1987. 零测度集上不可导, 零测度集外可导的单调函数存在性问题的几点注. 工科数学(3): 34-37.

赵显曾. 2006. 数学分析拾遗. 南京: 东南大学出版社.

周家云, 刘一鸣, 解际太. 1991. 数学分析的方法. 济南: 山东教育出版社.

周民强. 2010. 数学分析习题演练(第一册). 2 版. 北京: 科学出版社.

朱匀华. 1987. 微积分入门指导与思考方法. 广州: 中山大学出版社.